洪錦魁簡介

2023 年博客來 10 大暢銷華文作家，多年來唯一獲選的電腦書籍作者，也是一位跨越電腦作業系統與科技時代的電腦專家，著作等身的作家。

❑ DOS 時代他的代表作品是「IBM PC 組合語言、C、C++、Pascal、資料結構」。

❑ Windows 時代他的代表作品是「Windows Programming 使用 C、Visual Basic」。

❑ Internet 時代他的代表作品是「網頁設計使用 HTML」。

❑ 大數據時代他的代表作品是「R 語言邁向 Big Data 之路」。

❑ AI 時代他的代表作品是「機器學習 Python 實作」。

❑ 通用 AI 時代，國內第 1 本「ChatGPT、Copilot」的作者。

作品曾被翻譯為簡體中文、馬來西亞文、英文，近年來作品則是在北京清華大學和台灣深智同步發行：

1：C、Java、Python、C#、R 最強入門邁向頂尖高手之路王者歸來

2：Python 網路爬蟲 / 影像創意 / 演算法邏輯思維 / 資料視覺化 - 王者歸來

3：網頁設計 HTML+CSS+JavaScript+jQuery+Bootstrap+Google Maps 王者歸來

4：機器學習基礎數學、微積分、真實數據、專題 Python 實作王者歸來

5：Excel 完整學習、Excel 函數庫、Excel VBA 應用王者歸來

6：Python 操作 Excel 最強入門邁向辦公室自動化之路王者歸來

7：Power BI 最強入門 – AI 視覺化 + 智慧決策 + 雲端分享王者歸來

8：國內第 1 本無料 AI、AI 職場、AI 行銷的作者

他的多本著作皆曾登上天瓏、博客來、Momo 電腦書類，不同時期暢銷排行榜第 1 名，他的著作特色是，所有程式語法或是功能解說會依特性分類，同時以實用的程式範例做說明，不賣弄學問，讓整本書淺顯易懂，讀者可以由他的著作事半功倍輕鬆掌握相關知識。

AI 助攻
Python 超級入門
創意設計 x AI 程式實作
序

這是一本從零開始解說，適合在 Python Shell 與雲端 Google Colab 環境學習 Python 的書籍。

在這個科技日新月異的時代，善用 AI 助攻學習 Python 程式設計，更進一步學習設計 AI 程式，無疑是當前最炙手可熱的技術領域。這本書正是為了滿足讀者對於 AI 與程式設計知識的渴望而生。本書不僅介紹了 Python 程式語言的基礎概念，AI 助攻學習，更深入探討了如何將這些技術應用於創意設計、描繪潛在應用和人工智慧解決方案中。

這本書講解下列 AI 助攻學習知識：

● ChatGPT、Copilot、Gemini。

● 輔助解說、Debug、錯誤與修正、程式註解與解說、流程圖、重構、重寫、輔助程式設計與專案協助。

這是一本充滿創意與描繪 Python 未來潛在應用的書籍，閱讀本書內容，讀者可以學會下列知識的創意與潛在應用：

❑ 程式設計基礎

● 創意設計：機器人、ASCII 藝術作品、數學魔術、故宮到羅浮宮、地球到月球、Unicode 藝術輸出、星空圖案、雞兔同籠、核廢水。

● 潛在應用：房貸。

❑ 程式流程控制

● 創意設計：情緒程式、火箭升空、推薦飲料。

● 潛在應用：使用者輸入驗證、遊戲開發中的決策制定、物聯網 (IoT) 中的條件響應、交通應用中的路線建議、社交應用中的隱私設置檢查、電子商務中的折扣促銷。

❑ **串列 (List) 與元組 (Tuple)**

- 創意設計：凱薩密碼、旅行包裝清單、生日禮物選擇器。
- 潛在應用：矩陣運算、遊戲棋盤、學生分數表、商品庫存清單、多國語言詞彙表、坐標系統、員工資料、時間序列數據、商品清單、學生成績表。

❑ **迴圈控制**

- 創意設計：監控數據警報器、關鍵日誌、計時器、國王麥粒、購物車。
- 潛在應用：電影院劃位、簡易投票系統、簡易員工滿意度調查、訂單處理記錄、簡易客戶意見回饋收集、簡易聯絡人資料管理、監控系統。

❑ **字典 (Dict)**

- 創意設計：文章分析、星座字典、凱薩密碼。
- 潛在應用：圖書館、管理超市、員工管理系統、餐廳菜單系統、學生課程和成績表、食譜和食材清單、個人行程安排、遊戲角色和屬性。

❑ **集合 (Set)**

- 創意設計：雞尾酒。
- 潛在應用：統計獨特單字的數量、模擬抽獎系統、檢測兩個配置文件的差異。

❑ **函數設計**

- 創意設計：時間旅行者、故事生成器、冰淇淋的配料、多語言字典。
- 潛在應用：字串雕塑家、數據偵探、圖片濾鏡應用、股票價格分析、語言字典、系統配置字典、城市氣象報告、書店庫存管理。

❑ **類別 (Class)**

- 創意設計：圖書館管理系統、餐廳點餐系統。
- 潛在應用：員工管理系統、產品庫存管理、會議室預訂系統。

❑ **模組開發與應用**

- 創意設計：時鐘程式、圖書館管理系統模組。
- 潛在應用：提醒休息程式、效能測試工具、生日倒數計時器、年齡計算。

❑ **檔案的讀取與寫入**

- 創意設計：詩歌生成器、互動式故事書。
- 潛在應用：數據探勘、資料保存、日誌文件寫入、自動備份系統日誌。

- ❏ **圖像與圖表**
  - 創意設計：影像濾鏡、影像藝術、Sin 軸移動的紅色球。
  - 潛在應用：QR code、彩色專業圖表、日誌文件寫入、自動備份系統日誌。
- ❏ **網路爬蟲**
  - 創意設計：上網不用瀏覽器、地址查詢地圖、十二星座圖片下載。
  - 潛在應用：市場研究、社交媒體監控、新聞彙總和監控、產品評論和消費者意見挖掘、徵人訊息收集。
- ❏ **人工智慧與機器學習**
  - 創意設計：新人職務分類、足球賽射門、選舉造勢要準備多少香腸。
- ❏ **ChatGPT 和 OpenAI API**
  - 創意設計：AI 客服機器人、Emoji 機器人、AI 聊天圖片生成。

寫過許多的電腦書著作，本書沿襲筆者著作的特色，程式實例豐富，相信讀者只要遵循本書內容必定可以在最短時間精通 Python 設計，編著本書雖力求完美，但是學經歷不足，謬誤難免，尚祈讀者不吝指正。

洪錦魁 2024-05-01

jiinkwei@me.com

教學資源說明 (限定教師) – 需告知您服務學校與科系

- 完整實作題解答約 90 題。
- 適用 Python Shell 環境的「.py」實例檔案。
- 適用 Google Colab 環境的「.ipynb」實例檔案。
- 教學 PPT 簡報。
- 本書 Prompt 實例。

讀者資源說明

請至本公司網頁 www.deepwisdom.com.tw 下載，內容細項如下：

- 偶數題習題解答。
- 適用 Python Shell 環境的「.py」實例檔案。
- 適用 Google Colab 環境的「.ipynb」實例檔案。
- 本書 Prompt 實例。

目錄

第 1 章　程式設計基本觀念

創意程式：機器人、**ASCII** 藝術作品、數學魔術

第 2 章　　掌握基本資料型態

創意程式：地球到月球時間、Unicode 藝術輸出、星空圖案

第 3 章　資料輸入與輸出技巧

創意程式：房貸、故宮到羅浮宮、雞兔同籠、核廢水

第 4 章　程式流程控制精髓 - 決策製作的藝術

創意程式：情緒程式、火箭升空、推薦飲料

潛在應用：使用者輸入驗證、遊戲開發中的決策制定、物聯網 (IoT) 中的條件響應、交通應用中的路線建議、社交應用中的隱私設置檢查、電子商務中的折扣促銷

第 5 章　串列與元組的全面解析

創意程式：凱薩密碼、旅行包裝清單、生日禮物選擇器

潛在應用：矩陣運算、遊戲棋盤、學生分數表、商品庫存清單、多國語言詞彙表、坐標系統、員工資料、時間序列數據、商品清單、學生成績表

第 6 章　迴圈控制 - 從基礎到進階

創意程式：監控數據警報器、關鍵日誌、計時器、國王麥粒、購物車
潛在應用：電影院劃位、簡易投票系統、簡易員工滿意度調查、訂單處理記錄、簡易客戶意見回饋收集、簡易聯絡人資料管理、監控系統

第 7 章　精通字典 (Dict) - 操作與應用全攻略

創意程式：文章分析、星座字典、凱薩密碼
潛在應用：圖書館、管理超市、員工管理系統、餐廳菜單系統、學生課程和成績表、食譜和食材清單、個人行程安排、遊戲角色和屬性

第 8 章　掌握集合 (Set) - 高效數據處理的關鍵

創意程式：雞尾酒

潛在應用：統計獨特單字的數量、模擬抽獎系統、檢測兩個配置文件的差異

第 9 章　Python 函數設計精粹

創意程式：時間旅行者、故事生成器、冰淇淋的配料、多語言字典

潛在應用：字串雕塑家、數據偵探、圖片濾鏡應用、股票價格分析、語言字典、系統配置字典、城市氣象報告、書店庫存管理

第 12 章　檔案的讀取與寫入

創意程式：詩歌生成器、互動式故事書
潛在應用：數據探勘、資料保存、日誌文件寫入、自動備份系統日誌

第 13 章　影像處理與創作 – Pillow + OpenCV

創意程式：影像濾鏡、二維條碼、藝術創作

第 14 章　數據圖表的設計

創意程式：移動的球

第 15 章　網路爬蟲

創意程式：上網不用瀏覽器、地址查詢地圖、十二星座圖片下載
潛在應用：市場研究、社交媒體監控、新聞彙總和監控、產品評論和消費者意見挖掘、徵人訊息收集

附錄 A　安裝與執行 Python

附錄 B　使用 Google Colab 雲端開發環境

附錄 C　RGB 色彩表

附錄 D　ASCII 碼值表

第 1 章

程式設計基本觀念

創意程式：機器人、ASCII 藝術作品、數學魔術

　　Python 作為一種流行的編程語言，以其易學易用、高效能的特性贏得了全球開發者的青睞。它的應用範圍廣泛，從網站開發到數據分析，再到人工智能領域，Python 都扮演著不可或缺的角色。這一章旨在引領讀者步入 Python 的世界，開啟您與 Python 旅程的大門。

1-1 入門指南 - 快速認識 Python 程式語言

1-1-1　Python 是一個直譯程式

　　Python 是 一 種 直 譯 式 (Interpreted language)、 物 件 導 向 (Object Oriented Language) 的程式語言，它擁有完整的函數庫，可以協助輕鬆的完成許多常見的工作。

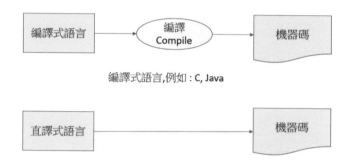

編譯式語言,例如 : C, Java

直譯式語言,例如 : Python

　　所謂的直譯式語言是指，直譯器 (Interpretor) 會將程式碼一句一句直接執行，不需要經過編譯 (compile) 動作，將語言先轉換成機器碼，再予以執行。

1-1-2　Python 是一個開放原始碼

　　由於 Python 是一個開放的原始碼 (Open Source)，每個人皆可免費使用或為它貢獻，除了它本身有許多內建的模組 (module)，許多單位也為它開發了更多的模組，促使它的功能可以持續擴充，因此 Python 目前已經是全球最熱門的程式語言之一。

1-1-3　Python 語言發展史

　　下列是此語言的發展史。

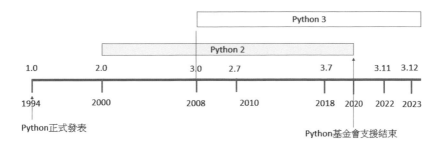

Python 是一種跨平台的程式語言，幾乎主要作業系統，例如：Windows、Mac OS、UNIX/LINUX … 等，皆可以安裝和使用。

1-1-4　Python 的設計者

Python 的最初設計者是吉多‧范羅姆蘇 (Guido van Rossum)，他是荷蘭人。1956 年出生於荷蘭哈勒姆，1982 年畢業於阿姆斯特丹大學的數學和計算機系，獲得碩士學位。

本圖片取材自下列網址

https://upload.wikimedia.org/wikipedia/commons/thumb/6/66/Guido_van_Rossum_OSCON_2006.jpg/800px-Guido_van_Rossum_OSCON_2006.jpg

吉多‧范羅姆蘇 (Guido van Rossum) 在 1996 年為一本 O'Reilly 出版社作者 Mark Lutz 所著的 "Programming Python" 的序言表示：6 年前，1989 年我想在聖誕節期間思考設計一種程式語言打發時間，當時我正在構思一個新的腳本 (script) 語言的解譯器，它是 ABC 語言的後代，期待這個程式語言對 UNIX C 的程式語言設計師會有吸引力。基於我是蒙提派森飛行馬戲團 (Monty Python's Flying Circus) 的瘋狂愛好者，所以就以 Python 為名當作這個程式的標題名稱。

在一些 Python 的文件或有些書封面喜歡用蟒蛇代表 Python，從吉多‧范羅姆蘇的上述序言可知，Python 靈感的來源是馬戲團名稱而非蟒蛇。不過 Python 英文是大蟒蛇，所以許多文件或 Python 基金會也就以大蟒蛇為標記。

1-2　如何安裝與運行 Python - 完整步驟與圖解

有關安裝 Python 的安裝或是執行常見的環境有：

❏ **Python 基金會的 idle – 可參考附錄 A**

在 Python 內建的 idle 環境執行，可參考附錄 A。這是最原始最陽春的環境，Python 有許多內建模組，可以直接導入引用，所設計程式的副檔名是「.py」。碰上外部模組則需安裝，安裝過程可以認識模組的意義，整體而言也是簡單好用，這是學習 Python 基本功最佳環境。本書本書所附「程式實例 py」資料夾內，所有程式實例皆可在此環境執行。完整名稱是「Python IDLE Shell」，簡稱「Python Shell」。

❏ **Google Colab 雲端開發 – 可參考附錄 B**

這是 Google 公司開發的 Python 虛擬機器，讀者可以使用瀏覽器 (建議是使用 Chrome) 在此環境內設計 Python 程式，所設計程式的副檔名是「.ipynb」。在這個環境，許多常見的模組已被安裝，可以不需安裝設定，設計複雜的深度學習程式時可以免費使用 GPU(Graphics Processing Unit，圖形處理器)，同時所開發的程式可以和朋友共享。本書所附「程式實例 ipynb」資料夾內，所有程式實例皆可在此環境執行。

1-3　變數入門 - 定義與賦值

變數 (variable) 是一個語言的核心，由變數的設定可以知道這個程式所要完成的工作。

1-3-1　靜態語言與動態語言

有些程式語言的變數在使用前需要先宣告它的資料型態，這樣編譯程式 (compile) 可以在記憶體內預留空間給這個變數。這個變數的資料型態經過宣告後，未來無法再改變它的資料型態，這類的程式語言稱靜態語言 (static language)。例如：C、C++、Java … 等。其實宣告變數可以協助電腦捕捉可能的錯誤，同時也可以讓程式執行速度更快，但是程式設計師需要花更多的時間打字與思考程式的規劃。

有些程式語言的變數在使用前不必宣告它的資料型態，這樣可以用比較少的程式碼完成更多工作，增加程式設計的便利性，這類程式在執行前不必經過編譯 (compile) 過程，而是使用直譯器 (interpreter) 直接直譯 (interpret) 與執行 (execute)，這類的程式語言稱動態語言 (dynamic language)，有時也可稱這類語言是文字碼語言 (scripting language)。例如：Python、Perl、Ruby。動態語言執行速度比經過編譯後的靜態語言執行速度慢，所以有相當長的時間動態語言只適合作短程式的設計，或是將它作為準備資料供靜態語言處理，在這種狀況下也有人將這種動態語言稱膠水碼 (glue code)，但是隨著軟體技術的進步直譯器執行速度越來越快，已經可以用它執行複雜的工作了。如果讀者懂 Java、C、C++，未來可以發現，Python 相較於這些語言除了便利性，程式設計效率已經遠遠超過這些語言了，這也是 Python 成為目前最熱門程式語言的原因。

1-3-2　認識變數位址意義

Python 是一個動態語言，它處理變數的觀念與一般靜態語言不同。對於靜態語言而言，例如：C 或 C++，當宣告變數時記憶體就會預留空間儲存此變數內容，例如：若是宣告與定義 x=10, y=10 時，記憶體內容可參考下方左圖。

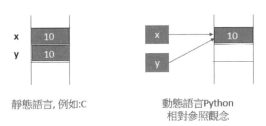

靜態語言, 例如:C　　　動態語言Python 相對參照觀念

對於 Python 而言，變數所使用的是參照 (reference) 位址的觀念，設定一個變數 x 等於 10 時，Python 會在記憶體某個位址儲存 10，此時我們建立的變數 x 好像是一個標誌 (tags)，標誌內容是儲存 10 的記憶體位址。如果有另一個變數 y 也是 10，則是將變數 y 的標誌內容也是儲存 10 的記憶體位址。相當於變數是名稱，不是位址，相關觀念可以參考上方右圖。

使用 Python 可以使用 id( ) 函數，獲得變數的位址，可參考下列語法。

實例 1：列出變數的位址，相同內容的變數會有相同的位址。

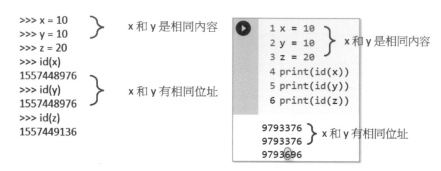

上述「x = 10」，「=」稱賦值，也就是 x 變數的內容是 10。註：上方左圖是 Python Shell 的工作環境，右圖是 Google Colab 的工作環境畫面。

1-3-3　變數的命名原則

Python 變數命名遵循一套清晰的規則和最佳實踐，以確保程式碼的可讀性和維護性。這些原則包括：

● 使用明確的變數名稱：變數名應該簡短且描述性強。例如：使用 'count' 而不是 'c'，或 'employee_name' 而不是 'en'，這樣可以讓程式碼更容易理解。

● 字母、數字和底線：變數名可以包含字母（a-z, A-Z）、數字（0-9）和底線（_），但不能以數字開頭。例如，'message_1' 是有效的，但 '1_message' 則不是。

● 區分大小寫：Python 是區分大小寫的，所以 'Msg' 和 'msg' 會被視為兩個不同的變數。

● 避免使用 Python 關鍵字：Python 的關鍵字，如 'if'、'for'、'class' 等，不能用作變數名，更多說明可以參考 1-3-4 節。

● 一列程式碼定義多個變數：例如：a = 10, b = 5, c = "Hi"。

● 風格指南：Python 社區推薦使用「snake_case（蛇形命名法）」來命名變數，即所有字母小寫，單詞之間用底線分隔。例如：'employee_age'。對於常數，則建議使用全大寫字母，單詞之間用底線分隔，例如：'MAX_SIZE'。

● 避免使用特殊字元：除了底線，避免在變數名中使用其他特殊字元，例如：@、$、% 等。

　　遵循這些原則不僅能使您的程式碼更加清晰和易於維護，也有助於其他開發者更好地理解和使用您寫的程式碼。此外，這些規範也體現了 Python 社區對程式碼清晰度和一致性的重視。

1-3-4　不可當作變數的關鍵字

實例 1：可以使用 help('keywords') 列出所有 Python 的關鍵字。

```
>>> help('keywords')

Here is a list of the Python keywords.  Enter any keyword to get more help.

False               class               from                or
None                continue            global              pass
True                def                 if                  raise
and                 del                 import              return
as                  elif                in                  try
assert              else                is                  while
async               except              lambda              with
await               finally             nonlocal            yield
break               for                 not
```

此外，我們也可以使用 help( ) 列出特定函數或是關鍵字的用法。

實例 2：列出關鍵字 and 的用法。

```
>>> help('and')
Boolean operations
********************

    or_test  ::= and_test | or_test "or" and_test
    and_test ::= not_test | and_test "and" not_test
    not_test ::= comparison | "not" not_test
```

1-4　寫出乾淨程式碼 - 遵循 PEP 8 風格指南

　　吉多‧范羅姆蘇 (Guido van Rossum) 被尊稱 Python 之父，他有編寫 Python 程式設計的風格，一般人將此稱 Python 風格 PEP(Python Enhancement Proposals)。常看到有些文件稱此風格為 PEP 8，這個 8 不是版本編號，PEP 有許多文件提案，其中編號 8 是講 Python 程式設計風格，所以一般人又稱 Python 寫作風格為 PEP 8。在這個風格下，變數名稱建議是用小寫字母，如果變數名稱需用 2 個英文字表達時，建議此文字間用底線連接。例如：員工年齡變數，英文是 employee age，我們可以用 employee_age 當作變數。

在執行運算時，在運算符號左右兩邊增加空格，例如：

x = y + z	# 符合 Python 風格
x = (y + z)	# 符合 Python 風格
x = y+z	# 不符合 Python 風格
x = (y+z)	# 不符合 Python 風格

完整的 Python 寫作風格可以參考下列網址：

www.python.org/dev/peps/pep-0008

上述僅將目前所學做說明，未來筆者還會逐步解說。註：程式設計時如果不採用 Python 風格，程式仍可以執行，不過 Python 之父吉多・范羅姆蘇認為寫程式應該是給人看的，所以更應該寫讓人易懂的程式。

1-5 從繪製機器人開始學程式設計

Python 是直譯式程式語言，簡單的功能可以直接使用直譯方式設計與執行。要設計比較複雜的功能，建議是將指令依據語法規則組織成程式，然後再執行，這也是本書籍的重點。例如：print( ) 是輸出函數，雙引號 (或是單引號) 內的字串可以輸出。

程式實例 ch1_1.py：用 print( ) 設計機器人輸出。下列程式的「#」是註解符號，會在 1-6 節做更進一步解釋。

```
1   # ch1_1.py
2   print("     +-------+")
3   print("    [|  o o  |]")
4   print("     |   L   |")
5   print("     +-------+")
6   print("        |   |  ")
7   print("      /|   |\\ ")        # "\\"是逸出字元，結果只顯示一次"\"
8   print("     / |---| \\")        # "\\"是逸出字元，結果只顯示一次"\"
9   print("    *  |   |  *")
10  print("       |   |  ")
11  print("      / \\ / \\ ")        # "\\"是逸出字元，結果只顯示一次"\"
12  print("     *   *   *")
```

執行結果

　　Python 程式左邊是沒有行號，上述是筆者為了讀者閱讀方便加上去的。第 7、8、11 列 print( ) 內有輸出「\\」，正式輸出時只顯示一次「\」，因為這是逸出字元，更多觀念將在 2-4-3 節解說。註：雖然「\」可以單獨在字串內使用，讀者可以參考 ch1_1_1.py。不過限制是其右邊不可有其他逸出字元，否則會有錯誤，讀者可以參考 ch1_1_2.py。

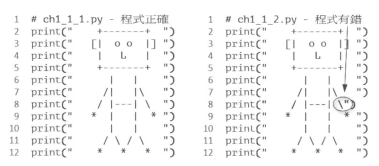

```
1   # ch1_1_1.py - 程式正確            1   # ch1_1_2.py - 程式有錯
2   print("    +------+   ")          2   print("    +------+|  ")
3   print("   [|  o o  |] ")          3   print("   [|  o o  |] ")
4   print("    |   L   |   ")         4   print("    |   L   || ")
5   print("    +------+   ")          5   print("    +------+| ")
6   print("     |   |     ")          6   print("     |   |    ")
7   print("    /|   |\    ")          7   print("    /|   |\   ")
8   print("   / |---| \   ")          8   print("   / |---|\"  ")
9   print("  *  |   |  *  ")          9   print("  *  |   |  *  ")
10  print("     |   |     ")          10  print("     |   |    ")
11  print("    / \ / \    ")          11  print("    / \ / \   ")
12  print("   *   *   *   ")          12  print("   *   *   *   ")
```

上述 ch1_1_2.py 第 8 列會因為「\"」產生錯誤。

1-6 輸出 ASCII 藝術作品 - 程式註解技巧

　　程式註解主要功能是讓你所設計的程式可讀性更高，更容易瞭解。在企業工作，一個實用的程式可以很輕易超過幾千或上萬列，此時你可能需設計好幾個月，程式加上註解，可方便你或他人，未來較便利瞭解程式內容。

　　程式設計時使用鍵盤可以輸出英文字母與 ASCII 符號，使用這些字元可以生成各類圖案，我們稱此為「ASCII 藝術作品」。

1-6-1 註解符號 # - 汽車

　　不論是使用 Python Shell 直譯器或是 Python 程式，「#」符號右邊的文字，皆是稱程式註解，Python 語言的直譯器會忽略此符號右邊的文字。

註 1：註解符號「#」，可以放在程式敘述的最左邊，可以參考 ch1_1.py 的第 1 列。或是將註解放在程式敘述的右邊，可以參考第 7 列。

註 2：print( ) 函數內的字串輸出可以使用雙引號，可以參考 ch1_1.py 的第 2 列。或是單引號包夾，可以參考下列實例 ch1_2.py，程式內容是「汽車」輸出。

```
1   # ch1_2.py
2   print(                 )
3   print('   /|_||_\\_\\___')
4   print('  (_ _ __ _ __\\')
5   print('    (o)--(o) ')
```

執行結果

```
======================== RESTART: D:/Python/ch1/ch1_2.py ========================
   /|_||_\\_\
  (_ _ __ _ __\
    (o)--(o)
```

1-6-2　三個單引號或雙引號 – 聖誕樹與萬聖節南瓜燈

如果要進行大段落的註解，可以用三個單引號，可以參考 ch1_3.py。或是 3 個雙引號將註解文字包夾，可以參考 ch1_4.py。

程式實例 ch1_3.py 和 ch1_4.py：分別以三個單引號和雙引號包夾 (第 1 和 5 列)，當作註解標記。

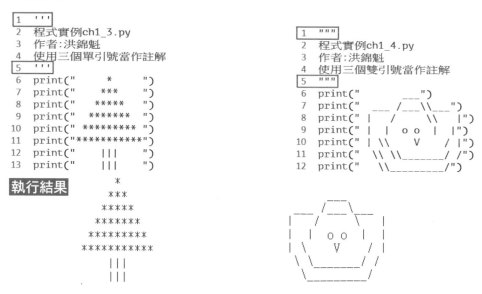

```
1   '''
2   程式實例ch1_3.py
3   作者:洪錦魁
4   使用三個單引號當作註解
5   '''
6   print("       *       ")
7   print("      ***      ")
8   print("     *****     ")
9   print("    *******    ")
10  print("   *********   ")
11  print("***********")
12  print("      |||      ")
13  print("      |||      ")
```

```
1   """
2   程式實例ch1_4.py
3   作者:洪錦魁
4   使用三個雙引號當作註解
5   """
6   print("        ___")
7   print("   ___ /___\\___")
8   print("  |   /      \\   |")
9   print("  |  |  o o  |  |")
10  print("  | \\\\   V   / |")
11  print("   \\\\ \\\_____/ /")
12  print("    \\\_____/")
```

執行結果

```
        *
       ***
      *****
     *******
    *********
   ***********
       |||
       |||
```

1-7　數學魔術 - 玩轉基本數學運算

1-7-1　賦值

所謂賦值 (=) 是一個等號的運算，將一個右邊值或是變數或是運算式設定給一個左邊的變數，稱賦值 (=) 運算。

實例 1：賦值運算，將 5 設定給變數 x，設定 y 是「x - 3」。

```
>>> x = 5
>>> y = x - 3
>>> y
2
```

1-7-2 四則運算

Python 的四則運算是指加 (+)、減 (-)、乘 (*) 和除 (/)。

實例 1：下方左圖是加法與減法運算。

```
>>> x = 5 + 6
>>> x
11
>>> y = x - 10
>>> y
1
```

> **註** 再次強調，上述 5+6 等於 11 設定給變數 x，在 Python 內部運算中 x 是標誌，指向內容是 11。

實例 2：乘法與除法運算實例。

```
>>> x = 5 * 9          >>> y = 9 / 5          > > > y = 4 / 2
>>> x                  >>> y                  > > > y
45                     1.8                    2.0
```

除法運算時，無論是否整除，結果一定是浮點數，可以參考上方右圖。

1-7-3 餘數和整除

餘數 (mod) 所使用的符號是 "%"，可計算出除法運算中的餘數。整除所使用的符號是 "//"，是指除法運算中只保留整數部分。

實例 1：餘數和整除運算實例。

```
>>> x = 9 % 5              >>> y = 9 // 2
>>> x                      >>> y
4                          4
```

其實在程式設計中求餘數是非常有用，例如：如果要判斷數字是奇數或偶數可以用 %，指令「num % 2」，如果是奇數所得結果是 1，如果是偶數所得結果是 0。未來當讀者學會更多指令，筆者會做更多的應用說明。

> **註** "%" 字元還有其他用途，第 3 章輸入與輸出章節會再度應用此字元。

1-7-4　次方

次方的符號是 "**"。

實例 1：平方、次方的運算實例。

```
>>> x = 3 ** 2            >>> y = 3 ** 3
>>> x                     >>> y
9                         27
```

次方的應用很廣，例如：可以用於計算存款複利累積，或是病毒以一定速度成長。此外，部分資產，例如：車輛，可能每年以一定比例減損，這時也可以用次方的觀念處理。

次方若是小數值，就是開根號，例如：「9 ** 0.5」是開平方根。「9 ** (1/3)」是開立方根。開根號用途很廣，例如：

● 計算平面幾何中兩點之間的距離或是找出直角三角形的斜邊長度。

● 圓的半徑與面積計算：若是已知圓的面積，可以用開根號求解圓的半徑。

1-7-5　**Python 語言運算的優先順序**

Python 語言碰上計算式同時出現在一個指令內時，除了括號 "( )" 內部運算最優先外，其餘計算優先次序如下。

1：次方。

2：乘法、除法、求餘數 (%)、求整數 (//)，彼此依照出現順序運算。

3：加法、減法，彼此依照出現順序運算。

實例 1：Python 語言控制運算的優先順序的應用。

```
>>> x = (5 + 6) * 8 - 2    >>> y = 5 + 6 * 8 - 2    >>> z = 2 * 3**3 * 2
>>> x                      >>> y                    >>> z
86                         51                       108
```

1-7-6　**數學魔術 – 解開永遠得到 5.0 的秘密**

程式實例 ch1_5.py：，數學魔術 – 無論 x 是多少，永遠得到輸出是 5.0。

```
1  # ch1_5.py
2  x = 6                          # x 可以是任意正負整數，例如：0 ~ 99(或更大)
3
```

```
4   # 對數字進行一系列神秘的數學操作
5   result = (((x * 2) + 10) / 2) - x
6   print("經過一系列複雜的數學運算後,無論什麼數字,結果始終是 : ", result)
```

執行結果
```
==================== RESTART: D:/Python/ch1/ch1_5.py ====================
經過一系列複雜的數學運算後,無論什麼數字,結果始終是 :   5.0
```

上述程式第 6 列,在 print( ) 函數內,字串右邊的逗號「,」,可以區隔變數輸出,未來第 3 章會介紹更完整的輸出知識。這個「數學魔術」實際上是一個簡單的數學遊戲,它展示了如何透過基本的數學操作來達到一個固定的結果。如果我們將用戶輸入的數字設為 x,那麼上述過程可以用以下的數學表達式來表示:

result = ((x * 2) + 10) / 2 - x

現在,讓我們簡化這個表達式:

1:首先執行乘法:2x

2:加 10:2x + 10

3:除以 2:(2x + 10) / 2

4:簡化得到:x + 5

5:最後,將這個結果中減去 x:5.0

經過簡化後,我們可以看到無論 x 是什麼,結果總會是 5.0。

1-8 精通指派運算子 - 提高程式碼效率

常見的指派運算子如下,下方是假設「x = 10」的實例:

運算子	語法	說明	實例	結果
+=	a += b	a = a + b	x += 5	15
-=	a -= b	a = a - b	x -=5	5
*=	a *= b	a = a * b	x *= 5	50
/=	a /= b	a = a / b	x /= 5	2.0
%=	a %= b	a = a % b	x %= 5	0
//=	a //= b	a = a // b	x //= 5	2
**=	a **= b	a = a ** b	x **= 5	100000

1-9 Python 等號的多重指定使用

使用 Python 時，可以一次設定多個變數等於某一數值。

實例 1：設定多個變數等於某一數值的應用。

```
>>> x = y = z = 10
>>> x
10
>>> y
10
>>> z
10
```

Python 也允許多個變數同時指定不同的數值。

實例 2：設定多個變數，每個變數有不同值。

```
>>> x, y, z = 10, 20, 30
>>> print(x, y, z)
10 20 30
```

當執行上述多重設定變數值後，甚至可以執行更改變數內容。

實例 3：將 2 個變數內容交換。

```
>>> x, y = 10, 20
>>> print(x, y)
10 20
>>> x, y = y, x        ←——— 資料交換
>>> print(x, y)
20 10
```

1-10 深入了解「列」連接 (Line Continuation) 技巧

在設計大型程式時，常會碰上一個敘述很長，需要分成 2 列或更多列撰寫，此時可以在敘述後面加上 "\" 符號，這個符號稱繼續符號。Python 直譯器會將下一列的敘述視為這一列的敘述。特別注意，在 "\" 符號右邊不可加上任何符號或文字，即使是註解符號也是不允許。

另外，也可以在敘述內使用小括號，如果使用小括號，就可以在敘述右邊加上註解符號。

程式實例 ch1_6.py 和 ch1_7.py：將一個敘述分成多列的應用，下方右圖是符合 PEP 8 的 Python 風格設計，也就是運算符號必須放在運算元左邊。

```
1   # ch1_6.py
2   a = b = c = 10
3   x = a + b + c + 12
4   print(x)
5   # 續列方法1
6   y = a +\
7       b +\
8       c +\              運算符號在運算元左邊 ──→
9       12
10  print(y)
11  # 續列方法2
12  z = ( a +          # 此處可以加上註解
13        b +
14        c +
15        12 )
16  print(z)
```

```
1   # ch1_7.py
2   a = b = c = 10
3   x = a + b + c + 12
4   print(x)
5   # 續列方法1       # PEP 8風格
6   y = a \
7       + b \
8       + c \
9       + 12
10  print(y)
11  # 續列方法2       # PEP 8風格
12  z = ( a            # 此處可以加上註解
13        + b
14        + c
15        + 12 )
16  print(z)
```

PEP 8風格

執行結果　ch1_6.py 和 ch1_7.py 可以得到相同的結果。

```
================== RESTART: D:/Python/ch1/ch1_6.py ==================
42
42
42
```

1-11 實戰 - 計算圓面積與圓周長

1-11-1 數學運算 - 計算圓面積與周長

程式實例 ch1_8.py：假設圓半徑是 5 公分，圓面積與圓周長計算公式分別如下：

圓面積 = PI * r * r　　　　　　　　# PI = 3.14159, r 是半徑
圓周長 = 2 * PI * r

```
1   # ch1_8.py
2   PI = 3.14159
3   r = 5
4   print("圓面積:單位是平方公分")
5   area = PI * r * r
6   print(area)
7   circumference = 2 * PI * r
8   print("圓周長:單位是公分")
9   print(circumference)
```

執行結果
```
================== RESTART: D:/Python/ch1/ch1_8.py ==================
圓面積:單位是平方公分
78.53975
圓周長:單位是公分
31.4159
```

在程式語言的設計中，有一個觀念是具名常數 (named constant)，這種常數是不可更改內容。上述我們計算圓面積或圓周長所使用的 PI 是圓周率，這是一個固定的值，由於 Python 語言沒有提供此具名常數 (names constant) 的語法，上述程式筆者用大寫 PI 當作是具名常數的變數，這是一種約定成俗的習慣，其實這也是 PEP 8 程式風格，未來讀者可以用這種方式處理固定不會更改內容的變數。

1-11-2　數學模組的 pi

前一小節的圓周率筆者定義 3.14159，其實很精確了，如果要更精確可以使用 Python 內建的 math 模組，使用前需要用 import 導入模組，這時就可以定義此模組內的 pi 屬性，可以參考下列程式第 2 列，未來可以更精確使用它。

程式實例 ch1_9.py：使用 math 模組的 pi，重新設計 ch1_8.py。

```
1   # ch1_9.py
2   import math
3
4   r = 5
5   print("圓面積:單位是平方公分")
6   area = math.pi * r * r
7   print(area)
8   circumference = 2 * math.pi * r
9   print("圓周長:單位是公分")
10  print(circumference)
```

執行結果　與 ch1_8.py 相同。

```
=============== RESTART: D:/Python/ch1/ch1_9.py ===============
圓面積:單位是平方公分
78.53981633974483
圓周長:單位是公分
31.41592653589793
```

請參考第 6 或 8 列，筆者使用 math.pi 引用圓周率，獲得更精確的結果。註：本書 3-4-3 節將講解更多 math 模組相關內容。

1-12　Python 內建與第 3 方函數庫入門

這一章我們用到了一些函數，部分可以直接使用，部分需要用 import 導入，基本上可以將函數分成 3 種：

- 內建函數：可以直接使用，例如：print( )、id( )、help( ) … 等。
- 標準模組函數 (或屬性)：屬於安裝 Python 時，同時被安裝模組內的函數，例如：math 模組內的 pi 就是屬性或是開平方根函數 sqrt( )，使用前須用 import 導入此模組，然後用 math.pi 或是 math.sqrt( ) 引用。未來會有更多說明模組內的函數使用解說。

```
>>> import math
>>> math.sqrt(4)
2.0
```

- 第 3 方模組函數：這是第 3 方軟體單位為 Python 開發，可以擴充 Python 功能的模組內的函數，這類函數在使用前需要先安裝模組，然後才可以使用該模組內的函數，未來第 11 和 13 章起會做實例解說。

1-13　AI 輔助學習 Python - 未來學習之路

程式設計時，可以隨時讓 AI 當作我們的家教，尋求指導，常見的 AI 軟體有 OpenAI 公司的 ChatGPT、Microsoft 公司的 Copilot 和 Google 公司的 Gemini。雖然本書是以 ChatGPT 為首要 AI 家教，不過這一節也將舉例說明 Copilot 和 Gemini 輔助學習 Python 的用法。

1-13-1　AI 可以如何協助我們

AI 可以協助我們下列 Python 程式設計工作：

- 敘述語法規則
- 程式除錯 (Debug)、解釋錯誤原因與修訂錯誤
- 依照我們的指示設計各類程式
- 閱讀與解說程式碼
- 為程式碼加上註解
- 重構程式

以上觀念，將分散在未來各章節，在適當位置分別以實例解說。最後筆者要提醒，AI 生成的結果，也可能不準確，所以一定要檢查。

1-13-2　ChatGPT/Copilot/Gemini 分別解說 Python 語法

筆者 Prompt 輸入「請說明 Python 變數設定規則」，下列是輸出結果。註：讀者需了解，與 AI 聊天時相同問題，回答的結果仍會有小差異。

❑　ChatGPT 3.5

ChatGPT 3.5 因為是免費，所以人人可以使用當作學習 Python 的家教。

> **你**
> 請說明**Python**變數設定規則
>
> **ChatGPT**
> 在**Python**中，變數設定有以下幾個基本規則：
>
> 1. 變數名稱必須以字母或底線 (_) 開頭。
> 2. 變數名稱可以包含字母、數字和底線 (_)。
> 3. 變數名稱區分大小寫，例如"myVar"和"myvar"是不同的變數。
> 4. 保留字（例如if、else、for等）不能作為變數名稱使用。
> 5. 變數名稱應該具有描述性，能夠清晰表達該變數的用途。
> 6. 避免使用單一字符作為變數名稱，除非是臨時的迴圈變數，否則應該盡量使用有意義的名稱。
> 7. **Python**允許在同一行上定義多個變數，例如：a = 5, b = 10, c = "hello"。
> 8. 變數名稱應該具有一定的意義，能夠讓其他人閱讀代碼時容易理解。

ChatGPT 的回應清晰明瞭，提供了 Python 變數設定的基本規則。結構簡潔，易於理解，有助於用戶快速掌握相關知識。註：付費的 ChatGPT 4，可以上傳程式碼檔案讓 ChatGPT 閱讀與分析，同時會有更完整的解釋。

❑　Copilot

　您

請說明Python變數設定規則

Copilot

在Python中，變數是一個值的名稱，它可以說是盛裝這個值的容器。讓我們來探討一下Python中的變數設定規則：

可複製程式碼

1. 指派一個值給變數：

○ 使用指派運算子 `=`，可以將等號右邊的值指派給左邊的變數。例如：

複製

Python

```python
number = 15
print(number)  # 輸出: 15
```

2. 變數名稱規則：

○ 變數名稱必須遵守以下限制：

  ▪ 只能包含大寫字母（A到Z）、小寫字母（a到z）、數字（0到9）和底線（_）。

  ▪ 開頭只能是字母或底線，不可以數字開頭。

  ▪ Python區分大小寫，因此 `myVar` 和 `myvar` 是不同的變數。

  ▪ 不能使用保留字（也稱為關鍵字）作為變數名稱。保留字是Python中具有特殊用途的詞彙，例如 `if`、`while`、`for` 等。

3. 變數名稱命名建議：

○ 選擇有意義的名稱，比無意義的短名稱更好。

○ 保持變數名稱適當的長度。

○ 始終如一地命名變數。

○ 特殊情況下，可以使用底線（_）作為變數名稱的起始字元。

總之，變數是程式設計中強大的工具，請遵守這些規則來命名您的變數，以便更好地管理和理解您的程式碼。

Copilot 的解釋也是簡單清楚，同時附上小程式，我們可以複製到 Python 編輯環境。

❑　　Gemini

 請說明Python變數設定規則

顯示草稿　∨

 在 Python 中，變數是用來儲存資料的。變數名稱必須遵循以下規則：

- **由大小寫英文字母、數字、底線 (_) 或中文組成**
- **第一個字元不能是數字**
- **不能與 Python 保留字相同**

以下是一些合法的變數名稱範例：

```Python
name
age
_number
你好
```

以下是一些不合法的變數名稱範例：

```Python
123age  # 第一個字元不能是數字
if  # 不能與 Python 保留字相同
@#$  # 不能包含特殊字元
```

請謹慎使用程式碼。　

在 Python 中，變數名稱大小寫是不同的。例如，`name` 和 `Name` 是兩個不同的變數。

建議使用有意義的變數名稱，以便於理解程式的邏輯。例如，如果變數儲存的是使用者的姓名，可以使用 `name` 或 `user_name` 作為變數名稱。

1-13 AI 輔助學習 Python - 未來學習之路

以下是一些變數命名建議：

- 使用小寫字母和底線 (_) 來分隔單詞
- 使用描述性名稱
- 避免使用縮寫

例如，以下變數名稱是比較好的：

Python

```
user_name
first_name
last_name
age
```

請謹慎使用程式碼。

以下是一些變數命名建議：

- 使用小寫字母和底線 (_) 來分隔單詞
- 使用描述性名稱
- 避免使用縮寫

例如，以下變數名稱是比較好的：

Python

```
user_name
first_name
last_name
age
```

以下變數名稱則是比較差的：

Python

```
name
age
num
```

儘管 Gemini 的解釋不是最完整，不過用實例給命名建議，所以也是非常好的結果。

1-13-3　銀行複利計算

請 AI 協助我們設計程式時，所輸入的 Prompt 一定要明確，要求的輸出結果一定要清楚。假設我們輸入的 Prompt 如下，下列是 3 種 AI 的執行結果：

銀行存款複利計算，假設年利率是 1.5%, 有一筆存款 10000 元 , 請用 Python 設計一個程式計算 5 年後的本金和。

❑　ChatGPT 3.5 - ch1_10_ChatGPT35.py

 你
銀行存款複利計算, 假設年利率是1.5%, 有一筆存款10000元, 請用Python設計一個程式計算5年後的本金和。

 ChatGPT
以下是使用Python編寫的計算複利的程式碼：

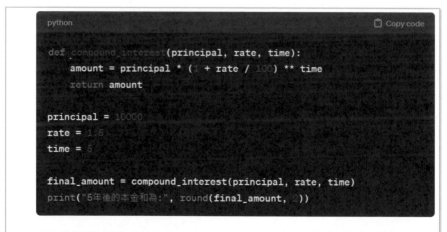

```python
def compound_interest(principal, rate, time):
    amount = principal * (1 + rate / 100) ** time
    return amount

principal = 10000
rate = 1.5
time = 5

final_amount = compound_interest(principal, rate, time)
print("5年後的本金和為:", round(final_amount, 2))
```

這段程式碼定義了一個名為 `compound_interest` 的函數，該函數接受三個參數：本金（ principal ）、年利率（ rate ）、以及時間（ time ）。它使用複利計算公式來計算給定時間後的本金和。然後，我們將10000元的本金、1.5%的年利率和5年的時間傳遞給這個函數，並將計算結果打印出 ↓

上述 ChatGPT 使用了尚未介紹的函數設計 compound_interest，未來第 9 章會說明函數的設計方式。上述 print( ) 函數內有用到 round( ) 函數，這是 Python 的內建函數，其中第 1 個參數 final_amount 是數值，第 2 個參數 2 是表示小數取 2 位，如果小數第 3 位是 "5" 以下捨去 , "51" 以上則進位。

```
>>> round(10772.845,2)
10772.84
>>> round(10772.8451,2)
10772.85
```

❑ **Copilot - ch1_10_Copilot.py**

⚡ **Copilot**

當然，讓我們用Python來計算5年後的本金吧！複利計算的公式如下：

$[FV = PV \left(1 + \frac{r}{100}\right)^y]$

其中：

- (FV) 是未來值（即5年後的本金）。
- (PV) 是現值（初始存款）。
- (r) 是年利率。
- (y) 是年期。

根據您提供的資訊，我們可以進行計算：

1. 初始存款 (PV = 10000) 元。
2. 年利率 (r = 1.5%)。

現在，讓我們使用Python編寫一個程式來計算5年後的本金：

```python
def calculate_future_value(principal, rate, years):
    # 將利率轉換為小數
    rate_decimal = rate / 100
    # 計算未來值
    future_value = principal * (1 + rate_decimal) ** years
    return future_value

# 輸入初始存款、年利率和年期
principal_amount = 10000
annual_interest_rate = 1.5
investment_years = 5

# 計算5年後的本金
future_amount = calculate_future_value(principal_amount, annual_interest_rate, investment_years)

print(f"5年後的本金為：{future_amount:.2f} 元")
```

❑　**Gemini - ch1_10_Gemini.py**

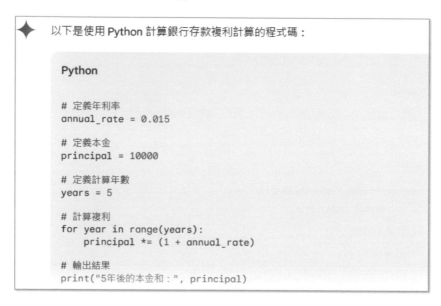

以下是使用 Python 計算銀行存款複利計算的程式碼：

```python
# 定義年利率
annual_rate = 0.015

# 定義本金
principal = 10000

# 定義計算年數
years = 5

# 計算複利
for year in range(years):
    principal *= (1 + annual_rate)

# 輸出結果
print("5年後的本金和 : ", principal)
```

　　Gemini 設計這個程式沒有用到函數設計，簡單明瞭。下列是 3 個 AI 生成程式的執行結果，可以得到一樣的結果。

```
================== RESTART: D:/Python/ch1/ch1_10_ChatGPT35.py ==================
5年後的本金和為: 10772.84

================== RESTART: D:/Python/ch1/ch1_10_Copilot.py ==================
5年後的本金為：10772.84 元

================== RESTART: D:/Python/ch1/ch1_10_Gemini.py ==================
5年後的本金和：  10772.840038843742
```

　　未來讀者可以用這 3 種 AI 當作輔助學習的家教，筆者已經習慣 ChatGPT，所以未來將以此 AI 為範本解說。

習題實作題

ex1_1.py：請參考 ch1_1.py，繪製與輸出不同造型的機器人，可參考下方左圖。

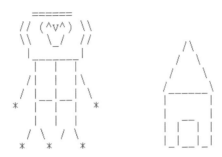

ex1_2.py：請參考 ch1_1.py，繪製輸出房子，可參考上方右圖。

ex1_3.py：請參考 ch1_5.py，數學魔術 – 無論 x 是多少，永遠得到輸出是 6。

```
========== RESTART: D:/Python/ex1/ex1_3.py ==========
經過一系列複雜的數學運算後,無論什麼數字,結果始終是： 6.0
```

ex1_4.py：假設病毒有 100 個單位，以每小時成長 15% 病毒量，請問 24 小時後病毒量是多少，假設病毒量是 Vt 輸出結果可以用 round(Vt) 獲得整數病毒單位。

```
========== RESTART: D:/Python/ex1/ex1_4.py ==========
24小時候病毒量是： 2863
```

ex1_5：圓周率 PI 是一個數學常數，常常使用希臘字 π 表示，在計算機科學則使用 PI 代表。它的物理意義是圓的周長和直徑的比率。歷史上第一個無窮級數公式稱萊布尼茲公式，它的計算公式如下：

$$PI = 4 * (1 - \frac{1}{3} + \frac{1}{5} - \frac{1}{7} + \frac{1}{9} - \frac{1}{11} + \cdots)$$

請分別設計下列級數的執行結果。

(a)：$PI = 4 * (1 - \frac{1}{3} + \frac{1}{5} - \frac{1}{7} + \frac{1}{9})$

(b)：$PI = 4 * (1 - \frac{1}{3} + \frac{1}{5} - \frac{1}{7} + \frac{1}{9} - \frac{1}{11})$

(c)：$PI = 4 * (1 - \frac{1}{3} + \frac{1}{5} - \frac{1}{7} + \frac{1}{9} - \frac{1}{11} + \frac{1}{13})$

> **註** 上述級數要收斂到我們熟知的 3.14159 要相當長的級數計算。

```
==================== RESTART: D:/Python/ex1/ex1_5.py ====================
計算PI的公式 = 4 * (1 - 1/3 + 1/5 - 1/7 + 1/9)
3.3396825396825403
計算PI的公式 = 4 * (1 - 1/3 + 1/5 - 1/7 + 1/9 - 1/11)
2.9760461760461765
計算PI的公式 = 4 * (1 - 1/3 + 1/5 - 1/7 + 1/9 - 1/11 + 1/13)
3.2837384837384844
```

　　萊布尼茲 (Leibniz)(1646 - 1716 年) 是德國人，在世界數學舞台佔有一定份量，他本人另一個重要職業是律師，許多數學公式皆是在各大城市通勤期間完成。數學歷史有一個 2 派說法的無解公案，有人認為他是微積分的發明人，也有人認為發明人是牛頓 (Newton)。

ex1_6.py：尼拉卡莎級數也是應用於計算圓周率 PI 的級數，此級數收斂的數度比萊布尼茲級數更好，更適合於用來計算 PI，它的計算公式如下：

$$PI = 3 + \frac{4}{2*3*4} - \frac{4}{4*5*6} + \frac{4}{6*7*8} - \cdots$$

請分別設計下列級數的執行結果。

(a)：$PI = 3 + \dfrac{4}{2*3*4} - \dfrac{4}{4*5*6} + \dfrac{4}{6*7*8} - \cdots$

(b)：$PI = 3 + \dfrac{4}{2*3*4} - \dfrac{4}{4*5*6} + \dfrac{4}{6*7*8} - \dfrac{4}{8*9*10} \cdots$

```
==================== RESTART: D:/Python/ex1/ex1_6.py ====================
計算PI的公式 = 3 + 4/(2*3*4) - 4/(4*5*6) + 4/(6*7*8)
3.145238095238095
計算PI的公式 = 3 + 4/(2*3*4) - 4/(4*5*6) + 4/(6*7*8) - 4/(8*9*10)
3.1396825396825396
```

第 2 章

掌握基本資料型態

創意程式：地球到月球時間、Unicode 藝術輸出、星空圖案

Python 的基本資料型態有下列幾種：

❑ 數值資料型態 (numeric type)：常見的數值資料又可分成整數 (int) (第 2-2-1 節)、浮點數 (float) (第 2-2-2 節)。

❑ 布林值 (Boolean) 資料型態 (第 2-3 節)：也被視為數值資料型態。

❑ 文字序列型態 (text sequence type)：也就是字串 (string) 資料型態 (第 2-4 節)。

此外，還有 list、tuple、dict、set 資料型態又稱作是容器 (container)，未來章節會分別說明。

2-1　深入理解 type( ) 函數 - 資料型態識別指南

在正式介紹 Python 的資料型態前，筆者想介紹一個函數 type( )，這個函數可以列出變數的資料型態類別。這個函數在各位未來進入 Python 實戰時非常重要，因為變數在使用前不需要宣告，同時在程式設計過程變數的資料型態會改變，我們常常需要使用此函數判斷目前的變數資料型態。或是在進階 Python 應用中，我們會呼叫一些函數 (function) 或方法 (method)，這些函數或方法會傳回一些資料，可以使用 type( ) 獲得所傳回的資料型態。

實例 1：列出整數、浮點數、字串變數的資料型態。

```
>>> x = 10          >>> y = 2.5          >>> z = 'Python'
>>> type(x)         >>> type(y)         >>> type(z)
<class 'int'>       <class 'float'>     <class 'str'>
```

從上述執行結果可以看到，變數 x 的內容是 10，資料型態是整數 (int)。變數 y 的內容是 2.5，資料型態是浮點數 (float)。變數 z 的內容是 'Python'，資料型態是字串 (str)。

2-2　數值資料型態全解析 - 從整數到浮點數

2-2-1　整數 int

整數的英文是 integer，在電腦程式語言中一般用 int 表示。如果你學過其它電腦語言，在介紹整數時老師一定會告訴你，該電腦語言使用了多少空間儲存整數，所以設計程式時整數大小必須是在某一區間之間， 否則會有溢位 (overflow) 造成資料不正確。例如：如果儲存整數的空間是 32 位元，則整數大小是在 -2147483648 和 2147483647

之間。在 Python 3 已經將整數可以儲存空間大小的限制拿掉了，所以沒有 long 了，也就是說 int 可以是任意大小的數值。

英文 googol 是指自然數 10^{100}，這是 1938 年美國數學家愛德華‧卡斯納 (Edward Kasner) 9 歲的侄子米爾頓‧西羅蒂 (Milton Sirotta) 所創造的。下列是筆者嘗試使用整數 int 顯示此 googol 值。

```
>>> googol = 10 ** 100
>>> googol
10000000000000000000000000000000000000000000000000000000000000000000000
00000000000000000000
```

其實 Google 公司原先設計的搜尋引擎稱 BackRub，登記公司想要以 googol 為域名，這代表網路上無邊無際的資訊，由於在登記時拼寫錯誤，所以有了現在我們了解的 Google 搜尋引擎與公司。

整數使用時比較特別的是，可以在數字中加上底線 (_)，這些底線會被忽略，如下方左圖所示：

```
>>> x = 1_1_1              >>> x = 1_000_000
>>> x                      >>> x
111                        1000000
```

有時候處理很大的數值時，適當的使用底線可以讓數字更清楚表達，例如：上方右圖是設定 100 萬的整數變數 x。

2-2-2　浮點數

浮點數的英文是 float，既然整數大小沒有限制，浮點數大小當然也是沒有限制。在 Python 語言中，帶有小數點的數字我們稱之為浮點數。例如：

```
x = 10.3
```

表示 x 是浮點數。

2-2-3　整數與浮點數的運算

Python 程式設計時不相同資料型態也可以執行運算，程式設計時常會發生整數與浮點數之間的資料運算，Python 具有簡單自動轉換能力，在計算時會將整數轉換為浮點數再執行運算。此外，某一個變數如果是整數，但是如果最後所儲存的值是浮點數，Python 也會將此變數轉成浮點數。

程式實例 ch1_5.py，第 5 列內容如下：

    result = (((x * 2) + 10) / 2)- x

原先 x 是整數，經過除以 2 後，在執行除法運算時，不論是否整除，Python 會將除法結果轉為浮點數，所以最後輸出 result 是 5.0。

2-2-4　不同進制數的整數

在整數的使用中，除了我們熟悉的 10 進制整數運算，還有下列不同進制數的整數制度。

❏　2 進制**整數**

Python 中定義凡是 0b 開頭的數字，代表這是 2 進制的整數。例如：0, 1。bin( ) 函數可以將一般整數數字轉換為 2 進制。

❏　8 進制**整數**

Python 中定義凡是 0o 開頭的數字，代表這是 8 進制的整數。例如：0, 1, 2, 3, 4, 5, 6, 7。oct( ) 函數可以將一般數字轉換為 8 進制。

❏　16 進制**整數**

Python 中定義凡是 0x 開頭的數字，代表這是 16 進制的整數。例如：0, 1, 2, 3, 4, 5, 6, 7, 8, 9, A, B, C, D, E, F，英文字母部分也可用小寫 a, b, c, d, e, f 代表。hex( ) 函數可以將一般數字轉換為 16 進制。

程式實例 ch2_1.py：2 進制整數、8 進制整數、16 進制整數的運算。

```
1  # ch2_1.py
2  print('2 進制整數運算')
3  x = 0b1101          # 這是2進制整數
4  print(x)            # 列出10進制的結果
5  y = 13              # 這是10進制整數
6  print(bin(y))       # 列出轉換成2進制的結果
7  print('8 進制整數運算')
8  x = 0o57            # 這是8進制整數
9  print(x)            # 列出10進制的結果
10 y = 47              # 這是10進制整數
11 print(oct(y))       # 列出轉換成8進制的結果
12 print('16 進制整數運算')
13 x = 0x5D            # 這是16進制整數
14 print(x)            # 列出10進制的結果
15 y = 93              # 這是10進制整數
16 print(hex(y))       # 列出轉換成16進制的結果
```

程式實例 ch2_3.py：列出布林值 True/False、強制轉換、布林值 True/False 的資料型態。

```
1  # ch2_3.py
2  x = True
3  print(x)            # 列出 x 資料
4  print(int(x))       # 列出強制轉換 int(x)
5  print(type(x))      # 列出 x 資料型態
6  y = False
7  print(y)            # 列出 y 資料
8  print(int(y))       # 列出強制轉換 int(y)
9  print(type(y))      # 列出 y 資料型態
```

執行結果

```
==================== RESTART: D:/Python/ch2/ch2_3.py ====================
True
1
<class 'bool'>
False
0
<class 'bool'>
```

在本章一開始筆者有說過，有時候也可以將布林值當作數值資料，因為 True 會被視為是 1，False 會被視為是 0，可以參考下列實例。

2-3-2　bool( )

這個 bool( ) 函數可以將所有資料轉成 True 或 False，我們可以將資料放在此函數得到布林值，數值如果是 0 或是空的資料會被視為 False。例如：「布林值 False」、「整數 0」、「浮點數 0.0」、「空字串 ' '」、「空串列 [ ]」、「空元組 ( )」、「空字典 { }」、「空集合 set( )」、「None」。

```
>>> bool(0)          >>> bool(0.0)        >>> bool(None)
False                False                False

>>> bool(( ))        >>> bool([ ])        >>> bool({ })
False                False                False
```

至於其它的皆會被視為 True。

```
>>> bool(1)          >>> bool(-1)         >>> bool([1,2,3])
True                 True                 True
```

2-4　字串處理技巧在程式中的應用

所謂的字串 (string) 資料是指兩個單引號 (') 之間或是兩個雙引號 (") 之間任意個數字元符號的資料，它的資料型態代號是 str，前一章已有實例說明，這一節則是做完整解說。在英文字串的使用中常會發生某字中間有單引號，其實這是文字的一部份，如下所示：

This is James's ball

如果我們用單引號去處理上述字串將產生錯誤，如下所示：

```
>>> x = 'This is John's ball'
SyntaxError: invalid syntax
```

碰到這種情況，我們可以用雙引號解決，如下所示：

```
>>> x = "This is John's ball"
>>> x
"This is John's ball"
>>> type(x)
<class 'str'>
```

上述同時使用 type(x)，讀者可以了解字串型態的英文是 str。

2-4-1　字串的連接

數學的運算子 "+"，可以執行兩個字串相加，產生新的字串。

程式實例 ch2_4.py：字串連接的應用。

```
1   # ch2_4.py
2   num1 = 222
3   num2 = 333
4   num3 = num1 + num2
5   print("這是數值相加")
6   print(num3)
7
8   str1 = "明志科技大學"
9   str2 = "明志工專"
10  str3 = str1 + " 前身是 " + str2
11  print("以下是一般字串相加")
12  print(str3)
```

執行結果

```
==================== RESTART: D:/Python/ch2/ch2_4.py ====================
這是數值相加
555
以下是一般字串相加
明志科技大學 前身是 明志工專
```

2-4-2 處理多於一列的字串

程式設計時如果字串長度多於一列,可以使用三個單引號 (或是 3 個雙引號) 將字串包夾即可。另外須留意,如果字串多於一列我們常常會使用按 Enter 鍵方式處理,造成字串間多了分列符號。如果要避免這種現象,可以在列末端增加 "\" 符號,這樣可以避免字串內增加分列符號。

另外,也可以使用「"」符號,但是在定義時在列末端增加 "\"(可參考下列程式 8-9 列),或是使用小括號定義字串 (可參考下列程式 11-12 列)。

程式實例 ch2_5.py:使用三個單引號處理多於一列的字串,str1 的字串內增加了分列符號,str2 字串是連續的沒有分列符號。

```
1  # ch2_5.py
2  str1 = '''Silicon Stone Education is an unbiased organization
3  concentrated on bridging the gap ... '''
4  print(str1)                    # 字串內有分列符號
5  str2 = '''Silicon Stone Education is an unbiased organization \
6  concentrated on bridging the gap ... '''
7  print(str2)                    # 字串內沒有分列符號
8  str3 = "Silicon Stone Education is an unbiased organization " \
9         "concentrated on bridging the gap ... "
10 print(str3)                    # 使用\符號
11 str4 = ("Silicon Stone Education is an unbiased organization "
12        "concentrated on bridging the gap ... ")
13 print(str4)                    # 使用小括號
```

執行結果

```
==================== RESTART: D:/Python/ch2/ch2_5.py ====================
Silicon Stone Education is an unbiased organization
concentrated on bridging the gap ...
Silicon Stone Education is an unbiased organization concentrated on bridging the gap ...
Silicon Stone Education is an unbiased organization concentrated on bridging the gap ...
Silicon Stone Education is an unbiased organization concentrated on bridging the gap ...
```

此外,讀者可以留意第 2 列 Silicon 左邊的 3 個單引號和第 3 列末端的 3 個單引號,另外,上述第 2 列若是少了 "str1 = ",3 個單引號間的跨列字串就變成了程式的註解。

上述第 8 列和第 9 列看似 2 個字串,但是第 8 列增加 "\" 字元,換列功能會失效所以這 2 列會被連接成 1 列,所以可以獲得一個字串。最後第 11 和 12 列小括號內的敘述會被視為 1 列,所以第 11 和 12 列也將建立一個字串。

2-4-3 逸出字元

在字串使用中,如果字串內有一些特殊字元,例如:單引號、雙引號 … 等,必須在此特殊字元前加上 "\"(反斜線),才可正常使用,這種含有 "\" 符號的字元稱逸出字元 (Escape Character)。

逸出字元	Hex 值	意義	逸出字元	Hex 值	意義
\'	27	單引號	\n	0A	換行
\"	22	雙引號	\o		8 進制表示
\\	5C	反斜線	\r	0D	游標移至最左位置
\a	07	響鈴	\x		16 進制表示
\b	08	BackSpace 鍵	\t	09	Tab 鍵效果
\f	0C	換頁	\v	0B	垂直定位

　　字串使用中特別是碰到字串含有單引號時，如果你是使用單引號定義這個字串時，必須要使用此逸出字元，才可以順利顯示，可參考 ch2_6.py 的第 3 列。如果是使用雙引號定義字串則可以不必使用逸出字元，可參考 ch2_6.py 的第 6 列。

程式實例 ch2_6.py：逸出字元的應用，這個程式第 9 列增加 "\t" 字元，所以 "can't" 跳到下一個 Tab 鍵位置輸出。同時有 "\n" 字元，這是換列符號，所以 "loving" 跳到下一列輸出。

```
1  # ch2_6.py
2  #以下輸出使用單引號設定的字串，需使用\'
3  str1 = 'I can\'t stop loving you.'
4  print(str1)
5  #以下輸出使用雙引號設定的字串，不需使用\'
6  str2 = "I can't stop loving you."
7  print(str2)
8  #以下輸出有\t和\n字元
9  str3 = "I \tcan't stop \nloving you."
10 print(str3)
```

執行結果

```
==================== RESTART: D:/Python/ch2/ch2_6.py ====================
I can't stop loving you.
I can't stop loving you.
I      can't stop
loving you.
```

　　適度用 print( ) 和逸出字元與一般符號可以輸出有趣的創意圖案，可以參考下列輸出貓臉的實例。

```
>>> print("\n   /\_/\ \n  ( o.o ) \n   > ^ < ")

   /\_/\
  ( o.o )
   > ^ <
```

2-4-4 將字串轉換為整數

int( ) 函數可以將字串轉為整數,在未來的程式設計中也常會發生將字串轉換為整數資料,此函數的語法如下:

    int(str, b)

上述參數 str 是字串,b 是底數,當省略 b 時預設是將 10 進制的數字字串轉成整數,如果是 2、8、或 16 進制,則需要設定 b 參數註明數字的進制。

```
>>> x = '100'
>>> print(int(x))                    # 10進制轉換
100
>>> print(int(x,2))                  # 2 進制轉換
4
>>> print(int(x,8))                  # 8 進制轉換
64
>>> print(int(x,16))                 # 16進制轉換
256
```

2-4-5 字串與整數相乘產生字串複製效果

在 Python 可以允許將字串與整數相乘,結果是字串將重複該整數的次數。

```
>>> x = "="
>>> print(x * 10)
==========
```

2-4-6 字串前加 r

在使用 Python 時,如果在字串前加上「r」,可以防止逸出字元 (Escape Character) 被轉譯,可參考 2-4-3 節的逸出字元表,相當於可以取消逸出字元的功能。

程式實例 ch2_7.py:字串前加上 r 的應用。

```
1   # ch2_7.py
2   str1 = "嗨!我愛\n明志科技大學"
3   print("不含r字元的輸出")
4   print(str1)
5   str2 = r"嗨!我愛\n明志科技大學"
6   print("含r字元的輸出")
7   print(str2)
```

執行結果

```
================== RESTART: D:/Python/ch2/ch2_7.py ==================
不含r字元的輸出
嗨!我愛
明志科技大學
含r字元的輸出
嗨!我愛\n明志科技大學
```

上述第 5 列使用「r」取消逸出字元「\n」的功能，所以第 7 列輸出完整第 5 列設定的字串內容。

2-5 探索字串與字元

在 Python 沒有所謂的字元 (character) 資料，如果字串含一個字元，我們稱這是含一個字元的字串。

2-5-1 ASCII 碼

計算機內部最小的儲存單位是位元 (bit)，這個位元只能儲存是 0 或 1。一個英文字元在計算機中是被儲存成 8 個位元的一連串 0 或 1 中，儲存這個英文字元的編碼我們稱 ASCII(American Standard Code for Information Interchange，美國資訊交換標準程式碼) 碼，有關 ASCII 碼的內容可以參考附錄 D。

在這個 ASCII 表中由於是用 8 個位元定義一個字元，所以使用了 0 ～ 127 定義了 128 個字元，在這個 128 字元中有 33 個字元是無法顯示的控制字元，其它則是可以顯示的字元。不過有一些應用程式擴充了功能，讓部分控制字元可以顯示，例如：撲克牌花色、笑臉 … 等。至於其它可顯示字元有一些符號，例如：+、-、=、0 … 9、大寫 A … Z 或小寫 a … z 等。這些每一個符號皆有一個編碼，我們稱這編碼是 ASCII 碼。

我們可以使用下列執行資料的轉換。

● chr(x)：可以傳回函數 x 值的 ASCII 或 Unicode 字元。

例如：從 ASCII 表可知，字元 a 的 ASCII 碼值是 97，可以使用下列方式印出此字元。

```
>>> x = 97
>>> print(chr(x))
a
```

英文小寫與英文大寫的碼值相差 32，可參考下列實例。

```
>>> x = 97
>>> x -= 32
>>> print(chr(x))
A
```

2-5-2 Unicode 碼

電腦是美國發明的，因此 ASCII 碼對於英語系國家的確很好用，但是地球是一個多種族的社會，存在有幾百種語言與文字，ASCII 所能容納的字元是有限的，只要隨便一個不同語系的外來詞，例如：「**café**」，含重音字元就無法顯示了，更何況有幾萬中文字或其它語系文字。為了讓全球語系的使用者可以彼此用電腦溝通，因此有了 Unicode 碼的設計。

Unicode 碼的基本精神是，所有的文字皆有一個碼值，我們也可以將 Unicode 想成是一個字符集，可以參考下列網頁：

http://www.unicode.org/charts

目前 Unicode 使用 16 位元定義文字，2^{16} 等於 65536，相當於定義了 65536 個字元，它的定義方式是以 "\u" 開頭後面有 4 個 16 進制的數字，所以是從 "\u0000" 至 "\uFFFF 之間。在上述的網頁中可以看到不同語系表，其中 East Asian Scripts 欄位可以看到 CJK，這是 Chinese、Japanese 與 Korean 的縮寫，在這裡可以看到漢字的 Unicode 碼值表，CJK 統一漢字的編碼是在 4E00 – 9FBB 之間。

至於在 Unicode 編碼中，前 128 個碼值是保留給 ASCII 碼使用，所以對於原先存在 ASCII 碼中的英文大小寫、標點符號 … 等，是可以正常在 Unicode 碼中使用，在應用 Unicode 編碼中我們很常用的是 ord( ) 函數。

● ord(x)：可以傳回函數字元參數 x 的 Unicode 碼值，如果是中文字也可傳回 Unicode 碼值。如果是英文字元，Unicode 碼值與 ASCII 碼值是一樣的。有了這個函數，我們可以很輕易獲得自己名字的 Unicode 碼值。

程式實例 ch2_8.py：這個程式首先會將整數 97 轉換成英文字元 'a'，然後將字元 'a' 轉換成 Unicode 碼值，最後將中文字 ' 魁 ' 轉成 Unicode 碼值。

```
1  # ch2_8.py
2  x1 = 97
3  x2 = chr(x1)
4  print(x2)                  # 輸出數值97的字元
5  x3 = ord(x2)
6  print(x3)                  # 輸出字元x3的Unicode(10進制)碼值
7  x4 = '魁'
8  print(hex(ord(x4)))        # 輸出字元'魁'的Unicode(16進制)碼值
```

執行結果
```
==================== RESTART: D:/Python/ch2/ch2_8.py ====================
a
97
0x9b41
```

2-6 實戰 - 地球到月球時間 / 座標軸 2 點之間距離

2-6-1 計算地球到月球所需時間

馬赫 (Mach number) 是音速的單位，主要是紀念奧地利科學家恩斯特馬赫 (Ernst Mach)，一馬赫就是一倍音速，它的速度大約是每小時 1225 公里。

程式實例 ch2_9.py：從地球到月球約是 384400 公里，假設火箭的速度是一馬赫，設計一個程式計算需要多少天、多少小時才可抵達月球。這個程式省略分鐘數。

```
1   # ch2_9.py
2   dist = 384400                         # 地球到月亮距離
3   speed = 1225                          # 馬赫速度每小時1225公里
4   total_hours = dist // speed           # 計算小時數
5   days, hours = divmod(total_hours, 24) # 商(days)和餘數(hours)
6   print("總共需要天數")
7   print(days)
8   print("小時數")
9   print(hours)
```

執行結果

```
================= RESTART: D:/Python/ch2/ch2_9.py =================
總共需要天數
13
小時數
1
```

由於筆者尚未介紹完整的格式化變數資料輸出，所以使用上述方式輸出，下一章筆者會改良上述程式。Python 之所以可以成為當今的最流行的程式語言，主要是它有豐富的函數庫與方法，上述第 5 列筆者使用了 divmod( ) 函數，此函數一次取得商和餘數。觀念如下：

```
商 , 餘數 = divmod( 被除數 , 除數 )        # 函數方法
days, hours = divmod(total_hours, 24)     # 本程式應用方式
```

2-6-2 計算座標軸 2 個點之間的距離

有 2 個點座標分別是 (x1, y1)、(x2, y2)，求 2 個點的距離，其實這是國中數學的畢氏定理，基本觀念是直角三角形兩邊長的平方和等於斜邊的平方。

$$a^2 + b^2 = c^2$$

所以對於座標上的 2 個點我們必需計算相對直角三角形的 2 個邊長，假設 a 是 (x1-x2) 和 b 是 (y1-y2)，然後計算斜邊長，這個斜邊長就是 2 點的距離，觀念如下：

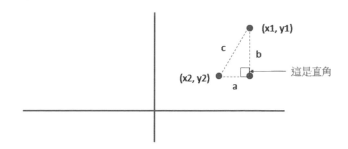

計算公式如下：

$$\sqrt{(x1-x2)^2 + (y1-y2)^2}$$

可以將上述公式轉成下列電腦數學表達式。

$$dist = ((x1-x2)^2 + (y1-y2)^2) ** 0.5 \qquad \text{\# ** 0.5 相當於開根號}$$

在人工智慧的應用中，我們常用點座標代表某一個物件的特徵 (feature)，計算 2 個點之間的距離，相當於可以了解物體間的相似程度。如果距離越短代表相似度越高，距離越長代表相似度越低。

程式實例 ch2_10.py： 有 2 個點座標分別是 (1, 8) 與 (3, 10)，請計算這 2 點之間的距離。

```
1  # ch2_10.py
2  x1 = 1
3  y1 = 8
4  x2 = 3
5  y2 = 10
6  dist = ((x1 - x2) ** 2 + (y1 - y2) ** 2) ** 0.5
7  print("2點的距離是")
8  print(dist)
```

執行結果

```
=============== RESTART: D:/Python/ch2/ch2_10.py ===============
2點的距離是
2.8284271247461903
```

2-7 AI 輔助學習 Python - Unicode 藝術輸出 / 星空圖案

Unicode 是一種全球性的編碼標準，它可以表示文章中幾乎所有的字元，包括各種語言的文字、符號以及表情符號，下列用 Python 實例說明其應用。

你
請用Python程式實例說明Unicode碼值的應用

ChatGPT
以下是一個使用Python程式示例，展示如何使用Unicode碼值來列印一些特殊符號：

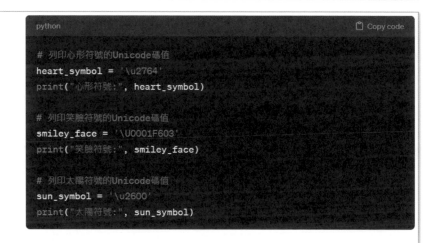

```python
# 列印心形符號的Unicode碼值
heart_symbol = '\u2764'
print("心形符號:", heart_symbol)

# 列印笑臉符號的Unicode碼值
smiley_face = '\U0001F603'
print("笑臉符號:", smiley_face)

# 列印太陽符號的Unicode碼值
sun_symbol = '\u2600'
print("太陽符號:", sun_symbol)
```

這段程式碼使用了Unicode碼值來表示不同的特殊符號，包括心形符號、笑臉符號和太陽符號。通過將Unicode碼值放入字串中，我們可以將這些特殊符號列印出來。Unicode碼值提供了一種便捷的方式來表示各種字符，使得我們可以在程式中使用不同的符號來增強輸出的可讀性和吸引力。

```
==================== RESTART: D:/Python/ch2/ch2_11.py ====================
心形符號: ❤
笑臉符號: 😃
太陽符號: ☀
```

有了上述 Unicode 藝術輸出的基礎，我們可以用此觀念，繪製創意圖案。

程式實例 ch2_12.py 和 ch2_13.py：分別創造菱形圖案和星空圖案。

```
1  # ch2_12.py
2  # 列印菱形符號的Unicode碼值
3  diamond_symbol = '\u25C6'
4  print(diamond_symbol * 4)
5  print(" ", diamond_symbol * 2)
6  print("  ", diamond_symbol)
7  print(" ", diamond_symbol * 2)
8  print(diamond_symbol * 4)
```

```
1  # ch2_13.py
2  # 星空圖案
3  star = '\u2605'
4  print(star * 10)
5  print(star * 8)
6  print(star * 6)
7  print(star * 4)
8  print(star * 2)
```

執行結果

2-8 AI 輔助程式錯誤修訂

2-8-1 從錯誤訊息給修訂建議

對於初學程式語言的讀者而言，一定會常常碰到程式設計錯誤，例如：ch2_14.py 是從 ch2_8.py 改編的錯誤程式。註：錯誤是第 6 列，要獲得中文字的 Unicode 碼值需使用 ord( ) 方法，不該使用 chr( ) 方法。

```
1   # ch2_14.py
2   x1 = 97
3   x2 = chr(x1)
4   print(x2)                    # 輸出數值97的字元
5   x3 = '魁'
6   print(hex(chr(x3)))          # 輸出字元'魁'的Unicode(16進制)碼值
```

這個程式執行時會產生下列錯誤訊息：

```
===================== RESTART: D:/Python/ch2/ch2_14.py =====================
a
Traceback (most recent call last):
  File "D:/Python/ch2/ch2_14.py", line 6, in <module>
    print(hex(chr(x3)))     # 輸出字元'魁'的Unicode(16進制)碼值
TypeError: 'str' object cannot be interpreted as an integer
```

我們可以將上述錯誤訊息給 ChatGPT，請 ChatGPT 修正錯誤。

 你
設計程式時出現下列錯誤, 請修正

a
Traceback (most recent call last):
  File "D:/Python/ch2/ch2_14.py", line 6, in <module>
    print(hex(chr(x3)))   # 輸出字元'魁'的Unicode(16進制)碼值
TypeError: 'str' object cannot be interpreted as an integer

 ChatGPT
這個錯誤是由於 `hex()` 函數的參數應該是一個整數，而不是一個字元。而 `chr()` 函數則接受一個 Unicode 碼值，並返回對應的字元。

如果您要打印字符 '魁' 的 Unicode 碼值的 16 進制表示，您應該先找到這個字元的 Unicode 碼值，然後再將其轉換為 16 進制表示。

以下是修正後的程式碼： ↓

```
1  # ch2_14_correction1.py
2  char = '魁'
3  unicode_value = ord(char)          # 使用 ord() 函數獲取字符的 Unicode 碼值
4  hex_value = hex(unicode_value)     # 使用 hex() 函數將 Unicode 碼值轉換為 16
5  print(hex_value)                   # 輸出 16 進制表示的 Unicode 碼值
```

執行結果
```
================ RESTART: D:/Python/ch2/ch2_14_correction1.py ================
0x9b41
```

> 這樣就能正確地打印字符 '魁' 的 Unicode 碼值的 16 進制表示。

從上述可以得到 ChatGPT 閱讀了錯誤訊息後，將 chr( ) 函數改為 ord( ) 函數，就協助我們修正錯誤了。

2-8-2　直接 Debug 程式

下列是將程式直接給 ChatGPT，請求 Debug 程式。

你
請Debug下列程式
# ch2_14.py
x1 = 97
x2 = chr(x1)
print(x2)   # 輸出數值97的字元
x3 = '魁'
print(hex(chr(x3)))   # 輸出字元'魁'的Unicode(16進制)碼值

ChatGPT
在您的程式中，有幾個地方需要進行修正：

1.

第一個問題是您將 '魁' 這個字串直接賦值給變數 `x3`，這樣 `x3` 就是一個字串，而不是一個 Unicode 碼值。因此，您應該使用 `ord()` 函數來獲取 '魁' 這個字符的 Unicode 碼值。

2.

第二個問題是在使用 `hex()` 函數時，您將一個字元作為參數傳遞給了 `chr()` 函數。這是不正確的，因為 `chr()` 函數的參數應該是一個整數，而不是一個字元。

以下是修正後的程式碼：

```
1  # ch2_14_correction2.py
2  x1 = 97
3  x2 = chr(x1)
4  print(x2)    # 輸出數值97的字元
5
6  x3 = '魁'
7  unicode_value = ord(x3)      # 使用 ord() 函數獲取字元 '魁' 的 Unicode
8  print(hex(unicode_value))    # 輸出字元 '魁' 的 Unicode(16進制) 碼值
```

執行結果

```
=============== RESTART: D:/Python/ch2/ch2_14_correction2.py ===============
a
0x9b41
```

上述可以看到 ChatGPT 直接幫我們 Debug 與修訂程式錯誤了。

習題實作題

ex2_1.py：有一個品牌車輛，前 3 年每年價值衰減 15%，請問原價 100 萬的車輛 3 年後的殘值是多少，請用 int( ) 函數取整數輸出。

```
==================== RESTART: D:/Python/ex2/ex2_1.py ====================
車輛殘值是
614124
```

ex2_2.py：地球和月球的距離是 384400 公里，假設火箭飛行速度是每分鐘 250 公里，請問從地球飛到月球需要多少天、多少小時、多少分鐘，請捨去秒鐘。

```
==================== RESTART: D:/Python/ex2/ex2_2.py ====================
天總數
1
小時數
25
分鐘數
37
```

ex2_3.py：請列出你自己名字 10 進位的 Unicode 碼值，下方左圖是示範輸出。

```
洪 = 27946          洪 = 0x6d2a
錦 = 37670          錦 = 0x9326
魁 = 39745          魁 = 0x9b41
```

ex2_4.py：請列出你自己名字 16 進位的 Unicode 碼值，上方右圖是示範輸出。

ex2_5.py：請計算 2 個點座標 (1, 8) 與 (3, 10)，距座標原點 (0, 0) 的距離。

```
==================== RESTART: D:/Python/ex2/ex2_5.py ====================
座標(1, 8)點與座標原點(0, 0)的距離是
8.06225774829855
座標(3, 10)點與座標原點(0, 0)的距離是
10.44030650891055
```

ex2_6.py：參考 ch2_11.py，輸出其他 5 個特殊符號的應用。

```
==================== RESTART: D:/Python/ex2/ex2_6.py ====================
星號符號: ☆
音符符號: ♫♬
雨傘符號: ☂
笑哭符號: 😊
鎖符號: 🔒
```

ex2_7.py：用 Unicode 碼值繪製棋盤，可以參考下方左圖。

ex2_8.py：用 Unicode 碼值繪製棋盤，可參考上方右圖，這個程式需在同一列輸出間沒有空格，可在 print( ) 內設定「sep=""」參數，細節未來 3-1-1 節會說明，下列是部分程式碼輸出。

```
1   # ex2_8.py
2   # Unicode碼值表示的棋盤格子
3   black_square = '\u2588'        # 黑色方塊
4   white_square = '  '            # 白色方塊
5
6   # 第1列
7   print(black_square, white_square, black_square, white_square, black_square, sep="")
```

第 3 章

資料輸入與輸出技巧

創意程式：房貸、故宮到羅浮宮、雞兔同籠、核廢水

本章基本上將介紹如何在螢幕上做輸入與輸出，另外也將講解幾個常用 Python 內建的函數功能。

3-1　格式化輸出資料使用 print( )

相信讀者經過前 2 章的學習，讀者使用 print( ) 函數輸出資料已經非常熟悉了，該是時候完整解說這個輸出函數的用法了。這一節將針對格式化字串做說明。基本上可以將字串格格式化分為下列 3 種：

1：使用 %：適用 Python 2.x ~ 3.x，將在 3-1-2 節 ~ 3-1-3 節解說。

2：使用 {} 和 format( )：適用 Python 2.6 ~ 3.x，將在 3-1-4 節解說。

3：使用 f-strings：適用 Python 3.6(含) 以上，將在 3-1-5 節解說。

這些字串格式化雖可以單獨輸出，筆者會解說，不過一般更重要是配合 print( ) 函數輸出，這也是本節的重點，最後為了讀者可以熟悉上述輸出，筆者未來所有程式會交替使用，方便讀者可以全方面應付未來職場的需求。

3-1-1　函數 print( ) 的基本語法

它的基本語法格式如下：

```
print(value, … , sep=" ", end="\n")
```

- value：要輸出的資料，可以一次輸出多筆資料，各資料間以逗號隔開。
- sep：當輸出多筆資料時，可以插入各筆資料的分隔字元，預設是一個空白字元。習題 ex2_8.py 的第 7 列，就是設定「sep=""」，所得到的結果。
- end：當資料輸出結束時所插入的字元，預設是插入換列字元，所以下一次 print( ) 函數的輸出會在下一列輸出。如果想讓下次輸出不換列，可以在此設定空字串，或是空格或是其它字串。

程式實例 ch3_1.py：輸出 2 筆字串，其中第 1 筆分隔字元是 " $$$ "，第 2 筆分隔字元是 Tab 鍵距離。

```
1  # ch3_1.py
2  str1 = '明志科技大學'
3  str2 = '明志工專'
4  print(str1, str2, sep=" $$ ")    # 以 $$ 值分隔資料輸出
5
6  print(str1, str2, sep="\t")      # 以 Tab值分隔資料輸出
```

```
==================== RESTART: D:\Python\ch3\ch3_1.py ====================
明志科技大學 $$ 明志工專
明志科技大學    明志工專
```

3-1-2　使用 % 格式化字串同時用 print( ) 輸出

在使用 % 字元格式化輸出時，基本使用格式如下：

　　print(" …輸出格式區… " % (變數系列區 , …))

在上述輸出格式區中，可以放置變數系列區相對應的格式化字元，這些格式化字元的基本意義如下：

● %d：格式化整數輸出。

● %f：格式化浮點數輸出。

● %x(%X)：格式化小寫 (大寫)16 進位整數輸出。

● %o：格式化 8 進位整數輸出。

● %s：格式化字串輸出。

● %e(%E)：格式化科學記號小寫 e (大寫 E) 的輸出。

程式實例 ch3_2.py：格式化輸出的應用。

```
1  # ch3_2.py
2  score = 90
3  name = "洪錦魁"
4  count = 1
5  print("%s的第 %d 次物理考試成績是 %d" % (name, count, score))
```

執行結果
```
==================== RESTART: D:\Python\ch3\ch3_2.py ====================
洪錦魁的第 1 次物理考試成績是 90
```

下列是有關使用 %x 和 %X 格式化資料輸出的實例。

```
>>> x = 27
>>> print("%x" % x)
1b
>>> print("%X" % x)
1B
```

下列是有關使用 %e 和 %E 格式化科學記號資料輸出的實例。

```
>>> x = 10000000          >>> y = 0.000123
>>> print("%e" % x)       >>> print("%e" % y)
1.000000e+07              1.230000e-04
>>> print("%E" % x)       >>> print("%E" % y)
1.000000E+07              1.230000E-04
```

3-1-3 精準控制格式化的輸出

　　print( ) 函數在格式化過程中，有提供功能可以讓我們設定保留多少格的空間讓資料做輸出，此時格式化的語法如下：

- %(+|-)nd：格式化整數輸出。
- %(+|-)m.nf：格式化浮點數輸出，省略 m 可以預留剛好空間給整數部份。
- %(+|-)nx：格式化 16 進位整數輸出。
- %(+|-)no：格式化 8 進位整數輸出。
- %(-)ns：格式化字串輸出。
- %(-)m.ns：m 是輸出字串寬度，n 是顯示字串長度，n 小於字串長度時會有裁減字串的效果。
- %(+|-)e：格式化科學記號 e 輸出。
- %(+|-)E：格式化科學記號大寫 E 輸出。

　　上述對浮點數而言，m 代表保留多少格數供輸出 (包含小數點)，n 則是小數資料保留格數。至於其它的資料格式 n 則是保留多少格數空間，如果保留格數空間不足將完整輸出資料，如果保留格數空間太多則資料靠右對齊。

　　如果是格式化數值資料或字串資料有加上負號 (-)，表示保留格數空間有多時，資料將靠左輸出。如果是格式化數值資料有加上正號 (+)，如果輸出資料是正值時，將在左邊加上正值符號。

程式實例 ch3_3.py：格式化輸出的應用，其中 y 輸出靠左對齊。

```
1  # ch3_3.py
2  x = 100
3  print("x=/%6d/" % x)
4  y = 10.5
5  print("y=/%-6.2f/" % y)
6  print("y=/%.2f/" % y)          # 省略 m 預留剛好的空間給整數部分
7  s = "Deep"
8  print("s=/%6s/" % s)
9  print("以下是保留格數空間不足的實例")
10 print("x=/%2d/" % x)
11 print("y=/%3.2f/" % y)
12 print("s=/%2s/" % s)
```

執行結果

```
===================== RESTART: D:\Python\ch3\ch3_3.py =====================
x=/   100/
y=/10.50 /
y=/10.50/
s=/   Deep/
以下是保留格數空間不足的實例
x=/100/
y=/10.50/
s=/Deep/
```

格式化輸出，正值資料將出現正號 (+)。

```
>>> x = 10
>>> print("/%+8d/" % x)
/     +10/
```

3-1-4 { } 和 format( ) 函數

這是 Python 增強版的格式化輸出功能，它的精神是字串使用 format 方法做格式化的動作，它的基本使用格式如下：

　　print(" …輸出格式區… ".format(變數系列區， …))

在輸出格式區內的變數使用 "{ }" 表示。

程式實例 ch3_4.py：使用 { } 和 format( ) 函數重新設計 ch3_2.py。

```
1  # ch3_4.py
2  score = 90
3  name = "洪錦魁"
4  count = 1
5  print("{}的第 {} 次物理考試成績是 {}".format(name, count, score))
```

執行結果　與 ch3_2.py 相同。

在使用 { } 代表變數時，也可以在 { } 內增加編號 n，此時 n 將是 format( ) 內變數的順序，變數多時方便你了解變數的順序。

程式實例 ch3_5.py：重新設計 ch3_4.py，在 { } 內增加編號。

```
1  # ch3_5.py
2  score = 90
3  name = "洪錦魁"
4  count = 1
5  # 以下鼓勵使用
6  print("{0}的第 {1} 次物理考試成績是 {2}".format(name,count,score))
7
8  # 以下語法對但不鼓勵使用
9  print("{2}的第 {1} 次物理考試成績是 {0}".format(score,count,name))
```

執行結果

```
===================== RESTART: D:\Python\ch3\ch3_5.py =====================
洪錦魁的第 1 次物理考試成績是 90
洪錦魁的第 1 次物理考試成績是 90
```

我們也可以將 3-1-2 節所述格式化輸出資料的觀念應用在 format( )，例如：d 是格式化整數、f 是格式化浮點數、s 是格式化字串 … 等。傳統的格式化輸出是使用 % 配合 d、s、f，使用 format 則是使用 ":"，可參考下列實例第 5 列。

程式實例 ch3_6.py：計算圓面積，同時格式化輸出。

```
1  # ch3_6.py
2  r = 5
3  PI = 3.14159
4  area = PI * r ** 2
5  print("/半徑{0:3d}圓面積是{1:10.2f}/".format(r,area))
```

1 是變數的順序

0 是變數的順序

執行結果
```
======================= RESTART: D:\Python\ch3\ch3_6.py =======================
/半徑   5圓面積是     78.54/
```

在使用格式化輸出時預設是靠右輸出，也可以使用下列參數設定輸出對齊方式。

　　> ：靠右對齊

　　< ：靠左對齊

　　^ ：置中對齊

程式實例 ch3_7.py：輸出對齊方式的應用。

```
1  # ch3_7.py
2  r = 5
3  PI = 3.14159
4  area = PI * r ** 2
5  print("/半徑{0:3d}圓面積是{1:10.2f}/".format(r,area))
6  print("/半徑{0:>3d}圓面積是{1:>10.2f}/".format(r,area))
7  print("/半徑{0:<3d}圓面積是{1:<10.2f}/".format(r,area))
8  print("/半徑{0:^3d}圓面積是{1:^10.2f}/".format(r,area))
```

執行結果
```
======================= RESTART: D:\Python\ch3\ch3_7.py =======================
/半徑   5圓面積是     78.54/
/半徑   5圓面積是     78.54/
/半徑5  圓面積是78.54     /
/半徑 5 圓面積是  78.54   /
```

在使用 format 輸出時也可以使用填充字元，此填充字元是放在「:」後面，在「"<"、"^"、">"」或指定寬度之前。下列是填充字元的應用。

```
>>> course = "AI學Python講座"
>>> print("/{0:*^20s}/".format(course))
/****AI學Python講座*****/
```

3-1-5　**f-strings 格式化字串**

在 Python 3.6x 版後有一個改良 format 格式化方式，稱 f-strings，這個方法以 f 為字首，在大括號 { } 內放置變數名稱和運算式，這時就不會有空的 { } 或是 {n}，n 是指定位置，下列以實例解說。

```
>>> city = '北京'
>>> country = '中國'
>>> f'{city} 是 {country} 的首都'
'北京 是 中國 的首都'
```

本書未來主要是使用此最新型的格式化字串做輸出。讀者可以發現將變數放在 { } 內，使用上非常方便，如果要做格式化輸出，與先前的觀念一樣，只要在 { } 內設定變數和其輸出格式即可。

程式實例 ch3_8.py：使用 f-strings 觀念重新設計 ch3_7.py。

```
1  # ch3_8.py
2  r = 5
3  PI = 3.14159
4  area = PI * r ** 2
5  print(f"/半徑{r:3d}圓面積是{area:10.2f}/")
6  print(f"/半徑{r:>3d}圓面積是{area:>10.2f}/")
7  print(f"/半徑{r:<3d}圓面積是{area:<10.2f}/")
8  print(f"/半徑{r:^3d}圓面積是{area:^10.2f}/")
```

執行結果　與 ch3_7.py 相同。

我們也可以不設定預留空間，直接設定浮點數預留 2 位小數。

```
...
>>> area = 3.1234
>>> print(f"area = {area:.2f}")
area = 3.12
```

在 Python 3.8 以後有關 f-strings 增加一個捷徑可以列印變數名稱和它的值。方法是使用在 { } 內增加 '=' 符號，可以參考下列應用。

程式實例 ch3_9.py：f-strings 和 "=" 等號 的應用。

```
1  # ch3_9.py
2  name = '洪錦魁'
3  score = 90.5
4  print(f"{name = }")
5  print(f"物理考試 {score = }")
6  print(f"物理考試 {score = :5.2f}")
```

執行結果
```
==================== RESTART: D:\Python\ch3\ch3_9.py ====================
name = '洪錦魁'
物理考試 score = 90.5
物理考試 score = 90.50
```

　　上述用法的優點是未來可以很方便執行程式除錯，以及掌握變數資料。此外，也可以在等號右邊增加 ":" 符號與對齊方式的參數。

```
>>> city = 'Taipei'
>>> f'{city = :>10.6}'
'city =     Taipei'
```

每 3 位數加上一個逗號可以用下列方法。

```
>>> n = 1234567
>>> print(f"n 的值是 {n:,}")
n 的值是 1,234,567
```

將數字轉換為百分比，可以使用 "%" 符號，請參考下列實例。

```
>>> n = 0.9123
>>> print(f"n 的百分比值是 {n:%}")
n 的百分比值是 91.230000%
>>> print(f"n 的百分比值是 {n:.0%}")
n 的百分比值是 91%
>>> print(f"n 的百分比值是 {n:.1%}")
n 的百分比值是 91.2%
>>> print(f"n 的百分比值是 {n:.2%}")
n 的百分比值是 91.23%
```

註　上述介紹了幾個格式化輸出資料的方式，其實筆者比較喜歡 f-strings 的輸出方式，這本書未來也將以這種方式輸出為主，但這是一本教學的書籍，要讓讀者了解完整 Python 觀念，所以部分程式仍會沿用舊的格式化輸出方式。

3-2　掌握資料輸入 input( )

　　這個 input( ) 函數功能與 print( ) 函數功能相反，這個函數會從螢幕讀取使用者從鍵盤輸入的資料，它的使用格式如下：

　　　value = input("prompt: ")　　　　　　# prompt 是提示訊息

　　value 是變數，所輸入的資料會儲存在此變數內，特別需注意的是所輸入的資料不論是字串或是數值資料一律回傳到 value 時是字串資料，如果要執行整數的數學運算需要用 int( ) 函數轉換為整數。

程式實例 ch3_10.py：基本資料輸入與認識輸入資料類型。

```
1  # ch3_10.py
2  print("歡迎使用成績輸入系統")
3  name = input("請輸入姓名：")
4  engh = input("請輸入英文成績：")
5  math = input("請輸入數學成績：")
6  total = int(engh) + int(math)
```

```
7    print(f"{name} 你的總分是 {total}")
8    print("="*60)
9    print(f"name資料型態是 {type(name)}")
10   print(f"engh資料型態是 {type(engh)}")
```

執行結果

```
================== RESTART: D:\Python\ch3\ch3_10.py ==================
歡迎使用成績輸入系統
請輸入姓名：洪錦魁
請輸入英文成績：96
請輸入數學成績：99
洪錦魁 你的總分是 195
==============================================================
name資料型態是 <class 'str'>
engh資料型態是 <class 'str'>
```

程式實例 ch3_11.py：重新設計 ch1_5.py 數學魔術程式，第 2 列的 x 改為螢幕輸入，輸入任意整數值，可以輸出 5。

```
1    # ch3_11.py
2    x = int(input("請輸入一個數字 : "))
3
4    # 對數字進行一系列神秘的數學操作
5    result = int((((x * 2) + 10) / 2) - x)
6    print(f"經過一系列複雜的數學運算後,無論什麼數字,結果始終是 : {result.t}")
```

執行結果

```
================== RESTART: D:\Python\ch3\ch3_11.py ==================
請輸入一個數字 : 101
經過一系列複雜的數學運算後,無論什麼數字,結果始終是 : 5

================== RESTART: D:\Python\ch3\ch3_11.py ==================
請輸入一個數字 : 73
經過一系列複雜的數學運算後,無論什麼數字,結果始終是 : 5
```

3-3 字串與數學運算的橋樑 - eval( ) 的運用

Python 內有一個非常好用的計算數學表達式的函數 eval( )，這個函數可以直接傳回字串內數學表達式的計算結果。

result = eval(expression)   # expression 是公式運算字串

程式實例 ch3_12.py：輸入公式，本程式可以列出計算結果。

```
1    # ch3_12.py
2    equation_string = input("請輸入數值公式 : ")
3    result = eval(equation_string)
4    print(f"計算結果 : {result}")
```

執行結果

```
================== RESTART: D:\Python\ch3\ch3_12.py ==================
請輸入數值公式 : 7 * 9 + 12
計算結果 : 75

================== RESTART: D:\Python\ch3\ch3_12.py ==================
請輸入數值公式 : 7*9+12
計算結果 : 75
```

由上述執行結果可以發現，第一個執行結果中輸入是 "7*9+12" 字串，eval( ) 函數可以處理此字串的數學表達式，然後將計算結果傳回，同時也可以發現即使此數學表達式之間有空字元也可以正常處理。

Windows 作業系統有小算盤程式，當我們使用小算盤輸入運算公式時，可以將所輸入的公式用字串儲存，然後使用 eval( ) 方法就可以得到運算結果。我們知道 input( ) 所輸入的資料是字串，當使用 int( ) 將字串轉成整數處理，其實也可以用 eval( ) 配合 input( )，直接傳回整數資料。

一個 input( ) 可以讀取一個輸入字串，我們可以靈活運用多重指定在 eval( ) 與 input( ) 函數上，然後產生一列輸入多個數值資料的效果。

程式實例 ch3_13.py：輸入 3 個數字，本程式可以輸出平均值，注意輸入時各數字間要用 "," 隔開。

```
1  # ch3_13.py
2  n1, n2, n3 = eval(input("請輸入3個數字 : "))
3  average = (n1 + n2 + n3) / 3
4  print(f"3個數字平均是 {average:6.2f}")
```

執行結果

```
==================== RESTART: D:\Python\ch3\ch3_13.py ====================
請輸入3個數字 : 2, 4, 6
3個數字平均是   4.00

==================== RESTART: D:\Python\ch3\ch3_13.py ====================
請輸入3個數字 : 2, 4, 8
3個數字平均是   4.67
```

註　eval( ) 也可以應用在計算數學的多項式，可以參考下列實例。

```
>>> x = 10
>>> y = '5 * x**2 + 6 * x + 10'
>>> print(eval(y))
570
```

3-4　實戰 - 溫度轉換 / 房貸 / 故宮到羅浮宮 / 雞兔同籠 / 核廢水

3-4-1　設計攝氏溫度和華氏溫度的轉換

攝氏溫度 (Celsius，簡稱 C) 的由來是在標準大氣壓環境，純水的凝固點是 0 度、沸點是 100 度，中間劃分 100 等份，每個等份是攝氏 1 度。這是紀念瑞典科學家安德斯‧

攝爾修斯 (Anders Celsius) 對攝氏溫度定義的貢獻，所以稱攝氏溫度 (Celsius)。

華氏溫度 (Fahrenheit，簡稱 F) 的由來是在標準大氣壓環境，水的凝固點是 32 度、水的沸點是 212 度，中間劃分 180 等份，每個等份是華氏 1 度。這是紀念德國科學家丹尼爾‧加布里埃爾‧華倫海特 (Daniel Gabriel Fahrenheit) 對華氏溫度定義的貢獻，所以稱華氏溫度 (Fahrenheit)。

攝氏和華氏溫度互轉的公式如下：

> 攝氏溫度 = (華氏溫度 – 32) * 5 / 9
> 華氏溫度 = 攝氏溫度 * (9 / 5) + 32

程式實例 ch3_14.py：請輸入華氏溫度，這個程式會輸出攝氏溫度。

```
1  # ch3_14.py
2  f = input("請輸入華氏溫度 : ")
3  c = ( int(f) - 32 ) * 5 / 9
4  print(f"華氏 {f} 等於攝氏 {c:4.1f}")
```

執行結果

```
====================== RESTART: D:\Python\ch3\ch3_14.py ======================
請輸入華氏溫度 : 104
華氏 104 等於攝氏 40.0
```

3-4-2 房屋貸款問題實作

每個人在成長過程可能會經歷買房子，第一次住在屬於自己的房子是一個美好的經歷，大多數的人在這個過程中可能會需要向銀行貸款。這時我們會思考需要貸款多少錢？貸款年限是多少？銀行利率是多少？然後我們可以利用上述已知資料計算每個月還款金額是多少？同時我們會好奇整個貸款結束究竟還了多少貸款本金和利息。在做這個專題實作分析時，我們已知的條件是：

貸款金額：用 loan 當變數

貸款年限：用 year 當變數

年利率：用 rate 當變數

然後我們需要利用上述條件計算下列結果：

每月還款金額：用 monthlyPay 當變數

總共還款金額：用 totalPay 當變數

處理這個貸款問題的數學公式如下：

$$每月還款金額 = \frac{貸款金額 * 月利率}{1 - \dfrac{1}{(1 + 月利率)^{貸款年限*12}}}$$

在銀行的貸款術語習慣是用年利率，所以碰上這類問題我們需將所輸入的利率先除以 100，這是轉成百分比，同時要除以 12 表示是月利率。可以用下列方式計算月利率，用 monthrate 當作變數。

```
monthrate = rate / (12*100)          # 第 5 列
```

為了不讓求每月還款金額的數學式變的複雜，將分子 (第 8 列) 與分母 (第 9 列) 分開計算，第 10 列則是計算每月還款金額，第 11 列是計算總共還款金額。

```
1   # ch3_15.py
2   loan = eval(input("請輸入貸款金額 : "))
3   year = eval(input("請輸入年限 : "))
4   rate = eval(input("請輸入年利率 : "))
5   monthrate = rate / (12*100)              # 改成百分比的月利率
6
7   # 計算每月還款金額
8   molecules = loan * monthrate
9   denominator = 1 - (1 / (1 + monthrate) ** (year * 12))
10  monthlyPay = molecules / denominator     # 每月還款金額
11  totalPay = monthlyPay * year * 12        # 總共還款金額
12
13  print(f"每月還款金額 {int(monthlyPay)}")
14  print(f"總共還款金額 {int(totalPay)}")
```

執行結果

```
==================== RESTART: D:\Python\ch3\ch3_15.py ====================
請輸入貸款金額 : 6000000
請輸入年限 : 20
請輸入年利率 : 2.0
每月還款金額 30353
總共還款金額 7284720
```

3-4-3　math 模組 – 計算台北故宮到法國羅浮宮的距離

math 是標準函數庫模組，由於沒有內建在 Python 直譯器內，所以使用前需要匯入此模組，匯入方式是使用 import，可以參考下列語法。

```
import math
```

當匯入模組後，我們可以在 Python 的 IDLE 環境使用 dir(math) 了解此模組提供那些屬性或函數 (或稱方法) 可以呼叫使用。

```
>>> import math
>>> dir(math)
['__doc__', '__loader__', '__name__', '__package__', '__spec__', 'acos', 'acosh'
, 'asin', 'asinh', 'atan', 'atan2', 'atanh', 'ceil', 'copysign', 'cos', 'cosh',
'degrees', 'e', 'erf', 'erfc', 'exp', 'expm1', 'fabs', 'factorial', 'floor', 'fm
od', 'frexp', 'fsum', 'gamma', 'gcd', 'hypot', 'inf', 'isclose', 'isfinite', 'is
inf', 'isnan', 'ldexp', 'lgamma', 'log', 'log10', 'log1p', 'log2', 'modf', 'nan'
, 'pi', 'pow', 'radians', 'remainder', 'sin', 'sinh', 'sqrt', 'tan', 'tanh', 'ta
u', 'trunc']
```

下列是常用 math 模組的屬性與函數：

● pi：PI 值 (3.14152653589753)，直接設定值稱屬性。使用 math 模組時必須在前面加 math，例如：math.pi，此觀念應用在所有模組函數或是屬性運算。

● e：e 值 (2.718281828459045)，直接設定值稱屬性。

● inf：極大值，直接設定值稱屬性。

● ceil(x)：傳回大於 x 的最小整數，例如：ceil(3.5) = 4。

● floor(x)：傳回小於 x 的最大整數，例如：floor(3.9) = 3。

● trunc(x)：刪除小數位數。例如：trunc(3.5) = 3。

● pow(x,y)：可以計算 x 的 y 次方，相當於 x**y。例如：pow(2,3) = 8.0。

● sqrt(x)：開根號，相當於 x**0.5，例如：sqrt(4) = 2.0。

● radians( )：將角度轉成弧度，常用在三角函數運作。

```
>>> import math
>>> angle_degree = 45
>>> angle_radians = math.radians(angle_degree)
>>> print(angle_radians)
0.7853981633974483
```

● degrees( )：將弧度轉成角度。

```
>>> import math
>>> angle_radians = math.pi / 4
>>> angle_degrees = math.degrees(angle_radians)
>>> print(angle_degrees)
45.0
```

● 三角函數：sin( )、cos( )、tan( ), …參數是弧度。其實 acos(-1) 是可以計算圓周率，可參考下方右邊的程式片段。

```
>>> import math
>>> angle_radians = math.pi / 6
>>> sin_value = math.sin(angle_radians)
>>> cos_value = math.cos(angle_radians)
>>> print(f"{sin_value}, {cos_value}")
0.49999999999999994, 0.8660254037844387
```

```
>>> import math
>>> print(math.acos(-1))
3.141592653589793
```

● 指數函數 log( )：如果是 1 個參數則以 e 為底數。如果是 2 個參數，第 1 個是要計算對數的值，第 2 個是對數的底數。

```
>>> import math
>>> value = 10
>>> natural_log = math.log(value)
>>> base = 2
>>> logarithm = math.log(value, base)
>>> print(f"natural_log = {natural_log}, logarithm = {logarithm}")
natural_log = 2.302585092994046, logarithm = 3.3219280948873626
```

● 指數函數 log2( )、log10( )：分別是以 2 為底數、以 10 為底數。

```
>>> import math
>>> value1 = 8
>>> log_base_2 = math.log2(value1)
>>> value2 = 1000
>>> log_base_10 = math.log10(value2)
>>> print(f"log_base_2 = {log_base_2}, log_base_10 = {log_base_10}")
log_base_2 = 3.0, log_base_10 = 3.0
```

地球是圓的，我們使用經度和緯度單位瞭解地球上每一個點的位置。有了 2 個地點的經緯度後，可以使用下列公式計算彼此的距離。

distance = r*acos(sin(x1)*sin(x2)+cos(x1)*cos(x2)*cos(y1-y2))

上述 r 是地球的半徑約 6371 公里，由於 Python 的三角函數參數皆是弧度 (radians)，我們使用上述公式時，需使用 math.radian( ) 函數將經緯度角度轉成弧度。上述公式西經和北緯是正值，東經和南緯是負值。

經度座標是介於 -180 和 180 度間，緯度座標是在 -90 和 90 度間，雖然我們是習慣稱經緯度，在用小括號表達時參數用法是 (緯度 , 經度)，也就是第一個參數是放緯度，第二個參數放經度。

最簡單獲得經緯度的方式是開啟 Google 地圖，其實我們開啟後 Google 地圖後就可以在網址列看到我們目前所在地點的經緯度，點選地點就可以在網址列看到所選地點的經緯度資訊，可參考下方左圖：

由上圖可以知道台北故宮博物院的經緯度是 (25.101, 121.546)，上方右圖是法國羅浮宮的經緯度 (48.859, 2.338)，筆者簡化小數取 3 位。

程式實例 ch3_16.py：請計算台北故宮至法國羅浮宮的距離。

```
1   # ch3_16.py
2   import math
3
4   r = 6371                        # 地球半徑
5   x1, y1 = 25.101, 121.546        # 台北故宮經緯度
6   x2, y2 = 48.859, 2.338          # 羅浮宮經緯度
7
8   d = r*math.acos(math.sin(math.radians(x1))*math.sin(math.radians(x2))+
9                   math.cos(math.radians(x1))*math.cos(math.radians(x2))*
10                  math.cos(math.radians(y1-y2)))
11
12  print(f"故宮到羅浮宮距離 = {d:6.1f}")
```

執行結果

```
==================== RESTART: D:\Python\ch3\ch3_16.py ====================
故宮到羅浮宮距離 = 9824.4
```

3-4-4　雞兔同籠 – 解聯立方程式

古代孫子算經有一句話，「今有雞兔同籠，上有三十五頭，下有百足，問雞兔各幾何？」，這是古代的數學問題，表示有 35 個頭，100 隻腳，然後籠子裡面有幾隻雞與幾隻兔子。雞有 1 個頭、2 隻腳，兔子有 1 個頭、4 隻腳。我們可以使用基礎數學解此題目，也可以使用迴圈解此題目，這一小節筆者將使用基礎數學的聯立方程式解此問題。

如果使用基礎數學，將 x 代表 chicken，y 代表 rabbit，可以用下列公式推導。

| chicken + rabbit = 35 | 相當於---- >　x + y = 35 |
| 2 * chicken + 4 * rabbit = 100 | 相當於---- >　2x + 4y = 100 |

經過推導可以得到下列結果：

x(chicken) = 20　　　　　　　　# 雞的數量
y(rabbit) = 15　　　　　　　　# 兔的數量

整個公式推導，假設 f 是腳的數量，h 代表頭的數量，可以得到下列公式：

x(chicken) = 2h – f / 2
y(rabbit) = f / 2 – h

程式實例 ch3_17.py：請輸入頭和腳的數量，本程式會輸出雞的數量和兔的數量。

```
1  # ch3_17.py
2  h = int(input("請輸入頭的數量："))
3  f = int(input("請輸入腳的數量："))
4  chicken = int(2 * h - f / 2)
5  rabbit = int(f / 2 - h)
6  print(f'雞有 {chicken} 隻, 兔有 {rabbit} 隻')
```

執行結果

```
===================== RESTART: D:\Python\ch3\ch3_17.py =====================
請輸入頭的數量：35
請輸入腳的數量：100
雞有 20 隻, 兔有 15 隻
```

註 並不是每個輸入皆可以獲得解答，必須是合理的數字。

3-4-5　核廢水

核廢水倒入大海時，被特別關注的放射性物質主要包括銫 -137、鍶 -90、碘 -131 等，這些物質因其放射性衰變特性而被視為潛在的健康風險。

● 銫 -137（Cesium-137）：是一種伽馬射線發射體，半衰期約為 30 年。銫在環境中行為類似於鉀，因此可以透過食物鏈進入人體，積累在肌肉組織中。註：所謂半衰期大約為 30 年，意味著每過 30 年，其放射性活度就會減少一半。

● 鍶 -90（Strontium-90）：其半衰期約為 29 年，釋放貝塔射線。鍶在生物體中的行為類似於鈣，因此它主要在骨骼和牙齒中積累，增加發生骨癌和白血病的風險。

● 碘 -131（Iodine-131）：具有較短的半衰期（約 8 天），但是它釋放的伽馬射線和貝塔射線可以對甲狀腺造成嚴重傷害，特別是在兒童和青少年中。

銫 -137（Cesium-137）的活度，即其放射性衰變速率，通常以貝克勒爾（Becquerel, 縮寫為 Bq）為單位。。

程式實例 ch3_18.py：假設銫 -137 初始活度數量是「1 百萬」Bq，請輸入經過年份，然後計算銫 -137 剩餘活度數量。

```
1  # ch3_18.py
2  # 請輸入經過的年份數
3  t = int(input("請輸入經過的年份 ： "))
4
5  # 定義初始活度數量和半衰期
6  A0 = 1000000             # 假設初始活度為1000000(單位 ： Bq)
7  T = 30                   # 銫-137的半衰期為30年
8
9  # 根據公式計算給定年份後的活度數量
```

```
10   A = A0 * (1/2) ** (t / T)
11   print(f"經過 {t} 年後, 鉋-137的活度數量為 : {round(A)} Bq")
```

執行結果

```
========================= RESTART: D:/Python/ch3/ch3_18.py =========================
請輸入經過的年份 : 100
經過 100 年後, 鉋-137的活度數量為 : 99213 Bq
```

3-5 AI 輔助學習 Python – eval( ) 與異常處理

3-5-1 ChatGPT 說明 eval( ) 的用法

你
請說明eval( )的用法，然後用程式實例輔助解說

ChatGPT
eval( ) 函數是 Python 的一個內建函數，它用於執行以字符串形式給出的 Python 表達式或語句。簡而言之，它接受一個字符串作為輸入，並將其解釋為有效的 Python 代碼來執行。

它的基本語法如下：

```python
eval(expression, globals=None, locals=None)
```

- `expression` 是一個字符串，表示要執行的 Python 表達式或語句。
- `globals` 是一個可選參數，表示全命名空間。
- `locals` 是一個可選參數，表示局部命名空間。

> `eval()` 函數的主要用途是在運行時動態執行 **Python** 代碼。它通常用於解析使用者
> 輸入的數學表達式、動態運行用戶提供的代碼或計算配置文件中定義的表達式。
>
> 現在，讓我們通過一個程式實例來解釋 `eval()` 的用法：

```python
# 使用者輸入一個數學表達式
expression = input("請輸入一個數學表達式：")

# 使用 eval() 函數計算表達式的結果並打印出來
try:
    result = eval(expression)
    print("計算結果：", result)
except Exception as e:
    print("計算失敗：", e)
```

> 這個程式將提示用戶輸入一個數學表 ↓ 式，例如 `3 + 4 * 2`。然後，它使用
> `eval()` 函數來計算該表達式的結果。如果表達式有效，它將計算結果並打印出

上述 ChatGPT 生成的程式，命名為 ch3_19.py，可以得到下列結果。

```
======================= RESTART: D:/Python/ch3/ch3_19.py =======================
請輸入一個數學表達式：3 * 8 / 4
計算結果: 6.0
```

3-5-2　程式異常處理 try ... except

程式實例 ch3_12.py 如果輸入數值公式錯誤，執行會中斷，產生下列結果。

```
======================= RESTART: D:\Python\ch3\ch3_12.py =======================
請輸入數值公式：5 * a - 9
Traceback (most recent call last):
  File "D:\Python\ch3\ch3_12.py", line 3, in <module>
    result = eval(equation_string)
  File "<string>", line 1, in <module>
NameError: name 'a' is not defined
```

上述程式崩潰，立即中止，這是不友善的結果。前一小節我們詢問 AI 解釋 eval( )
用法時，ChatGPT 的實例筆者儲存在 ch3_19.py，此程式出現了 try ... except 語法。

在 Python 中，try ... except 語句用於異常處理，它允許程式捕獲並處理在執行過程中出現的異常（錯誤）。這種機制提高了程式的健壯性和可靠性，讓開發者有機會對預期內或預期外的錯誤作出反應，而不是讓程式崩潰。其基本用法如下：

```
try:
# 嘗試執行的程式碼區塊
    ...
except Exception as e:
# 如果在 try 程式碼區塊中發生了異常，則執行此區塊
    ...
```

上述語法說明如下：

● try 區塊：放置可能會引發異常的程式碼，如果程式碼正常，則執行結束。

● except 區塊：指定當 try 區塊中的程式碼引發異常時怎麼處理。Exception 是捕獲的一般異常類型，as e 是將異常物件 (相當於是錯誤原因訊息) 賦值給變量 e，透過這個變數 e，我們可以知道異常的原因。

所以 ch3_19.py 在執行時，如果輸入錯誤，可以得到下列結果。

```
===================== RESTART: D:/Python/ch3/ch3_19.py =====================
請輸入一個數學表達式 : 5 * a - 9
計算失敗: name 'a' is not defined
```

從上述我們了解，因為輸入未定義的 a，造成輸出數學表達式錯誤。

習題實作題

ex3_1.py：寫一個程式要求使用者輸入 3 位數數字，最後捨去個位數字輸出，例如輸入是 777 輸出是 770，輸入是 879 輸出是 870。

```
請輸入3位數數字：986
執行結果: 980
```

```
請輸入3位數數字：777
執行結果: 770
```

ex3_2.py：輸入 3 位數字，然後輸出反轉結果。

```
===================== RESTART: D:\Python\ex3\ex3_2.py =====================
請輸入3位數 : 729
value 反轉結果 927
```

ex3_3.py：請重新設計 ch3_14.py，改為輸入攝氏溫度，轉成華氏溫度輸出，輸出溫度格式化到小數第 1 位。

```
=============== RESTART: D:\Python\ex3\ex3_3.py ===================
請輸入攝氏溫度：31
攝氏 31 等於華氏 87.8
```

ex3_4.py：銀行存款複利計算，假設本金是 50000 元，請輸入年利率和存款年數，程式會輸出捨去小數的本金與利率總和。

```
=============== RESTART: D:\Python\ex3\ex3_4.py ===================
請輸入年利率%為單位：1.5
請輸入年數　　　　 ：5
5 年後本金與利率總和是 53864
```

ex3_5.py：請從螢幕輸入 2 個點的座標，請計算 2 個點之間的距離，輸出到小數第 2 位。

```
=============== RESTART: D:\Python\ex3\ex3_5.py ===================
請輸入第 1 個點的 x,y 座標：1, 8
請輸入第 2 個點的 x,y 座標：3, 10
2點的距離是 : 2.83
```

ex3_6.py：請擴充 ch3_16.py，將程式改為輸入 2 個地點的經緯度，本程式可以計算這 2 個地點的距離。(3-5 節)

```
=============== RESTART: D:\Python\ex3\ex3_6.py ===================
請輸入第一個地點的經緯度 : 22.065, 114.345
請輸入第二個地點的經緯度 : 24.766, 121.596
distance = 798.34
```

ex3_7.py：請重新設計 ch3_18.py：改為鍶 -90（Strontium-90），初始活度數量是「1 百萬」Bq，請輸入經過年份，然後計算鍶 -90 剩餘活度數量。

```
=============== RESTART: D:/Python/ex3/ex3_7.py ===================
請輸入經過的年份 : 50
經過 50 年後，鍶-90的活度數量為 : 302679 Bq
```

第 4 章

程式流程控制精髓 - 決策製作的藝術

創意程式：情緒程式、火箭升空、推薦飲料

潛在應用：使用者輸入驗證、遊戲開發中的決策制定、物聯網 (IoT) 中的條件響應、交通應用中的路線建議、社交應用中的隱私設置檢查、電子商務中的折扣促銷

　　一個程式如果是按部就班從頭到尾，中間沒有轉折，其實是無法完成太多工作。程式設計過程難免會需要轉折，這個轉折在程式設計的術語稱流程控制，本章將完整講解有關 if 敘述的流程控制。另外，與程式流程設計有關的關係運算子與邏輯運算子也將在本章做說明，因為這些是 if 敘述流程控制的基礎。

4-1 關係運算子 - 條件判斷與流程控制的基礎

　　Python 中的關係運算子用於比較兩個值或變數之間的關係，並根據比較結果返回布林值 (可複習 2-3 節)True 或 False，常見的關係運算子可以參考下表。這些運算子廣泛應用於條件判斷語句中，如 if 條件句 (將在 4-3 節說明)，幫助決定程式的執行流程。

關係運算子	說明	實例	說明
>	大於	a > b	檢查是否 a 大於 b
>=	大於或等於	a >= b	檢查是否 a 大於或等於 b
<	小於	a < b	檢查是否 a 小於 b
<=	小於或等於	a <= b	檢查是否 a 小於或等於 b
==	等於	a == b	檢查是否 a 等於 b
!=	不等於	a != b	檢查是否 a 不等於 b

　　上述運算如果是真會傳回 True，如果是偽會傳回 False。

實例 1：下列左邊程式碼會回傳 True，下列右邊程式碼會回傳 False。

```
>>> x = 10 > 8
>>> x
True
>>> x = 8 <= 10
>>> x
True
```

```
>>> x = 10 > 20
>>> x
False
>>> x = 10 < 5
>>> x
False
```

4-2 邏輯運算子 - 邏輯判斷的關鍵

　　Python 所使用的邏輯運算子：

- and　--- 相當於邏輯符號 AND
- or　　--- 相當於邏輯符號 OR
- not　--- 相當於邏輯符號 NOT

下列是邏輯運算子 and 的圖例說明。

and	True	False
True	True	False
False	False	False

實例 1：下列左邊程式碼會回傳 True，下列右邊程式碼會回傳 False。

```
>>> x = (10 > 8) and (20 >= 10)
>>> x
True
```

```
>>> x = (10 > 8) and (10 > 20)
>>> x
False
```

下列是邏輯運算子 or 的圖例說明。

or	True	False
True	True	True
False	True	False

實例 2：下列左邊程式碼會回傳 True，下列右邊程式碼會回傳 False。

```
>>> x = (10 > 8) or (20 > 10)
>>> x
True
```

```
>>> x = (10 < 8) or (10 > 20)
>>> x
False
```

下列是邏輯運算子 not 的圖例說明。

not	True	False
	False	True

如果是 True 經過 not 運算會傳回 False，如果是 False 經過 not 運算會傳回 True。

實例 3：下列左邊程式碼會回傳 True，下列右邊程式碼會回傳 False。

```
>>> x = not(10 < 8)
>>> x
True
```

```
>>> x = not(10 > 8)
>>> x
False
```

4-3 if 敘述在程式中的運用 - 決策的開始

這個 if 敘述的基本語法如下：

```
if (條件判斷):        # 條件判斷外的小括號可有可無
    程式碼區塊
```

上述觀念是如果條件判斷是 True，則執行程式碼區塊，如果條件判斷是 False，則不執行程式碼區塊。如果程式碼區塊只有一道指令，可將上述語法寫成下列格式。

```
if (條件判斷)：程式碼區塊
```

可以用下列流程圖說明這個 if 敘述：

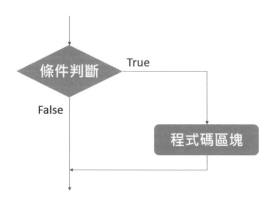

Python 是使用內縮方式區隔 if 敘述的程式碼區塊，編輯程式時可以用 Tab 鍵內縮或是直接內縮 4 個字元空間，表示這是 if 敘述的程式碼區塊。

```
if (age < 20)：                # 程式碼區塊 1
    print('你年齡太小')          # 程式碼區塊 2
    print('須年滿20歲才可購買菸酒')  # 程式碼區塊 2
```

在 Python 中內縮程式碼是有意義的，相同的程式碼區塊，必須有相同的內縮，否則會產生錯誤。

實例 1：正確的 if 敘述程式碼。

```
>>> age = 18                    >>> age = 18
>>> if (age < 20):              >>> if (age < 20):
        print("你年齡太小")              print("你年齡太小")
        print("需年滿20歲才可以購買菸酒")        print("需年滿20歲才可以購買菸酒")

插入點在此時請按Enter鍵             你年齡太小
                               需年滿20歲才可以購買菸酒
                               >>>
```

實例 2：不正確的 if 敘述程式碼，下列因為任意內縮造成錯誤。

任意內縮造成錯誤

```
>>> age = 18
>>> if (age < 20):
        print("你年齡太小")
          print("需年滿20歲才可以購買菸酒")
SyntaxError: unexpected indent
>>>
```

　　上述筆者講解 if 敘述是 True 時需內縮 4 個字元空間，這是 Python 預設，讀者可能會問可不可以內縮 5 個字元空間，答案是可以的，但是記住相同程式區塊必須有相同的內縮空間。不過如果你是使用 Python 的 IDLE 編輯環境，當輸入 if 敘述後，只要按 Enter 鍵，編輯程式會自動內縮 4 個字元空間。

程式實例 ch4_1.py：if 敘述的基本應用。

```
1  # ch4_1.py
2  age = input("請輸入年齡: ")
3  if (int(age) < 20):
4      print("你年齡太小")
5      print("需年滿20歲才可以購買菸酒")
```

執行結果

```
===================== RESTART: D:\Python\ch4\ch4_1.py =====================
請輸入年齡: 18
你年齡太小
需年滿20歲才可以購買菸酒
===================== RESTART: D:\Python\ch4\ch4_1.py =====================
請輸入年齡: 20
```

程式實例 ch4_2.py：輸出絕對值的應用。

```
1  # ch4_2.py
2  print("輸出絕對值")
3  num = input("請輸入任意整數值: ")
4  x = int(num)
5  if (int(x) < 0): x = -x
6  print(f"絕對值是 {x}")
```

執行結果

```
輸出絕對值
請輸入任意整數值: 98
絕對值是 98
```
```
輸出絕對值
請輸入任意整數值: -9
絕對值是 9
```

　　對於上述 ch4_2.py 而言，由於 if 敘述只有一道指令，所以可以將第 5 列的 if 敘述用一列表示，當然也可以類似 ch4_1.py 方式處理。

4-4　if … else 敘述 - 二選一的決策技巧

　　在 Python 中 if ... else 語句用於依據條件的決定所執行的程式區塊。如果 if 後面的條件為真（True），則會執行 if 下方內縮的程式碼區塊。如果條件為假（False），則會跳過 if 部分並執行 else 後面的程式碼區塊。這種結構允許程序根據不同的條件執行不同的操作。此語法格式如下：

上述觀念是如果條件判斷是 True，則執行程式碼區塊 1，如果條件判斷是 False，則執行程式碼區塊 2。可以用下列流程圖說明這個 if … else 敘述：

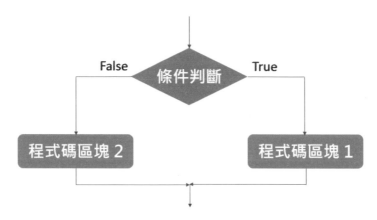

程式實例 ch4_3.py：重新設計 ch4_1.py，多了年齡滿 20 歲時的輸出。

```
1   # ch4_3.py
2   age = input("請輸入年齡: ")
3   if (int(age) < 20):
4       print("你年齡太小")
5       print("需年滿20歲才可以購買菸酒")
6   else:
7       print("歡迎購買菸酒")
```

執行結果
```
請輸入年齡: 18
你年齡太小
需年滿20歲才可以購買菸酒
```
```
請輸入年齡: 20
歡迎購買菸酒
```

❑　**Python 寫作風格 (Python Enhancement Proposals) - PEP 8**

Python 風格建議不使用 if xx == ture 判斷 True 或 False，可以直接使用 if xx。

程式實例 ch4_4.py：奇數偶數的判斷，下列第 5 ~ 8 列是傳統用法，第 10 ~ 13 列是符合 PEP 8 用法，第 15 列是 Python 高手用法。

```
1   # ch4_4.py
2   print("奇數偶數判斷")
3   num = eval(input("請輸入任意整值: "))
4   rem = num % 2
5   if (rem == 0):          ←──────── 傳統語法
6       print(f"{num} 是偶數")
7   else:
8       print(f"{num} 是奇數")
9   # PEP 8
10  if rem:          ←──────── PEP 8 風格
11      print(f"{num} 是奇數")
12  else:
13      print(f"{num} 是偶數")          Python高手用法
14  # 高手用法
15  print(f"{num} 是奇數" if rem else f"{num} 是偶數")
```

執行結果

```
奇數偶數判斷              奇數偶數判斷
請輸入任意整值: 12        請輸入任意整值: 21
12 是偶數                21 是奇數
12 是偶數                21 是奇數
12 是偶數                21 是奇數
```

Python 精神可以簡化上述 if 語法，例如，下列是求 x, y 之最大值或最小值。

```
max_ = x if x > y else y          # 取 x, y 之最大值
min_ = x if x < y else y          # 取 x, y 之最小值
```

Python 是非常靈活的程式語言，上述也可以使用內建函數寫成下列方式：

```
max_ = max(x, y)          # max 是內建函數，變數用後面加底線區隔
min_ = min(x, y)          # min 是內建函數，變數用後面加底線區隔
```

註　max( )是內建函數，當變數名稱與內建函數名稱相同時，可以在變數用後面加底線做區隔。max( ) 可以回傳最大值，min( ) 可以回傳最小值。

程式實例 ch4_5.py：請輸入 2 個數字，這個程式會用 Python 精神語法，列出最大值與最小值。

```
1   # ch4_5.py
2   x, y = eval(input("請輸入2個數字："))
3   max_ = x if x > y else y
4   print(f"方法 1 最大值是 : {max_}")
5   max_ = max(x, y)
6   print(f"方法 2 最大值是 : {max_}")
7
8   min_ = x if x < y else y
9   print(f"方法 1 最小值是 : {min_}")
10  min_ = min(x, y)
11  print(f"方法 2 最小值是 : {min_}")
```

執行結果

```
==================== RESTART: D:\Python\ch4\ch4_5.py ====================
請輸入2個數字：12, 21
方法 1 最大值是：21
方法 2 最大值是：21
方法 1 最小值是：12
方法 2 最小值是：12
```

4-5 if … elif …else 敘述 - 打造情緒程式

4-5-1　基礎語法與實例

　　在 Python 中，if … elif … else 結構提供了一種方式來處理多個條件進行決策。if 後面跟著的是初始條件，如果該條件為真，則執行其下的程式碼區塊。elif（即 else if 的縮寫）允許你檢查多個附加條件，如果前面的條件為假，則檢查 elif 的條件。最後，else 部分捕獲所有未通過前面 if 或 elif 條件的情況。這樣的結構使得根據不同的輸入值執行不同的程式碼區塊成為可能。

　　例如：在美國成績計分是採取 A、B、C、D、F … 等，通常 90-100 分是 A，80-89 分是 B，70-79 分是 C，60-69 分是 D，低於 60 分是 F。使用這個敘述，很容易就可以完成給 A、B … F 的成績工作。這個敘述的基本語法如下：

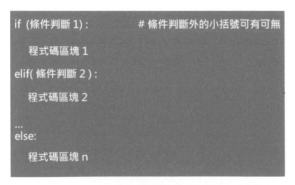

```
if (條件判斷 1)：        # 條件判斷外的小括號可有可無
    程式碼區塊 1
elif( 條件判斷 2 )：
    程式碼區塊 2
…
else:
    程式碼區塊 n
```

　　上述觀念是，如果條件判斷 1 是 True 則執行程式碼區塊 1，然後離開條件判斷。否則檢查條件判斷 2，如果是 True 則執行程式碼區塊 2，然後離開條件判斷。如果條件判斷是 False 則持續進行檢查，上述 elif 的條件判斷可以不斷擴充，如果所有條件判斷是 False 則執行 else 下方的程式碼 n 區塊。下列流程圖是假設只有 2 個條件判斷說明這個 if … elif … else 敘述。

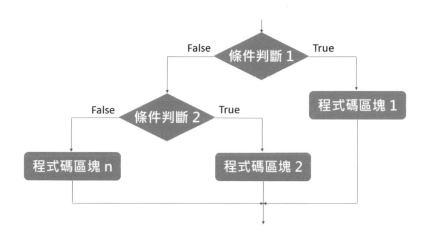

程式實例 ch4_6.py：請輸入數字分數，程式將回應 A、B、C、D 或 F 等級。

```
1   # ch4_6.py
2   print("計算最終成績")
3   score = input("請輸入分數 : ")
4   sc = int(score)
5   if (sc >= 90):
6       print(" A")
7   elif (sc >= 80):
8       print(" B")
9   elif (sc >= 70):
10      print(" C")
11  elif (sc >= 60):
12      print(" D")
13  else:
14      print(" F")
```

執行結果

```
計算最終成績
請輸入分數 : 96
A
```
```
計算最終成績
請輸入分數 : 77
C
```
```
計算最終成績
請輸入分數 : 52
F
```

4-5-2 創意程式 – 依情緒推薦活動

程式實例 ch4_7.py：這個程式將問用戶現在的情緒，然後根據情緒推薦一項活動。如果用戶高興，我們推薦與朋友外出；如果用戶感到悲傷，我們推薦看一部喜劇；如果用戶感到無聊，我們推薦學習新技能；如果情緒不符合這些類別，我們將推薦散步來清新思緒。

```
1   # ch4_7.py
2   # 程式問用戶現在的情緒
3   mood = input("你現在的情緒是?(高興/悲傷/無聊/其他): ")
4
5   # 根據情緒推薦活動
6   if mood == "高興":
7       print("太好了!去和朋友外出吧!")
8   elif mood == "悲傷":
```

```
 9        print("抱歉聽到你這麼說,看一部喜劇片可能會讓你感覺更好!")
10  elif mood == "無聊":
11        print("這是學習新技能的絕佳時機!")
12  else:
13        print("有時候散步可以幫助清新思緒!")
```

執行結果　
```
你現在的情緒是?(高興/悲傷/無聊/其他): 高興
太好了!去和朋友外出吧!
```
```
你現在的情緒是?(高興/悲傷/無聊/其他): 不知道
有時候散步可以幫助清新思緒!
```

4-6 實戰 - BMI/ 火箭升空 / 推薦飲料 / 潛在應用

4-6-1　設計人體體重健康判斷程式

　　BMI(Body Mass Index) 指數又稱身高體重指數 (也稱身體質量指數)，是由比利時的科學家凱特勒 (Lambert Quetelet) 最先提出，這也是世界衛生組織認可的健康指數，它的計算方式如下：

　　　　BMI = 體重 (Kg) / 身高 ^{2} (公尺)

　　如果 BMI 在 18.5 ～ 23.9 之間，表示這是健康的 BMI 值。請輸入自己的身高和體重，然後列出是否在健康的範圍，世界衛生組織針對 BMI 指數公布更進一步資料如下：

分類	BMI
體重過輕	BMI < 18.5
正常	18.5 <= BMI and BMI < 24
超重	24 <= BMI and BMI < 28
肥胖	BMI >= 28

程式實例 ch4_8.py：人體健康體重指數判斷程式，這個程式會要求輸入身高與體重，然後計算 BMI 指數，由這個 BMI 指數判斷體重是否肥胖。

```
1  # ch4_8.py
2  height = eval(input("請輸入身高(公分) : "))
3  weight = eval(input("請輸入體重(公斤) : "))
4  bmi = weight / (height / 100) ** 2
5  if bmi >= 28:
6      print(f"體重肥胖")
7  else:
8      print(f"體重不肥胖")
```

執行結果　
```
請輸入身高(公分) : 170
請輸入體重(公斤) : 100
體重肥胖
```
```
請輸入身高(公分) : 170
請輸入體重(公斤) : 70
體重不肥胖
```

上述程式第 4 列 "(height/100)"，主要是將身高由公分改為公尺。此外，Python 3.8 起的 if 用法可以擴充如下：

```
if x := expression                    # x 是布林值
```

這時可以將第 4～5 列改為下列一句程式碼，細節可參考 ch4_8_1.py。

```
4  if bmi := weight / ( height / 100) ** 2 >= 28:        # Python 3.8
```

上述程式可以擴充為輸入身高體重，程式可以列出世界衛生組織公佈的各 BMI 分類敘述，這將是各位的習題 ex4_6.py。

4-6-2　火箭升空

地球的天空有許多人造衛星，這些人造衛星是由火箭發射，由於地球有地心引力、太陽也有引力，火箭發射要可以到達人造衛星繞行地球、脫離地球進入太空，甚至脫離太陽系必須要達到宇宙速度方可脫離，所謂的宇宙速度觀念如下：

❏　第一宇宙速度

所謂的第一宇宙速度可以稱環繞地球速度，這個速度是 7.9km/s，當火箭到達這個速度後，人造衛星即可環繞著地球做圓形移動。當火箭速度超過 7.9km/s 時，但是小於 11.2km/s，人造衛星可以環繞著地球做橢圓形移動。

❏　第二宇宙速度

所謂的第二宇宙速度可以稱脫離速度，這個速度是 11.2km/s，當火箭到達這個速度尚未超過 16.7km/s 時，人造衛星可以環繞太陽，成為一顆類似地球的人造行星。

❏　第三宇宙速度

所謂的第三宇宙速度可以稱脫逃速度，這個速度是 16.7km/s，當火箭到達這個速度後，就可以脫離太陽引力到太陽系的外太空。

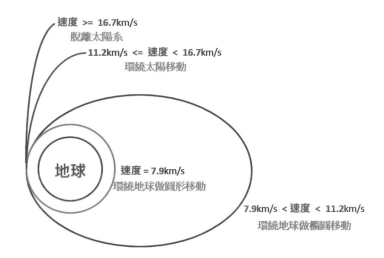

程式實例 ch4_9.py：請輸入火箭速度 (km/s)，這個程式會輸出人造衛星飛行狀態。

```
1   # ch4_9.py
2   v = eval(input("請輸入火箭速度 : "))
3   if (v < 7.9):
4       print("人造衛星無法進入太空")
5   elif (v == 7.9):
6       print("人造衛星可以環繞地球作圓形移動")
7   elif (v > 7.9 and v < 11.2):
8       print("人造衛星可以環繞地球作橢圓形移動")
9   elif (v >= 11.2 and v < 16.7):
10      print("人造衛星可以環繞太陽移動")
11  else:
12      print("人造衛星可以脫離太陽系")
```

執行結果

```
請輸入火箭速度 : 7.5
人造衛星無法進入太空
```
```
請輸入火箭速度 : 7.9
人造衛星可以環繞地球作圓形移動
```

```
請輸入火箭速度 : 11.8
人造衛星可以環繞太陽移動
```
```
請輸入火箭速度 : 9.9
人造衛星可以環繞地球作橢圓形移動
```

```
請輸入火箭速度 : 16.7
人造衛星可以脫離太陽系
```

4-6-3　推薦飲料

程式實例 ch4_10.py：這個程式會根據用戶輸入的時間（24 小時制），推薦相應的飲料。如果是早上，推薦咖啡；中午時分，推薦綠茶；下午，則推薦果汁；晚上，推薦牛奶或是無咖啡因的茶，以幫助睡眠。

```
1  # ch4_10.py
2  # 程式問用戶現在的時間
3  time = int(input("現在幾點了?(0-23小時制): "))
4
5  # 根據時間推薦飲料
6  if 6 <= time < 12:
7      print("早安!來一杯咖啡提提神吧!")
8  elif 12 <= time < 17:
9      print("中午時分了，來一杯綠茶怎麼樣?")
10 elif 17 <= time < 21:
11     print("傍晚了，喝點果汁補充能量!")
12 else:
13     print("晚上了，喝點牛奶或是無咖啡因的茶助眠吧!")
```

執行結果

```
現在幾點了?(0-23小時制): 9
早安!來一杯咖啡提提神吧!
```

```
現在幾點了?(0-23小時制): 14
中午時分了，來一杯綠茶怎麼樣?
```

```
現在幾點了?(0-23小時制): 18
傍晚了，喝點果汁補充能量!
```

```
現在幾點了?(0-23小時制): 22
晚上了，喝點牛奶或是無咖啡因的茶助眠吧!
```

4-6-4 if 敘述潛在應用

這一章說明了 if 敘述的應用，受限於篇幅，無法完整的解釋所有的應用，其實還可以將此章內容應用在下列領域：

❑ **使用者輸入驗證**

檢查輸入的年齡是否符合投票資格。

```
1  # test4_1.py
2  age = int(input("請輸入你的年齡:"))
3  if age >= 18:
4      print("你有投票資格")
5  else:
6      print("你沒有投票資格")
```

❑ **遊戲開發中的決策制定**

根據玩家的選擇改變遊戲故事情節。

```
1  # test4_2.py
2  choice = input("你要走左邊還是右邊? (左/右):")
3  if choice == "左":
4      print("你遇到了一隻友好的龍")
5  elif choice == "右":
6      print("你發現了一個藏寶箱")
7  else:
8      print("你迷路了")
```

❑　物聯網 (IoT) 中的條件響應

根據溫度讀數自動調整空調。

```
1  # test4_3.py
2  temperature = 30      # 假設的溫度讀數
3  if temperature > 25:
4      print("開啟空調")
5  else:
6      print("關閉空調")
```

❑　交通應用中的路線建議

根據當前交通狀況建議最佳路線。

```
1  # test4_4.py
2  traffic_condition = "擁堵"
3  if traffic_condition == "順暢":
4      print("建議走高速公路")
5  else:
6      print("建議走替代路線")
```

❑　社交應用中的隱私設置檢查

檢查用戶設置，決定是否顯示某些個人資訊。

```
1  # test4_5.py
2  privacy_setting = "僅好友"
3  if privacy_setting == "公開":
4      print("顯示所有個人訊息")
5  else:
6      print("僅顯示有限訊息")
```

❑　電子商務中的折扣促銷

根據用戶購物車總金額提供相應的折扣。

```
1  # test4_6.py
2  cart_total = 500     # 假設的購物車總金額
3  if cart_total > 1000:
4      print("恭喜，你獲得了10%的折扣")
5  elif cart_total > 500:
6      print("恭喜，你獲得了5%的折扣")
7  else:
8      print("增加購物車金額以獲得折扣")
```

AI 輔助學習 Python – PlantUML 描述與
流程圖生成

　　AI 工具有許多，這一節筆者將介紹讓 ChatGPT 生成適用 PlantUML，的流程圖描述，然後進入 PlantUML 工具網站，最後生成程式的流程圖。

4-7-1　ChatGPT 生成 PlantUML 描述

　　這 一 節 所 使 用 的 範 例 是 ch4_6.py 的 程 式 碼，下 列 是 請 ChatGPT 生 成 適 用「PlantUML 描述」。

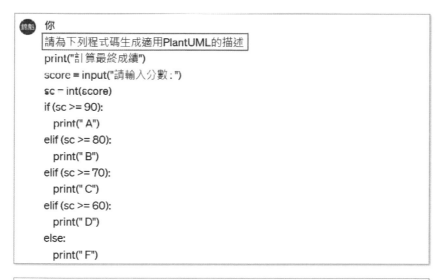

```
@startuml
title 程式流程圖 – 計算最終成績
start
:print("計算最終成績");
:score = input("請輸入分數 : ");
:sc = int(score);
if (sc >= 90) then (是)
    :print(" A");
elseif (sc >= 80) then (是)
    :print(" B");
elseif (sc >= 70) then (是)
    :print(" C");
elseif (sc >= 60) then (是)
    :print(" D");
```

```
else (否)
    :print(" F");
endif
stop
@enduml
```

> 這個 PlantUML 描述了程式的流程，從輸入分數開始，根據不同的條件進行分級，最後打印最終成績。

4-7-2　進入 PlantUML 網站產生流程圖

PlantUML 是一個快速繪製 UML 圖的工具，允許使用者透過簡潔的純文字描述來生成各種 UML 圖表，包括序列圖、用例圖、類別圖、活動圖、組件圖等。它非常適合快速草稿和技術文檔，支援在多種文檔編輯器和開發環境中直接嵌入。由於其文本到圖形的轉換特性，PlantUML 特別適合版本控制和協作，使得維護和更新 UML 圖變得輕而易舉。可以用下列網址，進入此工具網頁。

https://plantuml.com/zh/

進入此網址後，請點選左邊的 Online Server 選項。

現在可以看到示範輸入「PlantUML 描述」的框，請複製前一小節的「PlantUML 描述」到輸入框，如下所示：

請點選下方的 Submit 鈕，就可以捲動視窗畫面，看到所生成 ch4_6.py 程式的流程圖表。

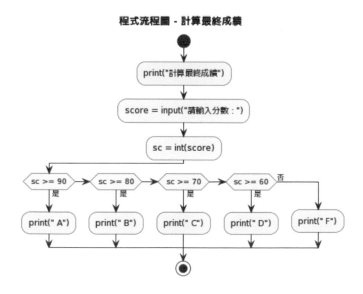

習題實作題

ex4_1.py：請輸入 3 個數字，本程式可以將數字由大到小輸出。

```
請輸入3個整數值 ： 3, 6, 5
大到小分別是　6 5 3
```
```
請輸入3個整數值 ： 2, 10, 19
大到小分別是　19 10 2
```

ex4_2.py：有一個圓半徑是 20，圓中心在座標 (0,0) 位置，請輸入任意點座標，這個程式可以判斷此點座標是不是在圓內部。

提示：可以計算點座標距離圓中心的長度是否小於半徑。

```
請輸入點座標 ： 10, 10
點座標 10, 10 在圓內部
```
```
請輸入點座標 ： 21, 21
點座標 21, 21 不在圓內部
```

ex4_3.py：電影票價收費標準是 100 元。

● 但是如果小於等於 6 歲或大於等於 80 歲，收費是打 2 折。

● 但是如果是 7-12 歲或 60-79 歲，收費是打 5 折。

請輸入歲數，程式會計算票價。

```
計算票價
請輸入年齡 ： 6
票價是: 20.0
```
```
計算票價
請輸入年齡 ： 12
票價是: 50.0
```
```
計算票價
請輸入年齡 ： 20
票價是: 100
```
```
計算票價
請輸入年齡 ： 81
票價是: 20.0
```

ex4_4.py：假設麥當勞打工每週領一次薪資，基本時薪是 180 元，其它規則如下：

● 小於 40 小時 (週)，每小時是基本時薪的 0.8 倍。

● 等於 40 小時 (週)，每小時是基本時薪。

● 大於 40 至 50(含) 小時 (週)，每小時是基本時薪的 1.2 倍。

● 大於 50 小時 (週)，每小時是基本時薪的 1.6 倍。

請輸入工作時數，然後可以計算週薪。

```
請輸入本週工作時數 ： 20
本週薪資 ： 2880
```
```
請輸入本週工作時數 ： 40
本週薪資 ： 7200
```
```
請輸入本週工作時數 ： 45
本週薪資 ： 9720
```
```
請輸入本週工作時數 ： 60
本週薪資 ： 17280
```

ex4_5.py:假設今天是星期日,請輸入天數 days,本程式可以回應 days 天後是星期幾。

```
今天是星期日
請輸入天數:5
5 天後是星期五
```

```
今天是星期日
請輸入天數:10
10 天後是星期三
```

ex4_6.py:擴充設計 ch4_8.py,列出 BMI 指數區分的結果表。

```
請輸入身高(公分):170
請輸入體重(公斤):49
BMI = 16.96 體重過輕
```

```
請輸入身高(公分):170
請輸入體重(公斤):62
BMI = 21.45 正常
```

```
請輸入身高(公分):170
請輸入體重(公斤):80
BMI = 27.68 超重
```

```
請輸入身高(公分):170
請輸入體重(公斤):90
BMI = 31.14 肥胖
```

ex4_7.py:三角形邊長的要件是 2 邊長加起來大於第三邊,請輸入 3 個邊長,如果這 3 個邊長可以形成三角形則輸出三角形的周長。如果這 3 個邊長無法形成三角形,則輸出這不是三角形的邊長。

```
請輸入3邊長:3, 3, 3
三角形周長是:9
```

```
請輸入3邊長:3, 3, 9
這不是三角形的邊長
```

第 5 章

串列與元組的全面解析

創意程式：凱薩密碼、旅行包裝清單、生日禮物選擇器
潛在應用：矩陣運算、遊戲棋盤、學生分數表、商品庫存清單、多國語言詞彙表、坐標系統、員工資料、時間序列數據、商品清單、學生成績表

在探索 Python 的豐富資料結構時，串列 (list) 和元組 (tuple) 無疑是基礎且強大的工具。它們都能儲存元素的集合，但各有特性和用途。了解串列的可變性及其動態特點，以及元組的不可變性與其對效率的影響，對於寫出高效且可靠的 Python 程式碼至關重要。本文將深入介紹這兩種資料結構，揭示它們的工作原理、區別，以及如何根據不同的程式設計需求選擇適當的類型。

註　有的書將「串列」(list) 翻譯為「列表」。

5-1 串列與元組的區別 - 掌握資料結構的關鍵

串列和元組是 Python 中兩種常用的資料結構，它們都可以用來儲存一系列的項目。不過，它們之間存在幾個關鍵的差異：

● 可變性：最主要的區別在於可變性。串列是可變的，這意味著你可以在創建後修改、添加或刪除串列中的項目。相反，元組是不可變的，一旦創建就不能更改其內容。這種不可變性使得元組成為一種更加穩定的資料結構，適合用於需要確保數據不被更改的場合。

● 語法差異：在語法上，串列使用中括號「[ ]」定義，而元組使用小括號「( )」。例如，[1, 2, 3] 是一個串列，(1, 2, 3) 是一個元組。

● 性能：由於元組的不可變性，它們通常比串列有更好的性能。在有大量讀取操作的情況下，使用元組而不是串列可能會提高程式的執行效率。

● 用途：由於上述差異，串列和元組適用於不同的場景。串列更適合用於當你需要一個可以修改的數據集時，比如一個動態的資料集。而元組則適合用於表示不應該被修改的數據集，如函數參數或返回值。

● 方法：由於串列是可變的，Python 提供了大量的串列方法來進行增加、刪除或其他操作，例如：append( )、remove( ) 等。而對於元組，由於其不可變性，可用的方法比較少，主要是那些不會改變元組內容的方法，例如：count( ) 和 index( )。

這些差異讓串列和元組在 Python 程式設計中各有其適用的場景，理解它們的特性可以幫助你更有效地使用這兩種資料結構。

5-2 深入了解串列（List）- 資料管理的基石

串列 (list) 是 Python 一種可以更改內容的資料型態，它是由 系列元素所組成的序列。如果現在我們要設計班上同學的成績表，班上有 50 位同學，可能需要設計 50 個變數，這是一件麻煩的事。如果學校單位要設計所有學生的資料庫，學生人數有 1000 人，需要 1000 個變數，這似乎是不可能的事。Python 的串列資料型態，可以只用一個變數，解決這方面的問題，要存取時可以用串列名稱加上索引值即可。

在其它程式語言，相類似的功能是稱陣列 (array)，例如：C 語言。不過，Python 的串列功能除了可以儲存相同資料型態，例如：整數、浮點數、字串，我們將每一筆資料稱元素。一個串列也可以儲存不同資料型態，例如：串列內同時含有整數、浮點數和字串。甚至一個串列也可以有其它串列、元組 (tuple) 或是字典 (dict，第 7 章內容) … 等當作是它的元素，因此，Python 工作的能力，比其它程式語言強大。

串列可以有不同元素, 可以用索引取得串列元素內容

5-2-1 串列基本定義

定義串列的語法格式如下：

x = [元素 1, … , 元素 n,]　　　# x 是假設的串列名稱

串列的每一筆資料稱元素，這些元素放在中括號 [ ] 內，彼此用逗號 "," 隔開，上述最後一個元素，元素 n 右邊的 "," 可有可無，這是 Python 設計編譯程式人員的貼心設計，因為當元素內容資料量夠長時，我們可能會一列放置一個元素，如下所示：

```
sc = [['洪錦魁', 80, 95, 88, 0],
      ['洪冰儒', 98, 97, 96, 0], ← 可有可無
     ]
```

　　有的程式設計師對於比較長的元素，習慣是一列放置一個元素，同時習慣元素末端加上 "," 符號，處理最後一個元素 n 時，也習慣加上此逗號，這個觀念可以應用在 Python 的其它類似的資料結構，例如：元組、字典 (第 7 章)。

　　如果要列印串列內容，可以用 print( ) 函數，將串列名稱當作變數名稱即可。

實例 1：NBA 球員 James 前 5 場比賽得分，分別是 23、19、22、31、18，可以用下列方式定義串列。

```
james = [23, 19, 22, 31, 18]
```

實例 2：為所銷售的水果，apple、banana、orange 建立串列元素，可以用下列方式定義串列。註：在定義串列時，元素內容也可以使用中文。

```
fruits = ['apple', 'banana', 'orange']
```

或是

```
fruits = ['蘋果', '香蕉', '橘子']
```

實例 3：串列內可以有不同的資料型態，例如：修改實例 1 的 james 串列，最開始的位置，增加 1 筆元素，放他的全名。

```
James = ['Lebron James', 23, 19, 22, 31, 18]
```

程式實例 ch5_1.py：定義串列同時列印，最後使用 type( ) 列出串列資料型態。

```
1   # ch5_1.py
2   james = [23, 19, 22, 31, 18]                    # 定義james串列
3   print("列印james串列", james)
4   James = ['Lebron James',23, 19, 22, 31, 18]     # 定義James串列
5   print("列印James串列", James)
6   fruits = ['apple', 'banana', 'orange']          # 定義fruits串列
7   print("列印fruits串列", fruits)
8   cfruits = ['蘋果', '香蕉', '橘子']              # 定義cfruits串列
9   print("列印cfruits串列", cfruits)
10  # 列出串列資料型態
11  print("串列james資料型態是: ",type(james))
```

執行結果

```
==================== RESTART: D:\Python\ch5\ch5_1.py ====================
列印james串列 [23, 19, 22, 31, 18]
列印James串列 ['Lebron James', 23, 19, 22, 31, 18]
列印fruits串列 ['apple', 'banana', 'orange']
列印cfruits串列 ['蘋果', '香蕉', '橘子']
串列james資料型態是:  <class 'list'>
```

5-2-2　讀取串列元素

我們可以用串列名稱與索引讀取串列元素的內容，在 Python 中元素是從索引值 0 開始配置。所以如果是串列的第一筆元素，索引值是 0，第二筆元素索引值是 1，其它依此類推，如下所示：

```
x[i]                    # 讀取索引 i 的串列元素
```

程式實例 ch5_2.py：一個傳統讀取串列元素內容方式，與 Python 多重指定觀念的應用。

```
1  # ch5_2.py
2  james = [23, 19, 22, 31, 18]              # 定義james串列
3  # 傳統設計方式
4  game1 = james[0]
5  game2 = james[1]
6  game3 = james[2]
7  game4 = james[3]
8  game5 = james[4]
9  print("列印james各場次得分", game1, game2, game3, game4, game5)
10 # Python高手好的設計方式
11 game1, game2, game3, game4, game5 = james
12 print("列印james各場次得分", game1, game2, game3, game4, game5)
```

執行結果

```
==================== RESTART: D:\Python\ch5\ch5_2.py ====================
列印james各場次得分 23 19 22 31 18
列印james各場次得分 23 19 22 31 18
```

上述程式經過第 2 列的定義後，串列索引值的觀念如下：

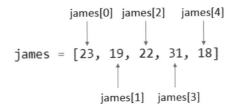

上述程式第 11 列讓整個 Python 設計簡潔許多，這是 Python 高手常用的程式設計方式，這個方式又稱串列解包，在上述設計中第 11 列的多重指定變數的數量需與串列元素的個數相同，否則會有錯誤產生。其實懂得用這種方式設計，才算是真正了解 Python 語言的基本精神。

5-2-3　串列切片 (list slices)

在設計程式時，常會需要取得串列前幾個元素、後幾個元素、某區間元素或是依照一定規則排序的元素，所取得的系列元素稱子串列，這個觀念稱串列切片 (list slices)，用串列切片取得元素內容的公式觀念如下。

```
[start : end : step]
```

上述 start、end 是索引值，此索引值可以是正值或是負值，下列是正值或是負值的索引說明圖。其中索引 0 代表串列第 1 個元素，索引 -1 是代表串列最後一個元素。

```
正值索引  0   1   2   3   4   5   6   7   8   9
陣列內容 │ 0 │ 1 │ 2 │ 3 │ 4 │ 5 │ 6 │ 7 │ 8 │ 9 │
負值索引 -10 -9  -8  -7  -6  -5  -4  -3  -2  -1
```

切片的參數意義如下：

● start：起始索引，如果省略表示從 0 開始的所有元素。

● end：終止索引，如果省略表示到末端的所有元素，如果有索引則是不含此索引的元素。

● step：用 step 作為每隔多少區間再讀取。

在上述觀念下，假設串列名稱是 x，相關的應用解說如下：

```
x[start:end]        # 讀取從索引 start 到 end-1 索引的串列元素
x [:end]            # 取得串列最前面到 end-1 名
x [:-n]             # 取得串列前面，不含最後 n 名
x [start:]          # 取得串列索引 start 到最後
x [-n:]             # 取得串列後 n 名
x [:]               # 取得所有元素，可以參考下列程式實例第 11 列
x[::-1]             # 反向排序串列元素
```

下列是讀取區間，但是用 step 作為每隔多少區間再讀取。

```
x [start:end:step]          # 每隔 step，讀取從索引 start 到 (end-1) 索引的串列
```

程式實例 ch5_3.py：串列切片的應用。

```
 1  # ch5_3.py
 2  x = [0, 1, 2, 3, 4, 5, 6, 7, 8, 9]
 3  print(f"串列元素如下 : {x} ")
 4  print(f"x[2:]      = {x[2:]}")
 5  print(f"x[:2]      = {x[:2]}")
 6  print(f"x[0:3]     = {x[0:3]}")
 7  print(f"x[1:4]     = {x[1:4]}")
 8  print(f"x[0:9:2]   = {x[0:9:2]}")
 9  print(f"x[::2]     = {x[::2]}")
10  print(f"x[2::3]    = {x[2::3]}")
11  print(f"x[:]       = {x[:]}")
12  print(f"x[::-1]    = {x[::-1]}")
13  print(f"x[-3:-7:-1] = {x[-3:-7:-1]}")
14  print(f"x[-1]      = {x[-1]}")        # 這是取單一元素
```

執行結果

```
======================= RESTART: D:\Python\ch5\ch5_3.py =======================
串列元素如下 : [0, 1, 2, 3, 4, 5, 6, 7, 8, 9]
x[2:]       = [2, 3, 4, 5, 6, 7, 8, 9]
x[:2]       = [0, 1]
x[0:3]      = [0, 1, 2]
x[1:4]      = [1, 2, 3]
x[0:9:2]    = [0, 2, 4, 6, 8]
x[::2]      = [0, 2, 4, 6, 8]
x[2::3]     = [2, 5, 8]
x[:]        = [0, 1, 2, 3, 4, 5, 6, 7, 8, 9]
x[::-1]     = [9, 8, 7, 6, 5, 4, 3, 2, 1, 0]
x[-3:-7:-1] = [7, 6, 5, 4]
x[-1]       = 9
```

上述實例為了方便解說，所以串列元素使用 0～9，實務應用元素可以是任意內容。此外。程式第 14 列是讓讀者了解負索引的意義，回傳是單一元素。

程式實例 ch5_4.py：列出球隊前 3 名隊員、從索引 1 到最後隊員與後 3 名隊員子串列。

```
1   # ch5_4.py
2   warriors = ['Curry','Durant','Iquodala','Bell','Thompson']
3   first3 = warriors[:3]
4   print("前3名球員",first3)
5   n_to_last = warriors[1:]
6   print("球員索引1到最後",n_to_last)
7   last3 = warriors[-3:]
8   print("後3名球員",last3)
```

執行結果

```
======================= RESTART: D:\Python\ch5\ch5_4.py =======================
前3名球員 ['Curry', 'Durant', 'Iquodala']
球員索引1到最後 ['Durant', 'Iquodala', 'Bell', 'Thompson']
後3名球員 ['Iquodala', 'Bell', 'Thompson']
```

5-2-4 串列統計資料函數

Python 有內建一些執行統計運算的函數，如果串列內容全部是數值則可以使用這個函數：

max( ) 函數：獲得串列的最大值。

min( ) 函數：可以獲得串列的最小值。

sum( ) 函數：可以獲得串列的總和。

len( ) 函數：回傳串列元素個數。

如果串列內容全部是字元或字串則可以使用 max( ) 函數獲得串列的 unicode 碼值的最大值，min( ) 函數可以獲得串列的 unicode 碼值最小值。sum( ) 則不可使用在串列元素為非數值情況。

程式實例 ch5_5.py：計算 james 球員本季至今比賽場次，這些場次的最高得分、最低得分和得分總計。

```
1  # ch5_5.py
2  james = [23, 19, 22, 31, 18]        # 定義james的得分
3  print(f"James比賽場次 = {len(james)}")
4  print(f"最高得分 = {max(james)}")
5  print(f"最低得分 = {min(james)}")
6  print(f"得分總計 = {sum(james)}")
```

執行結果

```
==================== RESTART: D:\Python\ch5\ch5_5.py ====================
James比賽場次 = 5
最高得分 = 31
最低得分 = 18
得分總計 = 113
```

上述我們很快的獲得了統計資訊，各位可能會想，如果串列內含有字串，碰上這類的字串我們可以使用切片方式處理，如下所示。

程式實例 ch5_6.py：重新設計 ch5_5.py，但是使用含字串元素的 James 串列。

```
1  # ch5_6.py
2  James = ['Lebron James', 23, 19, 22, 31, 18]        # 比賽得分
3  print(f"James比賽場次 = {len(James[1:])}")
4  print(f"最高得分 = {max(James[1:])}")
5  print(f"最低得分 = {min(James[1:])}")
6  print(f"得分總計 = {sum(James[1:])}")
```

執行結果　與 ch5_5.py 相同。

5-2-5　更改串列元素的內容

可以使用串列名稱和索引值更改串列元素的內容，這個觀念可以用在更改整數資料也可以修改字串資料。

程式實例 ch5_7.py：一家汽車經銷商原本可以銷售 Toyota、Nissan、Honda，現在 Nissan 銷售權被回收，改成銷售 Ford，可用下列方式設計銷售品牌。

```
1  # ch5_7.py
2  cars = ['Toyota', 'Nissan', 'Honda']
3  print("舊汽車銷售品牌", cars)
4  cars[1] = 'Ford'                # 更改第二筆元素內容
5  print("新汽車銷售品牌", cars)
```

執行結果

```
==================== RESTART: D:\Python\ch5\ch5_7.py ====================
舊汽車銷售品牌 ['Toyota', 'Nissan', 'Honda']
新汽車銷售品牌 ['Toyota', 'Ford', 'Honda']
```

5-2-6 刪除串列元素

可以使用下列方式刪除指定索引的串列元素：

    del x[i]   # 刪除索引 i 的元素

下列是刪除串列區間元素。

    del x[start:end]   # 刪除從索引 start 到 (end-1) 索引的元素

下列是刪除區間，但是用 step 作為每隔多少區間再刪除。

    del x[start:end:step]   # 每隔 step 刪除索引 start 到 (end-1) 索引的元素

程式實例 ch5_8.py：如果 NBA 勇士隊主將陣容有 5 名，其中一名隊員 Bell 離隊了，可用下列方式設計。

```
1  # ch5_8.py
2  warriors = ['Curry','Durant','Iquodala','Bell','Thompson']
3  print("2025年初NBA勇士隊主將陣容", warriors)
4  del warriors[3]                # 不明原因離隊
5  print("2025年末NBA勇士隊主將陣容", warriors)
```

執行結果

```
===================== RESTART: D:\Python\ch5\ch5_8.py =====================
2025年初NBA勇士隊主將陣容 ['Curry', 'Durant', 'Iquodala', 'Bell', 'Thompson']
2025年末NBA勇士隊主將陣容 ['Curry', 'Durant', 'Iquodala', 'Thompson']
```

5-2-7 串列為空串列的判斷

如果想建立一個串列，可是暫時不放置元素，可使用下列方式宣告。

    x = [ ]   # 這是空的串列

沒有元素的串列稱空串列，此時串列長度是 0。

```
>>> x = []
>>> print(len(x))
0
```

5-2-8 補充多重指定與串列

在多重指定中，如果等號左邊的變數較少，可以用「 * 變數」方式，將多餘的右邊內容用串列方式打包給含「 * 」的變數。

實例 1：將多的內容打包給 c，這時 c 的內容是 [3, 4, 5]。

```
>>> a, b, *c = 1, 2, 3, 4, 5
>>> print(a, b, c)
1 2 [3, 4, 5]
```

變數內容打包時，不一定要在最右邊，可以在任意位置。

實例 2：將多的內容打包給 b，這時 b 的內容是 [2, 3, 4]。

```
>>> a, *b, c = 1, 2, 3, 4, 5
>>> print(a, b, c)
1 [2, 3, 4] 5
```

5-3 Python 物件導向觀念與方法

在物件導向的程式設計 (Object Oriented Programming) 觀念裡，所有資料皆算是一個物件 (Object)，例如，整數、浮點數、字串或是本章所提的串列皆是一個物件。我們可以為所建立的物件設計一些方法 (method)，供這些物件使用，在這裡所提的方法表面是函數，但是這函數是放在類別 (第 10 章會介紹類別) 內，我們稱之為方法，它與函數呼叫方式不同。目前 Python 有為一些基本物件，提供預設的方法，要使用這些方法可以在物件後先放小數點，再放方法名稱，基本語法格式如下：

物件 . 方法 ( )

❑　**串列內容是字串的常用方法**

- lower( )：將字串轉成小寫字。
- upper( )：將字串轉成大寫字。
- title( )：將字串轉成第一個字母大寫，其它是小寫。
- swapcase( )：將字串所有大寫改小寫，所有小寫改大寫。
- rstrip( )：刪除字串尾端多餘的空白。
- lstrip( )：刪除字串開始端多餘的空白。
- strip( )：刪除字串頭尾兩邊多餘的空白。
- center( )：字串在指定寬度置中對齊。
- rjust( )：字串在指定寬度靠右對齊。
- ljust( )：字串在指定寬度靠左對齊。
- zfill( )：設定字串長度，原字串靠右對齊，左邊多餘空間補 0。

❑ **增加與刪除串列元素方法**

- append( )：在串列末端直接增加元素。
- insert( )：在串列任意位置插入元素。
- pop( )：刪除串列末端或是指定的元素。
- remove( )：刪除串列指定的元素。

❑ **串列的排序**

- reverse( )：顛倒排序串列元素。
- sort( )：將串列元素排序。
- sorted( )：新串列儲存新的排序串列。

❑ **進階串列操作**

- index( )：傳回特定元素內容第一次出現的索引值。
- count( )：傳回特定元素內容出現的次數。

5-3-1　取得串列的方法

如果想獲得字串串列的方法，可以使用 dir( ) 函數。

實例 1：列出串列元素是數字的方法。

```
>>> x = [1, 2, 3]
>>> dir(x)
['__add__', '__class__', '__contains__', '__delattr__', '__delitem__', '__dir__'
, '__doc__', '__eq__', '__format__', '__ge__', '__getattribute__', '__getitem__'
, '__gt__', '__hash__', '__iadd__', '__imul__', '__init__', '__init_subclass__',
'__iter__', '__le__', '__len__', '__lt__', '__mul__', '__ne__', '__new__', '__r
educe__', '__reduce_ex__', '__repr__', '__reversed__', '__rmul__', '__setattr__'
, '__setitem__', '__sizeof__', '__str__', '__subclasshook__', 'append', 'clear',
'copy', 'count', 'extend', 'index', 'insert', 'pop', 'remove', 'reverse', 'sort'
]
```

實例 2：列出串列元素是字串的方法。

```
>>> x = "ABC"
>>> dir(x)
['__add__', '__class__', '__contains__', '__delattr__', '__dir__', '__doc__', '_
_eq__', '__format__', '__ge__', '__getattribute__', '__getitem__', '__getnewargs
__', '__gt__', '__hash__', '__init__', '__init_subclass__', '__iter__', '__le__'
, '__len__', '__lt__', '__mod__', '__mul__', '__ne__', '__new__', '__reduce__',
'__reduce_ex__', '__repr__', '__rmod__', '__rmul__', '__setattr__', '__sizeof__'
, '__str__', '__subclasshook__', 'capitalize', 'casefold', 'center', 'count', 'e
ncode', 'endswith', 'expandtabs', 'find', 'format', 'format_map', 'index', 'isal
num', 'isalpha', 'isascii', 'isdecimal', 'isdigit', 'isidentifier', 'islower',
'isnumeric', 'isprintable', 'isspace', 'istitle', 'isupper', 'join', 'ljust', 'lo
wer', 'lstrip', 'maketrans', 'partition', 'replace', 'rfind', 'rindex', 'rjust',
'rpartition', 'rsplit', 'rstrip', 'split', 'splitlines', 'startswith', 'strip',
'swapcase', 'title', 'translate', 'upper', 'zfill']
```

5-3-2　了解特定方法的使用說明

看到前一小節密密麻麻的方法，不用緊張，也不用想要一次學會，需要時再學即可。如果想要了解上述特定方法可以使用 help( ) 函數，語法如下：

help(物件 . 方法名稱)

實例 1：列出物件 x，內建 isupper( ) 方法的使用說明。

```
>>> x = "ABC"
>>> help(x.isupper)
Help on built-in function isupper:

isupper() method of builtins.str instance
    Return True if the string is an uppercase string, False otherwise.

    A string is uppercase if all cased characters in the string are uppercase and
    there is at least one cased character in the string.
```

由上述說明可知，isupper( ) 可以傳回物件是否是大寫，如果字串物件全部是大寫將傳回 True，否則傳回 False。在上述實例，由於 x 物件的內容是 "ABC"，全部是大寫，所以傳回 True。

5-4 串列元素是字串的常用方法

5-4-1　更改字串大小寫 lower( )/upper( )/title( )/swapcase( )

如果串列內的元素字串資料是小寫，例如：輸出的車輛名稱是 "benz"，其實我們可以使用前一小節的 title( ) 讓車輛名稱的第一個字母大寫，可能會更好。

程式實例 ch5_9.py：將 upper( ) 和 title( ) 應用在字串。

```
1  # ch5_9.py
2  cars = ['bmw', 'benz', 'audi']
3  carF = "我開的第一部車是 " + cars[1].title( )
4  carN = "我現在開的車子是 " + cars[0].upper( )
5  print(carF)
6  print(carN)
```

執行結果

```
============== RESTART: D:\Python\ch5\ch5_9.py ==============
我開的第一部車是 Benz
我現在開的車子是 BMW
```

使用 title( ) 時需留意，如果字串內含多個單字，所有的單字均是第一個字母大寫。

```
>>> x = "i love python"
>>> x.title()
'I Love Python'
```

5-4-2　格式化字串位置 center( )/ljust( )/rjust( )/zfill( )

這幾個是格式化字串位置的功能，我們可以給一定的字串長度空間，然後可以看到字串分別置中 (center)、靠左 (ljust)、靠右 rjust( ) 對齊，zfill( ) 左邊多餘空間補 0。

程式實例 ch5_10.py：格式化字串位置的應用。

```
1   # ch5_10.py
2   title = "Ming-Chi Institute of Technology"
3   print(f"/{title.center(50)}/")
4   dt = "Department of ME"
5   print(f"/{dt.ljust(50)}/")
6   site = "JK Hung"
7   print(f"/{site.rjust(50)}/")
8   print(f"/{title.zfill(50)}/")
```

執行結果

```
==================== RESTART: D:\Python\ch5\ch5_10.py ====================
/         Ming-Chi Institute of Technology         /
/Department of ME                                  /
/                                           JK Hung/
/000000000000000000Ming-Chi Institute of Technology/
```

5-5　如何增加與刪除串列元素 - 動態資料結構操作指南

5-5-1　在串列末端增加元素 append( )

Python 為串列內建了新增元素的方法 append( )，這個方法可以在串列末端直接增加元素。

　　x.append(' 新增元素 ')

程式實例 ch5_11.py：先建立一個空串列，然後分別使用 append( ) 增加 2 筆元素內容。

```
1   # ch5_11.py
2   cars = []
3   print(f"目前串列內容 = {cars}")
4   cars.append('Honda')
5   print(f"目前串列內容 = {cars}")
6   cars.append('Toyota')
7   print(f"目前串列內容 = {cars}")
```

執行結果

```
==================== RESTART: D:\Python\ch5\ch5_11.py ====================
目前串列內容 = []
目前串列內容 = ['Honda']
目前串列內容 = ['Honda', 'Toyota']
```

有時候在程式設計時需預留串列空間，未來再使用賦值方式將數值存入串列，可以使用下列方式處理。

```
>>> x = [None] * 3
>>> x[0] = 1
>>> x[1] = 2
>>> x[2] = 3
>>> x
[1, 2, 3]
```

5-5-2　插入串列元素 insert( )

append( ) 方法是固定在串列末端插入元素，insert( ) 方法則是可以在任意位置插入元素，它的使用格式如下：

insert(索引 , 元素內容)　　　　　# 索引是插入位置，元素內容是插入內容

程式實例 ch5_12.py：使用 insert( ) 插入串列元素的應用。

```
1  # ch5_12.py
2  cars = ['Honda','Toyota','Ford']
3  print(f"目前串列內容 = {cars}")
4  print("在索引1位置插入Nissan")
5  cars.insert(1,'Nissan')
6  print(f"新的串列內容 = {cars}")
7  print("在索引0位置插入BMW")
8  cars.insert(0,'BMW')
9  print(f"最新串列內容 = {cars}")
```

執行結果
```
========== RESTART: D:\Python\ch5\ch5_12.py ==========
目前串列內容 = ['Honda', 'Toyota', 'Ford']
在索引1位置插入Nissan
新的串列內容 = ['Honda', 'Nissan', 'Toyota', 'Ford']
在索引0位置插入BMW
最新串列內容 = ['BMW', 'Honda', 'Nissan', 'Toyota', 'Ford']
```

5-5-3　刪除串列元素 pop( )

5-2-6 節筆者有介紹使用 del 刪除串列元素，該方法最大缺點是，資料刪除了就無法取得相關資訊。使用 pop( ) 方法刪除元素最大的優點是，刪除後將回傳所刪除的值，使用 pop( ) 時若是未指明所刪除元素的位置，一律刪除串列末端的元素。pop( ) 的使用方式如下：

value = x.pop( )　　# 沒有索引參數是刪除串列末端元素
value = x.pop(i)　　# 是刪除指定索引值 i 位置的串列元素

程式實例 ch5_13.py：使用 pop( ) 刪除串列元素的應用，這個程式第 5 列未指明刪除的索引值，所以刪除了串列的最後一個元素。程式第 9 列則是刪除索引 1 位置的元素。

```
1   # ch5_13.py
2   cars = ['Honda','Toyota','Ford','BMW']
3   print("目前串列內容 = ",cars)
4   print("使用pop( )刪除串列元素")
5   popped_car = cars.pop( )          # 刪除串列末端值
6   print(f"所刪除的串列內容是 : {popped_car}")
7   print("新的串列內容 = ",cars)
8   print("使用pop(1)刪除串列元素")
9   popped_car = cars.pop(1)          # 刪除串列索引為1的值
10  print(f"所刪除的串列內容是 : {popped_car}")
11  print("新的串列內容 = ",cars)
```

執行結果

```
==================== RESTART: D:\Python\ch5\ch5_13.py ====================
目前串列內容 =  ['Honda', 'Toyota', 'Ford', 'BMW']
使用pop( )刪除串列元素
所刪除的串列內容是 : BMW
新的串列內容 =  ['Honda', 'Toyota', 'Ford']
使用pop(1)刪除串列元素
所刪除的串列內容是 : Toyota
新的串列內容 =  ['Honda', 'Ford']
```

5-5-4 刪除指定的元素 remove( )

在刪除串列元素時，有時可能不知道元素在串列內的位置，此時可以使用 remove( ) 方法刪除指定的元素，它的使用方式如下：

    x.remove(想刪除的元素內容)

如果串列內有相同的元素，則只刪除第一個出現的元素，如果想要刪除所有相同的元素，可以使用迴圈，下一章將會講解迴圈的觀念。

程式實例 ch5_14.py：刪除串列中第一次出現的元素 bmw，這個串列有 2 筆 bmw 字串，最後只刪除索引 1 位置的 bmw 字串。

```
1   # ch5_14.py
2   cars = ['Honda','bmw','Toyota','Ford','bmw']
3   print(f"目前串列內容 = {cars}")
4   print("使用remove( )刪除串列元素")
5   expensive = 'bmw'
6   cars.remove(expensive)          # 刪除第一次出現的元素bmw
7   print(f"所刪除的內容是 : {expensive.upper()} 因為重複了")
8   print(f"新的串列內容 = {cars}")
```

執行結果

```
==================== RESTART: D:\Python\ch5\ch5_14.py ====================
目前串列內容 = ['Honda', 'bmw', 'Toyota', 'Ford', 'bmw']
使用remove( )刪除串列元素
所刪除的內容是 : BMW 因為重複了
新的串列內容 = ['Honda', 'Toyota', 'Ford', 'bmw']
```

5-6 掌握串列排序技巧 - 資料組織的藝術

串列排序是一個將串列中的元素按特定順序重新排列的過程。在 Python 中,可以使用 sort() 方法直接對串列進行原地排序,或使用 sorted() 函數返回一個新的排序串列。預設情況下,排序是按照從小到大 (升序) 完成的。另外,reverse( ) 方法則是可以顛倒排序。

5-6-1 顛倒排序 reverse( )

reverse( ) 可以顛倒排序串列元素,它的使用方式如下:

    x.reverse( )   # 顛倒排序 x 串列元素

串列經顛倒排放後,就算永久性更改了,如果要復原,可以再執行一次 reverse( ) 方法。

其實在 5-2-3 節的切片應用中,也可以用 [::-1] 方式取得串列顛倒排序,這個方式會傳回新的顛倒排序串列,原串列順序未改變。

程式實例 ch5_15.py:使用 2 種方式執行顛倒排序串列元素。

```
1  # ch5_15.py
2  cars = ['Honda','bmw','Toyota','Ford','bmw']
3  print(f"目前串列內容 = {cars}")
4  # 直接列印cars[::-1]顛倒排序,不更改串列內容
5  print(f"列印使用[::-1]顛倒排序\n{cars[::-1]}")
6  # 更改串列內容
7  print("使用reverse( )顛倒排序串列元素")
8  cars.reverse()                    # 顛倒排序串列
9  print(f"新的串列內容 = {cars}")
```

執行結果

```
===================== RESTART: D:\Python\ch5\ch5_15.py =====================
目前串列內容 = ['Honda', 'bmw', 'Toyota', 'Ford', 'bmw']
列印使用[::-1]顛倒排序
['bmw', 'Ford', 'Toyota', 'bmw', 'Honda']
使用reverse( )顛倒排序串列元素
新的串列內容 = ['bmw', 'Ford', 'Toyota', 'bmw', 'Honda']
```

5-6-2 sort( ) 排序

sort( ) 方法可以對串列元素排序,這個方法可以同時對純數值元素與純英文字串元素有非常好的效果。要留意的是,經排序後原串列的元素順序會被永久更改。它的使用格式如下:

    x.sort(key=None, reverse=False)   # 由小到大排序 x 串列

- key：是選項，可以指定一個函數，用於從每個元素中提取一個比較鍵，預設
  值是 None。例如：key=len，此 len 是指 len( ) 函數，相當於可以設定以元素
  長度排序，可以參考下列實例第 19 列。

- reverse：是選項，一個布林值，預設是 False，表示串列元素將由小到大 (升序)
  排序。如果設置為 True，將由大到小 (降序) 排序。

程式實例 ch5_16.py：串列元素排序的應用，此例是用 len( ) 元素長度排序。

```
1  # ch5_16.py
2  # 基本排序
3  numbers = [3, 5, 1, 4, 2]
4  numbers.sort()
5  print(numbers)              # 輸出：[1, 2, 3, 4, 5]
6
7  # 降序排序
8  numbers = [3, 5, 1, 4, 2]
9  numbers.sort(reverse=True)
10 print(numbers)             # 輸出：[5, 4, 3, 2, 1]
11
12 # 依ASCII值排序
13 words = ["banana", "kiwi", "apple"]
14 words.sort()
15 print(words)               # 輸出：['apple', 'banana', 'kiwi']
16
17 # 使用函數len定義排序，依長度排序
18 words = ["banana", "kiwi", "apple"]
19 words.sort(key=len)
20 print(words)               # 輸出：['kiwi', 'apple', 'banana']
```

執行結果

```
==================== RESTART: D:\Python\ch5\ch5_16.py ====================
[1, 2, 3, 4, 5]
[5, 4, 3, 2, 1]
['apple', 'banana', 'kiwi']
['kiwi', 'apple', 'banana']
```

5-6-3　sorted( ) 排序

前一小節的 sort( ) 排序將造成串列元素順序永久更改，如果你不希望更改串列元
素順序，可以使用另一種排序 sorted( )，使用這個排序可以獲得想要的排序結果，我們
可以用新串列儲存新的排序串列，同時原先串列的順序將不更改。它的使用格式如下：

sorted_obj = sorted(iterable, key=None, reverse=False)

- iterable：必需，要排序的可迭代物件，例如：串列、元組或字串。

- key：是選項，可以指定一個函數，用於從每個元素中提取一個比較鍵，預設
  值是 None。

● reverse：是選項，一個布林值，預設是 False，表示串列元素將由小到大排序。如果設置為 True，將由大到小排序。

程式實例 ch5_17.py：sorted( ) 排序的應用，小到大、大到小、用 key 函數依字串長度排序，對字串排序。

```
1   # ch5_17.py
2   # 基本排序
3   numbers = [3, 5, 1, 4, 2]
4   sorted_numbers = sorted(numbers)
5   print(sorted_numbers)          # 輸出：[1, 2, 3, 4, 5]
6
7   # 按降序排序
8   sorted_numbers_desc = sorted(numbers, reverse=True)
9   print(sorted_numbers_desc)   # 輸出：[5, 4, 3, 2, 1]
10
11  # 使用 key 函數排序
12  words = ["banana", "apple", "kiwi"]
13  sorted_words = sorted(words, key=len)
14  print(sorted_words)            # 輸出：['kiwi', 'apple', 'banana']
15
16  # 對字串排序
17  string = "hello"
18  sorted_chars = sorted(string)
19  print(sorted_chars)            # 輸出：['e', 'h', 'l', 'l', 'o']
```

執行結果

```
==================== RESTART: D:\Python\ch5\ch5_17.py ====================
[1, 2, 3, 4, 5]
[5, 4, 3, 2, 1]
['kiwi', 'apple', 'banana']
['e', 'h', 'l', 'l', 'o']
```

5-7　進階串列操作 - 擴展你的 Python 技能

5-7-1　index( )

這個方法用於找到指定元素在串列 (或元組) 中的第一個匹配的索引，如果搜尋值不在串列中會出現錯誤，它的使用格式如下：

索引值 = 串列 (或元組) 名稱 .index(value, start=0, end=len(list))

● value：必需，要搜索的元素值。

● start：可選，搜索的起始索引，預設值是 0。

● end：可選，搜索的結束索引 (不包括)，預設值是長度。

程式實例 ch5_18.py：傳回搜尋索引值的應用。

```
 1  # ch5_18.py
 2  # 在串列中使用 index()
 3  fruits = ["apple", "banana", "cherry", "date"]
 4  index = fruits.index("cherry")
 5  print(index)                    # 輸出：2
 6
 7  # 指定搜索範圍，搜尋的起始索引是 1
 8  fruits = ["apple", "banana", "cherry", "date", "apple"]
 9  index_range = fruits.index("apple", 1)
10  print(index_range)              # 輸出：4
```

執行結果

```
==================== RESTART: D:\Python\ch5\ch5_18.py ====================
2
4
```

　　如果搜尋值不在串列會出現錯誤，所以在使用前建議可以先使用 in 運算式 (未來 5-10 節會介紹 in 運算式)，先判斷搜尋值是否在串列內，如果是在串列內，再執行 index( ) 方法。

5-7-2　count( )

　　這個方法可以傳回特定元素在串列 (或元組)、字串內出現的次數，如果搜尋值不在串列會傳回 0，它的使用格式如下：

> 次數 = 串列 (或元組) 名稱 .count(搜尋值)
> 次數 = 字串名稱 .count(子字串 , start=0, end=len(字串名稱))

　　上述 start 和 end 是可選參數，用於指定搜尋的起始和結束位置。

程式實例 ch5_19.py：傳回搜尋值出現的次數的應用。

```
 1  # ch5_19.py
 2  # 在串列中使用 count()
 3  fruits = ["apple", "banana", "cherry", "apple", "cherry"]
 4  apple_count = fruits.count("apple")
 5  print(apple_count)              # 輸出：2
 6
 7  # 在字串中使用 count()
 8  text = "Hello, how are you? how can I help you?"
 9  how_count = text.count("how")
10  print(how_count)                # 輸出：2
11
12  # 在字串中指定搜索範圍
13  how_count_range = text.count("how", 0, 15)
14  print(how_count_range)          # 輸出：1
```

執行結果

```
==================== RESTART: D:\Python\ch5\ch5_19.py ====================
2
2
1
```

如果搜尋值不在串列會傳回 0。

```
>>> x = [1,2,3]
>>> x.count(4)
0
```

5-8 再次探討字串 - Python 中的文字處理

2-4 節筆者介紹了字串 (str) 的觀念，在 Python 的應用中可以將單一字串當作是一個序列，這個序列是由字元 (character) 所組成，可想成字元序列。不過字串與串列不同的是，字串內的單一元素內容是不可更改的。

5-8-1　字串的索引

可以使用索引值的方式取得字串內容，索引方式則與串列相同。

程式實例 ch5_20.py：使用正值與負值的索引列出字串元素內容。

```
1   # ch5_20.py
2   string = "Abc"
3   # 正值索引
4   print(f" {string[0] = }",
5         f"\n {string[1] = }",
6         f"\n {string[2] = }")
7   # 負值索引
8   print(f" {string[-1] = }",
9         f"\n {string[-2] = }",
10        f"\n {string[-3] = }")
11  # 多重指定觀念
12  s1, s2, s3 = string
13  print(f"多重指定觀念的輸出測試 {s1}{s2}{s3}")
```

執行結果

```
===================== RESTART: D:\Python\ch5\ch5_20.py =====================
string[0] = 'A'
string[1] = 'b'
string[2] = 'c'
string[-1] = 'c'
string[-2] = 'b'
string[-3] = 'A'
多重指定觀念的輸出測試 Abc
```

5-8-2　islower()/isupper()/isdigit()/isalpha()/isalnum( )

實例 1：列出字串是否全部大寫 isupper( )？是否全部小寫 islower( )？是否全部數字 isdigit( )？是否全部英文字母 isalpha( )？可以參考下方左圖。

```
>>> s = 'abc'                >>> s = 'Abc'
>>> s.isupper()              >>> s.isupper()
False                        False
>>> s.islower()              >>> s.islower()
True                         False
>>> s.isdigit()
False
>>> n = '123'                >>> x = '123abc'
>>> n.isdigit()              >>> x.isalnum()
True                         True
>>> s.isalpha()              >>> x = '123@#'
True                         >>> x.isalnum()
>>> n.isalpha()              False
False
```

　　留意，上述必須全部符合才會傳回 True，否則傳回 False，可參考右上方圖。函數 isalnum( ) 則可以判斷字串是否只有字母或是數字，可以參考上面右下方圖。

5-8-3　字串切片

　　5-2-3 節串列切片的觀念可以應用在字串，下列將直接以實例說明。

程式實例 ch5_21.py：字串切片的應用。

```
1  # ch5_21.py
2  string = "Deep Learning"                # 定義字串
3  print(f"列印string第0-2元素   = {string[0:3]}")
4  print(f"列印string第1-3元素   = {string[1:4]}")
5  print(f"列印string第1,3,5元素 = {string[1:6:2]}")
6  print(f"列印string第1到最後元素 = {string[1:]}")
7  print(f"列印string前3元素     = {string[0:3]}")
8  print(f"列印string後3元素     = {string[-3:]}")
9  print("="*60)
10 print(f"列印string第1-3元素   = {'Deep Learning'[1:4]}")
```

執行結果
```
=================== RESTART: D:\Python\ch5\ch5_21.py ===================
列印string第0-2元素   = Dee
列印string第1-3元素   = eep
列印string第1,3,5元素 = epL
列印string第1到最後元素 = eep Learning
列印string前3元素     = Dee
列印string後3元素     = ing
============================================================
列印string第1-3元素   = eep
```

　　程式設計時有時候也可以看到不使用變數，直接用字串做切片，讀者可以參考比較第 4 和 10 列。

5-8-4　將字串轉成串列

　　list( ) 函數可以將參數內字串轉成串列，下列是字串轉為串列的實例，以及使用切片更改串列內容了。

```
>>> x = list('Deepmind')
>>> x
['D', 'e', 'e', 'p', 'm', 'i', 'n', 'd']
>>> y = x[4:]
>>> y
['m', 'i', 'n', 'd']
```

字串本身無法用切片方式更改內容，但是將字串改為串列後，就可以了。

5-8-5　使用 split( ) 分割字串

這個方法 (method)，可以將字串以空格或其它符號為分隔符號，將字串拆開，變成一個串列。

```
str1.split( )              # 以空格當做分隔符號將字串拆開成串列
str2.split(ch)             # 以 ch 字元當做分隔符號將字串拆開成串列
```

變成串列後我們可以使用 len( ) 獲得此串列的元素個數，這個相當於可以計算字串是由多少個英文字母組成，由於中文字之間沒有空格，所以本節所述方法只適用在純英文文件。如果我們可以將一篇文章或一本書讀至一個字串變數後，可以使用這個方法獲得這一篇文章或這一本書的字數。

程式實例 ch5_22.py：將 2 種不同類型的字串轉成串列，其中 str1 使用空格當做分隔符號，str2 使用 "\" 當做分隔符號 (因為這是逸出字元，所以使用 \\)，同時這個程式會列出這 2 個串列的元素數量。

```
1   # ch5_22.py
2   str1 = "Silicon Stone Education"
3   str2 = "D:\Python\ch6"
4
5   sList1 = str1.split()                      # 字串轉成串列
6   sList2 = str2.split("\\")                  # 字串轉成串列
7   print(f"{str1} 串列內容是 {sList1}")        # 列印串列
8   print(f"{str1} 串列字數是 {len(sList1)}")   # 列印字數
9   print(f"{str2} 串列內容是 {sList2}")        # 列印串列
10  print(f"{str2} 串列字數是 {len(sList2)}")   # 列印字數
```

執行結果

```
=================== RESTART: D:\Python\ch5\ch5_22.py ===================
Silicon Stone Education 串列內容是 ['Silicon', 'Stone', 'Education']
Silicon Stone Education 串列字數是 3
D:\Python\ch6 串列內容是 ['D:', 'Python', 'ch6']
D:\Python\ch6 串列字數是 3
```

5-8-6　串列元素的組合 join( )

在網路爬蟲設計的程式應用中，我們可能會常常使用 join( ) 方法將所獲得的路徑與檔案名稱組合，它的語法格式如下：

連接字串 .join(串列)

基本上串列元素會用連接字串組成一個字串。

程式實例 ch5_23.py：將串列內容連接。

```
1  # ch5_23.py
2  path = ['D:','ch5','ch5_23.py']
3  connect = '\\'                    # 路徑分隔字元
4  print(connect.join(path))
5  connect = '*'                     # 普通字元
6  print(connect.join(path))
```

執行結果

```
==================== RESTART: D:\Python\ch5\ch5_23.py ====================
D:\ch5\ch5_23.py
D:*ch5*ch5_23.py
```

5-8-7 字串的其它方法

本節將講解下列字串方法，startswith( ) 和 endswith( ) 如果是真則傳回 True，如果是偽則傳回 False。

● startswith( )：可以列出字串起始文字是否是特定子字串。

● endswith( )：可以列出字串結束文字是否是特定子字串。

● replace(ch1,ch2)：將 ch1 字串由另一字串 ch2 取代。

程式實例 ch5_24.py：列出字串 "CIA" 是不是起始或結束字串，以及出現次數。最後這個程式會將 Linda 字串用 Lxx 字串取代，這是一種保護情報員名字不外洩的方法。

```
1  # ch5_24.py
2  msg = '''CIA Mark told CIA Linda that the secret USB had given to CIA Peter'''
3  print(f"字串開頭是CIA : {msg.startswith('CIA')}")
4  print(f"字串結尾是CIA : {msg.endswith('CIA')}")
5  print(f"CIA出現的次數 : {msg.count('CIA')}")
6  msg = msg.replace('Linda','Lxx')
7  print(f"新的msg內容 : {msg}")
```

執行結果

```
==================== RESTART: D:\Python\ch5\ch5_24.py ====================
字串開頭是CIA : True
字串結尾是CIA : False
CIA出現的次數 : 3
新的msg內容 : CIA Mark told CIA Lxx that the secret USB had given to CIA Peter
```

當有一本小說時，可以由此觀念計算各個人物出現次數，也可由此判斷那些人是主角那些人是配角。

5-9 元組（Tuple）的力量 - 不可變資料結構的應用

Python 提供另一種資料型態稱元組 (tuple)，這種資料型態結構與串列完全相同，元組與串列最大的差異是，它的元素值與元素個數不可更動，有時又可稱不可改變的串列，這也是本節的主題。

5-9-1　元組的定義

串列在定義時是將元素放在中括號內，元組的定義則是將元素放在小括號 "( )" 內，下列是元組的語法格式。

mytuple = (元素 1, … , 元素 n,)　　　　　　# mytuple 是假設的元組名稱

基本上元組的每一筆資料稱元素，元素可以是整數、字串或串列 … 等，這些元素放在小括號 ( ) 內，彼此用逗號 "," 隔開，最右邊的元素 n 的 "," 可有可無。列印元組，可用 print( )，將元組名稱當作變數名稱即可，這些觀念與串列相同。

讀取元組觀念也是用索引，此觀念和串列相同。

程式實例 ch5_25.py：定義與列印元組，最後使用 type( ) 列出元組資料型態。

```
1  # ch5_25.py
2  numbers = (1, 2, 3, 4, 5)        # 定義元組元素是整數
3  fruits = ('apple', 'orange')     # 定義元組元素是字串
4  print(f"numbers 元組內容 : {numbers}")
5  print(f"fruits   元組內容 : {fruits}")
6
7  # 列出元組資料型態
8  print(f"元組fruits資料型態是 : {type(fruits)}")
9
10 # 輸出個別元素
11 print(f"numbers 索引 2 : {numbers[2]}")
12 print(f"fruits   索引 1 : {fruits[1]}")
```

執行結果

```
==================== RESTART: D:\Python\ch5\ch5_25.py ====================
numbers 元組內容 : (1, 2, 3, 4, 5)
fruits   元組內容 : ('apple', 'orange')
元組fruits資料型態是 : <class 'tuple'>
numbers 索引 2 : 3
fruits   索引 1 : orange
```

5-9-2　元組切片 (tuple slices)

元組切片觀念與 5-2-3 節串列切片觀念相同，下列將直接用程式實例說明。

程式實例 ch5_26.py：元組切片的應用。

```
1  # ch5_26.py
2  fruits = ('apple', 'orange', 'banana', 'watermelon', 'grape')
3  print(fruits[1:3])
4  print(fruits[:2])
5  print(fruits[1:])
6  print(fruits[-2:])
7  print(fruits[0:5:2])
```

執行結果

```
==================== RESTART: D:\Python\ch5\ch5_26.py ====================
('orange', 'banana')
('apple', 'orange')
('orange', 'banana', 'watermelon', 'grape')
('watermelon', 'grape')
('apple', 'banana', 'grape')
```

5-9-3　元組的方法與函數

應用在串列上的方法或函數如果不會更改元組內容，則可以將它應用在元組，例如：len( )、index( ) 和 count( )。如果會更改元組內容，則不可以將它應用在元組，例如：append( )、insert( ) 或 pop( )。

程式實例 ch5_27.py：列出元組元素長度 (個數)、元素索引位置和出現次數。

```
1  # ch5_27.py
2  fruits = ("apple", "banana", "cherry", "date", "cherry")
3  print(f"fruits 元組長度是 {len(fruits)}")     # 輸出 5
4
5  index = fruits.index("cherry")
6  print(f"cherry 索引位置是 {index}")           # 輸出 2
7
8  cherry_count = fruits.count("cherry")
9  print(f"cherry 出現次數是 {cherry_count}")    # 輸出 2
```

執行結果

```
==================== RESTART: D:\Python\ch5\ch5_27.py ====================
fruits 元組長度是 5
cherry 索引位置是 2
cherry 出現次數是 2
```

5-9-4　串列與元組資料互換

程式設計過程，也許會有需要將其他資料型態轉成串列 (list) 與元組 (tuple)，或是串列與元組資料型態互換，可以使用下列指令。

list(data)：將元組或其他資料型態改為串列。

tuple(data)：將串列或其他資料型態改為元組

程式實例 ch5_28.py：元組改為串列的測試。

```
1  # ch5_28.py
2  keys = ('magic', 'xaab', 9099)      # 定義元組元素是字串與數字
3  #keys.append('secret')              # error! 元組不可以增加元素
4
5  list_keys = list(keys)              # 將元組改為串列
6  list_keys.append('secret')          # 增加元素
7  print(f"列印元組 {keys}")
8  print(f"列印串列 {list_keys}")
```

執行結果

```
==================== RESTART: D:\Python\ch5\ch5_28.py ====================
列印元組 ('magic', 'xaab', 9099)
列印串列 ['magic', 'xaab', 9099, 'secret']
```

5-9-5　其它常用的元組方法

方法	說明
max(tuple_data)	獲得元組內容最大值
min(tuple_data)	獲得元組內容最小值
sum(tuple_data)	加總元組內容

```
>>> data = (1, 3, 5, 7, 9)
>>> max(data)
9
>>> min(data)
1
>>> sum(data)
25
```

5-9-6　元組更安全的特色

　　元組由於具有安全、內容不會被竄改、資料結構單純、執行速度快等優點，所以其實被大量應用在系統程式設計師，程式設計師喜歡將設計程式所保留的資料以元組儲存。在 2-6-1 節筆者有介紹使用 divmod( ) 函數，我們知道這個函數的傳回值是商和餘數，當時筆者用下列公式表達這個函數的用法。

　　　　商 , 餘數 = divmod(被除數 , 除數)　　　　# 函數方法

　　更嚴格說，divmod( ) 的傳回值是元組，所以我們可以使用元組解包 (tuple unpacking) 方式取得商和餘數。註：下一小節還會解釋元組解包。

```
>>> result = divmod(20, 3)
>>> type(result)               # 輸出資料類型
<class 'tuple'>
>>> result[0]                  # 輸出索引 0 -- 商
6
>>> result[1]                  # 輸出索引 1 -- 餘數
2
```

5-9-7 多重指定、打包與解包

在程式開發的專業術語我們可以將串列、元組、字典、集合 … 等稱容器,在多重指定中,等號左右 2 邊也可以是容器,只要它們的結構相同即可。有一個指令如下:

x, y = (10, 20)

這在專業程式設計的術語稱元組解包 (tuple unpacking),然後將元素內容設定給對應的變數。在 5-2-8 節筆者有說明下列實例:

a, b, *c = 1,2,3,4,5

上述我們稱多的 3,4,5 將打包 (packing) 成串列給 c。

在多重指定中等號兩邊可以是容器,可參考下列實例。

實例 1:等號兩邊是容器的應用。

```
>>> [a, b, c] = (1, 2, 3)
>>> print(a, b, c)
1 2 3
```

上述並不是更改將 1, 2, 3 設定給串列造成更改串列內容,而是將兩邊都解包,所以可以得到 a, b, c 分別是 1, 2, 3。Python 處理解包時,也可以將此解包應用在多維度的容器,只要兩邊容器的結構相同即可。

5-10 使用 in 和 not in 運算式 - 精準控制資料流

主要是用於判斷一個物件是否屬於另一個物件,物件可以是字串 (string)、串列 (list)、元組 (Tuple) 、字典 (Dict) (第 7 章介紹)。它的語法格式如下:

```
boolean = obj in A        # 物件 obj 在物件 A 內會傳回 True
boolean = obj not A       # 物件 obj 不在物件 A 內會傳回 True
```

其實這個功能比較常見是用在偵測某元素是否存在串列 (或是元組) 中,例如:以 5-7-1 節的 index( ) 實例而言,如果元素不在串列會產生程式錯誤,這時就可以先用 in 做偵測,當元素存在才使用 index( ) 函數,如下所示:

```
fruits = ["apple", "banana", "cherry", "date"]
if "cherry" in fruits:
    index = fruits.index("cherry")
    print(index)
```

程式實例 ch5_29.py：這個程式基本上會要求輸入一個水果，如果串列內目前沒有這個水果，就將輸入的水果加入串列內。

```
1  # ch5_29.py
2  fruits = ['apple', 'banana', 'grape']
3  fruit = input("請輸入水果 = ")
4  if fruit in fruits:
5      print("這個水果已經有了")
6  else:
7      fruits.append(fruit)
8      print("謝謝提醒加入水果清單: ", fruits)
```

執行結果

```
請輸入水果 = apple
這個水果已經有了
```
```
請輸入水果 = kiwi
謝謝提醒加入水果清單:  ['apple', 'banana', 'grape', 'kiwi']
```

5-11　打造大型串列資料 - 數據結構的實戰應用

在大型的資料處理中，串列內的元素可能是串列或是元組，這一節將說明其應用。

5-11-1　嵌套串列 - 串列內含串列

串列內含串列稱作嵌套串列，嵌套串列的基本實例如下：

num = [1, 2, 3, 4, 5, [6, 7, 8]]

對上述而言，num 是一個串列，在這個串列內有另一個串列 [6, 7, 8]，因為內部串列的索引值是 5，所以可以用 num[5]，獲得這個元素串列的內容。

```
>>> num = [1, 2, 3, 4, 5, [6, 7, 8]]
>>> num[5]
[6, 7, 8]
>>>
```

如果想要存取串列內的串列元素，可以使用下列格式：

num[索引 1][索引 2]

索引 1 是元素串列原先索引位置，索引 2 是元素串列內部的索引。

實例 1：列出串列內的串列元素值。

```
>>> num = [1, 2, 3, 4, 5, [6, 7, 8]]
>>> print(num[5][0])
6
>>> print(num[5][1])
7
>>> print(num[5][2])
8
>>>
```

　　下列是嵌套串列可以應用的領域，這些潛在應用使用了下一章才會講解的迴圈設計，所以建議讀者可以先了解資料結構的定義，當閱讀完下一章內容後，再回此節了解完整的程式即可。

❏　矩陣運算

　　用於存儲和處理二維數據結構的矩陣。

```
1  # test5_1.py
2  matrix = [[1, 2, 3], [4, 5, 6], [7, 8, 9]]
3  # 輸出轉置矩陣
4  transposed_matrix = [[row[i] for row in matrix] for i in range(3)]
5  print(transposed_matrix)
```

❏　遊戲棋盤

　　用於表示棋盤遊戲（如井字遊戲）的狀態。

```
1  # test5_2.py
2  board = [["X", "O", "X"], ["O", "X", "O"], ["", "", ""]]
3  # 輸出棋盤
4  for row in board:
5      print(row)
```

❏　學生分數表

　　用於儲存和處理每個學生的分數串列。

```
1  # test5_3.py
2  scores = [["Alice", 88, 92, 77],
3            ["Bob", 75, 90, 83],
4            ["Charlie", 92, 90, 89]]
5  # 輸出每個學生的平均分
6  for student in scores:
7      average = sum(student[1:]) / len(student[1:])
8      print(f"{student[0]}的平均分是 : {average}")
```

❏　商品庫存清單

　　用於追蹤商店中各商品的名稱、庫存數量和價格。

```
1  # test5_4.py
2  inventory = [["書籍", 100, 9.99],
3               ["筆記本", 200, 2.99],
4               ["手機", 30, 499.99]]
5  # 輸出每個商品的資訊
6  for item in inventory:
7      print(f"商品:{item[0]}, 庫存:{item[1]}, 價格:{item[2]}")
```

❑　多國語言詞彙表

用於存儲同一個詞彙在不同語言中的翻譯。

```
1  # test5_5.py
2  vocabularies = [["hello", "你好", "こんにちは", "안녕하세요"],
3                  ["world", "世界", "世界", "세계"]]
4  # 輸出每個詞彙的多語言翻譯
5  for vo in vocabularies:
6      print(f"英文:{vo[0]}，中文:{vo[1]}，日文:{vo[2]}，韓文:{vo[3]}")
```

5-11-2　串列內的元素是元組

將元組作為串列元素的優點在於結合了元組的不可變性與串列的可變性。這樣的結構便於管理不同類型的數據集合，保持元素的穩定性，同時提供靈活的數據操作能力。有時我們想要製作更大型的串列資料結構，串列的元素是元組，可以參考下列實例。

實例 1：串列的元素是元組。

```
>>> asia = ('Beijing', 'HongKong', 'Tokyo')           ⎫ ← 建立元組方法1
>>> usa = ('Chicago', 'New York', 'Hawaii', 'Los Angeles') ⎭
>>> europe = 'Paris', 'London', 'Zurich'  ← 建立元組方法2
>>> type(asia)
<class 'tuple'>
>>> type(europe)
<class 'tuple'>
>>> world = [asia, usa, europe]  ← 建立串列
>>> type(world)
<class 'list'>
>>> world
[('Beijing', 'HongKong', 'Tokyo'), ('Chicago', 'New York', 'Hawaii', 'Los Angele
s'), ('Paris', 'London', 'Zurich')]
```

下列是串列內的元素是元組，常見的應用，這些實例使用下一章才會介紹的迴圈設計，建議可以閱讀完下一章，再回到此閱讀這些應用程式。

❑　坐標系統

儲存一系列點的坐標，其中每個點可以用元組表示，例如：(x, y)，然後將這些點作為元素放在一個串列中，便於進行坐標系統的操作和管理。

```
1  # test5_6.py
2  # 儲存多個點的坐標
3  points = [(1, 2), (3, 4), (5, 6)]
4  # 輸出每個點的坐標
5  for point in points:
6      print(f"點的坐標 : {point}")
```

❑ **員工資料**

在人力資源管理系統中，每個員工的基本資料例如：（姓名和員工編號）可以作為一個元組儲存，串列則用來組織這些員工記錄，實現高效的數據訪問和處理。

```
1  # test5_7.py
2  # 員工的姓名和編號
3  employees = [("Alice", 1001), ("Bob", 1002), ("Charlie", 1003)]
4  # 遍歷並輸出員工資料
5  for name, id in employees:
6      print(f"員工姓名：{name}，編號：{id}")
```

❑ **時間序列數據**

處理財經數據時，每個數據點，例如：某一時間點的股票價格，可以用一個元組表示，例如：(日期 , 價格)，並將這些數據點作為元素放入串列，便於進行時間序列分析。

```
1  # test5_8.py
2  # 某支股票的價格時間序列
3  stock_prices = [("2023-01-01", 100),
4                  ("2023-01-02", 102),
5                  ("2023-01-03", 105)]
6  # 輸出每天的股票價格
7  for date, price in stock_prices:
8      print(f"日期：{date}，價格：{price}")
```

❑ **商品清單**

在電商平台中，每個商品的名稱和價格可以用元組來表示，例如：(商品名稱 , 價格)，然後將這些商品作為元素放在串列中，便於管理和顯示商品清單。

```
1  # test5_9.py
2  # 商品名稱和價格
3  products = [("書籍", 45), ("手機", 500), ("筆記本", 5)]
4  # 遍歷並輸出商品資料
5  for product, price in products:
6      print(f"商品：{product}，價格：{price}")
```

❑ **學生成績表**

學生的姓名和成績可以組成元組，例如：(姓名 , 成績)，並將這些元組作為元素放入串列中，這樣就可以輕鬆地對成績進行排序、查詢和處理。

```
1  # test5_10.py
2  # 學生姓名和成績
3  grades = [("Alice", 88), ("Bob", 92), ("Charlie", 85)]
4  # 根據成績降序排序學生 - 依據元組的索引 1 排序
5  sorted_grades = sorted(grades, key=lambda x:x[1], reverse=True)
6  # 輸出排序後的學生成績
7  for name, grade in sorted_grades:
8      print(f"學生：{name}，成績：{grade}")
```

5-12 掌握 enumerate 物件 - 迭代器的高效使用

enumerate( ) 是 Python 中的一個內建函數，用於在遍歷序列（例如：串列、字串、元組等）時，同時獲取每個元素的索引和值。這個函數特別有用於那些需要在迭代過程中同時訪問元素索引和值的情況。

enumerate( ) 方法可以將序列的元素用索引值與元素配對方式傳回，返回的數據稱 enumerate 物件，特別是用這個方式可以為可迭代物件的每個元素增加索引值，這對未來數據科學的應用是有幫助的。它的語法格式如下：

> obj = enumerate(iterable[, start = 0])　　　　# 若省略 start = 設定，預設索引值是 0

註 enumerate( ) 方法回傳的配對「(索引值 , 元素)」是元組資料類型。

程式實例 ch5_30.py：將串列資料轉成 enumerate 物件，再將 enumerate 物件轉成串列的實例，start 索引起始值分別為 0 和 10。註：這個程式是以串列為實例，也可以將 drinks 改為元組，結果相同，讀者可以自行參考本書所附的 ch5_30_1.py。

```
1  # ch5_30.py
2  drinks = ["coffee", "tea", "wine"]
3  enumerate_drinks = enumerate(drinks)                     # 數值初始是0
4  print("轉成串列輸出, 初始索引值是 0 = ",list(enumerate_drinks))
5
6  enumerate_drinks = enumerate(drinks, start = 10)         # 數值初始是10
7  print("轉成串列輸出, 初始索引值是10 = ",list(enumerate_drinks))
```

執行結果

```
===================== RESTART: D:\Python\ch5\ch5_30.py =====================
轉成串列輸出, 初始索引值是 0 =  [(0, 'coffee'), (1, 'tea'), (2, 'wine')]
轉成串列輸出, 初始索引值是10 =  [(10, 'coffee'), (11, 'tea'), (12, 'wine')]
```

上述程式第 4 列的 list( ) 函數可以將 enumerate 物件轉成串列，從列印的結果可以看到每個串列物件元素已經增加索引值了。在下一章筆者介紹完迴圈基本觀念後，還將繼續使用迴圈解析 enumerate 物件。

5-13 用 zip( ) 打包多個物件 - Python 資料結構的高級應用

zip( ) 是一個內建函數，它用於將 2 個或更多個可迭代物件（例如：串列、元組等）的元素打包成元素是元組的 zip 物件，未來我們可以針對需要將此 zip 物件轉成串列或是元組，這個功能非常適合於平行數據結構的處理，如同步遍歷多個串列，將資料對應結合起來，進行簡潔高效的資料處理和分析。註：當處理的可迭代物件長度不一時，zip( ) 會以最短的那個為準停止迭代打包。

程式實例 ch5_31.py：將學生姓名串列與成績串列用 zip( ) 打包，然後輸出。

```
1  # ch5_31.py
2  names = ['Alice', 'Bob', 'Charlie']      # 姓名串列
3  scores = [85, 90, 88]                     # 成績串列
4
5  paired = zip(names, scores)               # zip打包
6  paired_list = list(paired)                # 先轉成串列保存打包結果
7  print(paired_list)                        # 串列輸出
```

執行結果
```
==================== RESTART: D:/Python/ch5/ch5_31.py ====================
[('Alice', 85), ('Bob', 90), ('Charlie', 88)]
```

如果在 zip( ) 函數內增加 "*" 符號，相當於可以 unzip( ) 串列，如下所示。

n, s = zip(*paired)

經過上述執行後 n 內容與 names 串列相同，s 內容與 scores 串列相同，細節可以參考 ch5_31_1.py。註：zip( ) 打包之後的資料，若是想更進一步應用，需使用迴圈的觀念，下一章筆者會繼續介紹這方面的應用。

5-14 實戰 - 凱薩密碼 / 旅行包裝清單 / 生日禮物選擇器

5-14-1 凱薩密碼

公元前約 50 年凱薩被公認發明了凱薩密碼，主要是防止部隊傳送的資訊遭到敵方讀取。

凱薩密碼的加密觀念是將每個英文字母往後移，對應至不同字母，只要記住所對應的字母，未來就可以解密。例如：將每個英文字母往後移 3 個次序，實例是將 A 對應 D、B 對應 E、C 對應 F，原先的 X 對應 A、Y 對應 B、Z 對應 C 整個觀念如下所示：

所以現在我們需要的就是設計 " ABC … XYZ" 字母可以對應 " DEF … ABC"，可以參考下列實例完成。

實例 1：建立 ABC … Z 字母的字串，然後使用切片取得前 3 個英文字母，與後 23 個英文字母。最後組合，可以得到新的字母排序。註：第 7 章還會擴充此觀念。

```
>>> abc = 'ABCDEFGHIJKLMNOPQRSTUVWYZ'
>>> front3 = abc[:3]
>>> end23 = abc[3:]
>>> subText = end23 + front3
>>> print(subText)
DEFGHIJKLMNOPQRSTUVWYZABC
```

5-14-2　旅行包裝清單

程式實例 ch5_32.py：根據天氣條件建議用戶應該攜帶的物品。

```
1  # ch5_32.py
2  weather = input("請輸入今天的天氣(晴天、雨天):")
3  sunny_pack = ("太陽鏡", "防曬霜")
4  rainy_pack = ("雨傘", "雨衣")
5
6  if weather == "晴天":
7      print(f"建議攜帶：{sunny_pack}")
8  elif weather == "雨天":
9      print(f"建議攜帶：{rainy_pack}")
10 else:
11     print("請輸入有效的天氣狀況。")
```

執行結果
```
請輸入今天的天氣(晴天、雨天):雨天
建議攜帶：('雨傘', '雨衣')
```
```
請輸入今天的天氣(晴天、雨天):晴天
建議攜帶：('太陽鏡', '防曬霜')
```

5-14-3　生日禮物選擇器

程式實例 ch5_33.py：用戶可以輸入朋友的類型，然後輸出建議的禮物。

```
1  # ch5_33.py
2  # 禮物建議串列
3  gifts = [
4      ("密友", "手工製作的相冊"),
5      ("好友", "精選的咖啡豆"),
6      ("同事", "辦公桌植物"),
7      ("遠方的朋友", "電子書禮物卡"),
8      ("新朋友", "精美的書籤")
9  ]
10
11 # 使用者輸入朋友類別
12 friend_type = input("朋友的類別是?(密友/好友/同事/遠方的朋友/新朋友):")
13
14 # 尋找匹配的禮物建議
15 gift = None                          # 定義沒有禮物
16 for f, g in gifts:                   # 迴圈獲得每個 朋友類型與禮物
17     if f == friend_type:             # 匹配比較
18         gift = g                     # 獲得匹配禮物
19         break                        # 迴圈結束
20
21 if gift:
22     print(f"給{friend_type}的禮物建議是:{gift}")
```

```
23  else:
24      print("沒有找到匹配的禮物建議。請確保輸入正確的朋友類別")
```

執行結果

```
=============== RESTART: D:/Python/ch5/ch5_33.py ===============
朋友的類別是?(密友/好友/同事/遠方的朋友/新朋友):密友
給密友的禮物建議是:手工製作的相冊

=============== RESTART: D:/Python/ch5/ch5_33.py ===============
朋友的類別是?(密友/好友/同事/遠方的朋友/新朋友):新朋友
給新朋友的禮物建議是:精美的書籤
```

5-15 AI 輔助學習 Python – 大型串列與元組的應用

5-15-1 Copilot 回應「串列與元組的差異」

坦白說，對於初學者因為程式經驗不足，無法徹底了解串列與元組的差異，建議讀者可以詢問 ChatGPT、Copilot 與 Gemini 此問題，「請說明串列與元組的差異」。

👤 您

請說明串列與元組的差異

🔷 Copilot

當然，讓我們來比較一下**串列** (List) 和**元組** (Tuple) 之間的差異:

1. **定義和語法**:
   - 串列是一個有序的、可變的資料結構，使用方括號 `[]` 定義，例如: `my_list = [1, 2, 3]`。
   - 元組是一個有序的、不可變的資料結構，使用圓括號 `()` 定義，例如: `my_tuple = (1, 2, 3)`。

2. **可變性**:
   - 串列可以進行增加、刪除、修改元素等操作。例如，您可以使用 `append()` 方法在串列末尾添加元素。
   - 元組是不可變的，一旦創建，就無法修改其內容。您無法添加、刪除或修改元組中的元素。

3. **性能**:
   - 由於元組是不可變的，它們的操作速度通常比串列更快。如果您的資料不需要改變，使用元組可能更有效率。
   - 串列的操作速度較慢，因為它們需要支持增加、刪除和修改操作。

4. **使用場景**:
   - 串列適用於需要動態增減元素的情況，例如存儲一組數據、日誌記錄等。
   - 元組適用於不希望資料被修改的情況，例如存儲坐標、日期、時間等。

總之，如果您需要一個可變的資料結構，請使用**串列**；如果您需要一個不可變的資料結構，請使用**元組**。

5-15-2　大型串列與元組的應用

在與 ChatGPT 聊天時，可以要求 ChatGPT 舉例說明，這樣除了可以獲得知識解說，同時可以看到所生成的程式實例，可以參考下列實例。

你
請舉例說明大型串列與元組的應用

ChatGPT
大型串列和元組在實際應用中都有它們的用途。以下是它們各自的一些應用場景的例子：

大型串列的應用：

1. 日誌記錄：

- 在應用程序中，日誌記錄是一個常見的需求。大型串列可以用於存儲日誌記錄，以便後續分析和查看。

```python
log_records = [
    "2022-04-01 10:30:20 INFO: User logged in",
    "2022-04-01 10:35:15 WARNING: CPU usage high",
    "2022-04-01 10:40:05 ERROR: Connection failed"
]
```

1. 資料庫查詢結果：

- 在進行資料庫查詢時，獲取的結果通常以大型串列的形式返回，以便在應用程序中進行後續處理。

```python
import sqlite3

# 連接到資料庫並執行查詢
conn = sqlite3.connect('example.db')
cursor = conn.cursor()
cursor.execute('SELECT * FROM users')
result = cursor.fetchall()  # 查詢結果以大型串列的形式返回
conn.close()

# result 是一個大型串列，其中包含所有用戶的記錄
```

大型元組的應用：

1. 函數返回多個值：

- 在某些情況下，函數可能需要返回多個值。大型元組可以用於一次返回多個值。

```python
def get_user_info(user_id):
    # 執行查詢並獲取用戶信息
    # 假設 user_info 是一個包含多個用戶信息的元組
    return user_info

# 獲取用戶信息
user_info = get_user_info(123)
# user_info 是一個大型元組，包含用戶的各種信息，如姓名、年齡、電子郵件等
```

1. 常數集合：

- 大型元組可以用於定義一組常數，這些常數在程序的整個生命週期內都不應該被修改。

```python
# 定義一個包含星期幾的常量元組
WEEKDAYS = ('Monday', 'Tuesday', 'Wednesday', 'Thursday', 'Friday', 'Satur

# 在程式中可以使用 WEEKDAYS 來表示星期幾，而且它們不會被修改
```

這些例子展示了在不同情況下大型串列和元組的應用。串列通常用於存儲和處理可變數據，而元組通常用於存儲不可變數據或需要保證數據完整性的情況。

習題實作題

ex5_1.py：串列內有考試成績分數，分別是 87,99,69,52,78,98,80,92，請列出最高分、最低分、總分、平均。

```
=============== RESTART: D:\Python\ex5\ex5_1.py ===============
最高分 = 99
最低分 = 52
總分  = 655
平均  = 81.88
```

ex5_2.py：請建立 5 個城市，然後分別執行下列工作。

    (A)：列出這 5 個城市。

    (B)：請在最後位置增加 London。

    (C)：請在中央位置增加 Xian。

    (D)：請使用 remove( ) 方法刪除 'Tokyo'。

```
===================== RESTART: D:\Python\ex5\ex5_2.py =====================
['Taipei', 'Beijing', 'Tokyo', 'Chicago', 'Nanjing']
['Taipei', 'Beijing', 'Tokyo', 'Chicago', 'Nanjing', 'London']
['Taipei', 'Beijing', 'Tokyo', 'Xian', 'Chicago', 'Nanjing', 'London']
['Taipei', 'Beijing', 'Xian', 'Chicago', 'Nanjing', 'London']
```

ex5_3.py：請在螢幕輸入 5 個考試成績，然後執行下列工作：

    (A)：列出分數串列。

    (B)：高分往低分排列。

    (C)：低分往高分排列。

    (D)：列出最高分。

    (E)：列出總分。

```
===================== RESTART: D:\Python\ex5\ex5_3.py =====================
請輸入5個考試成績 : 87, 90, 76, 85, 92
分數串列        :  [87, 90, 76, 85, 92]
高分往低分排列 :  [92, 90, 87, 85, 76]
低分往高分排列 :  [76, 85, 87, 90, 92]
最高分          :  92
總分            :  430
```

ex5_4.py：有一個字串如下：

    FBI Mark told CIA Linda that the secret USB had given to FBI Peter

    (A)：請列出 FBI 出現的次數。

    (B)：請將 FBI 字串用 XX 取代。

```
===================== RESTART: D:\Python\ex5\ex5_4.py =====================
FBI出現的次數:  2
新的msg內容 :  XX Mark told CIA Linda that the secret USB had given to XX Peter
```

ex5_5.py：有一首法國兒歌，也是我們小時候唱的兩隻老虎，歌曲內容如下：

Are you sleeping, are you sleeping, Brother John, Brother John?
Morning bells are ringing, morning bells are ringing.
Ding ding dong, Ding ding dong.

　　為了單純，請建立上述字串時省略標點符號，最後列出此歌曲字串。然後將字串轉為串列同時列出串列，首先列出歌曲的字數，然後請在螢幕輸入字串，程式可以列出這個字串出現次數。

```
==================== RESTART: D:\Python\ex5\ex5_5.py ====================
歌曲字串內容
Are you sleeping are you sleeping Brother John Brother John
Morning bells are ringing morning bells are ringing
Ding ding dong Ding ding dong
歌曲串列內容
['are', 'you', 'sleeping', 'are', 'you', 'sleeping', 'brother', 'john', 'brother
', 'john', 'morning', 'bells', 'are', 'ringing', 'morning', 'bells', 'are', 'rin
ging', 'ding', 'ding', 'dong', 'ding', 'ding', 'dong']
歌曲的字數 : 24
請輸入字串 : ding
ding 出現的 4 次
```

ex5_6.py：有一個元組的元素有重複 tp = (1,2,3,4,5,2,3,1,4)，請建立一個新元組 newtp，此新元組儲存相同但沒有重複的元素。提示：需用串列處理，最後轉成元組。

```
==================== RESTART: D:\Python\ex5\ex5_6.py ====================
新的元組內容: (1, 2, 3, 4, 5)
```

ex5_7.py：season 元組內容是 ('Spring', 'Summer', 'Fall', 'Winter')，chinese 元組內容是 ('春季', '夏季', '秋季', '冬季')，請使用 zip( ) 將這2個元組打包，然後轉成串列列印出來。

```
==================== RESTART: D:\Python\ex5\ex5_7.py ====================
[('Spring', '春季'), ('Summer', '夏季'), ('Fall', '秋季'), ('Winter', '冬季')]
```

ex5_8.py：請修改 5-14-1 節的加密實例，字串 "abc…xyz" 改為對應 "fgh … cde"，同時修改方式如下：

最後印出 abc 與 subText。

```
======================== RESTART: D:\Python\ex5\ex5_8.py ========================
abc     =   abcdefghijklmnopqrstuvwxyz
subText =   fghijklmnopqrstuvwxyzabcde
```

第 6 章

迴圈控制 - 從基礎到進階

創意程式：監控數據警報器、關鍵日誌、計時器、國王麥粒、購物車
潛在應用：電影院劃位、簡易投票系統、簡易員工滿意度調查、訂單
處理記錄、簡易客戶意見回饋收集、簡易聯絡人資料管理、監控系統

　　Python 是一種功能強大且廣泛應用的程式語言，它以其簡潔的語法和高效的可讀性而聞名於世。在 Python 中，迴圈是控制程式流程的基本結構之一，允許我們重複執行一段程式碼，直到達到特定的條件。無論是遍歷數據集合、處理文件，還是實現各種自動化任務，迴圈都扮演著關鍵角色。本章將介紹 Python 中的迴圈結構，包括 for 迴圈和 while 迴圈，以及它們的適用場景和一些進階應用技巧，幫助讀者更深入地理解和應用 Python 迴圈。

6-1　掌握 for 迴圈 - 迴圈控制的基石

　　for 迴圈可以讓程式將整個物件內的元素遍歷 (也可以稱迭代)，在遍歷期間會執行程式碼區塊，因此可以紀錄或輸出每次遍歷的狀態或稱軌跡。for 迴圈基本語法格式如下：

```
for element in 可迭代物件：          # 可迭代物件英文是 iterable object
    程式碼區塊
```

　　上述語法的可迭代物件是你想要遍歷的序列，在資訊科學中迭代 (iteration) 可以解釋為重複執行敘述，而 element 是序列中的當前項目的參考，用於迴圈的每次迭代中。

　　for 迴圈基本用法如下：

- 遍歷序列：按順序訪問序列 (串列、元組、集合) 中的每個項目。
- 遍歷字典：可以遍歷字典的鍵、值或鍵值對。
- 遍歷字串：逐字元遍歷字串中的每個字元。
- 遍歷範圍：使用 range( ) 函數生成一系列數字。

進階用法如下：

- 串列生成：快速以現有的串列為基礎建立新的串列。
- 巢狀迴圈：在一個迴圈內部使用另一個迴圈，適用於遍歷多維數據結構。

6-1-1　for 迴圈基本運作

　　例如：如果一個 NBA 球隊有 5 位球員，分別是 Curry、Jordan、James、Durant、Obama，現在想列出這 5 位球員，那麼就很適合使用 for 迴圈執行這個工作。

程式實例 ch6_3.py：列出球員名稱。

```
1  # ch6_1.py
2  players = ['Curry', 'Jordan', 'James', 'Durant', 'Obama']
3  for player in players:
4      print(player)
```

執行結果

```
==================== RESTART: D:\Python\ch6\ch6_1.py ====================
Curry
Jordan
James
Durant
Obama
```

上述程式執行的觀念是，依次遍歷 players 串列的內容，當第 1 次迭代時 player 內容是 Curry，第 2 次迭代時 player 內容是 Jordan，... 直到第 5 次迭代時 player 內容是 Obama，因為所有元素已經遍歷，所以迴圈就會結束。下列是迴圈的流程示意圖。

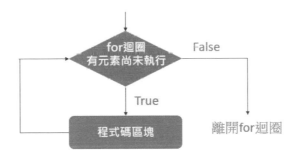

使用 for 迴圈時，如果程式碼區塊只有一列，參考 ch6_1.py 的第 3 ~ 4 列可以改成下列程式碼，細節可以參考 ch6_1_1.py。

```
3  for player in players:print(player)
```

6-1-2 有多列的程式碼區塊

如果 for 迴圈的程式碼區塊有多列程式敘述時，要留意這些敘述同時需要做縮排處理，它的語法格式可以用下列方式表達：

for var in 可迭代物件：
    程式碼
    ......

程式實例 ch6_2.py：這個程式在設計時，將串列的元素英文名字全部設定為小寫，然後 for 迴圈的程式碼區塊是有 2 列，這 2 列 (第 4 和 5 列) 皆需內縮處理，編輯程式會預設內縮 4 格，player.title( ) 的 title( ) 方法可以處理第一個字母以大寫顯示。

```
1  # ch6_2.py
2  players = ['curry', 'jordan', 'james']
3  for player in players:
4      print(f"{player.title()}, it was a great game.")
5      print(f"我迫不及待想看下一場比賽 {player.title()}")
```

執行結果

```
==================== RESTART: D:\Python\ch6\ch6_2.py ====================
Curry, it was a great game.
我迫不及待想看下一場比賽 Curry
Jordan, it was a great game.
我迫不及待想看下一場比賽 Jordan
James, it was a great game.
我迫不及待想看下一場比賽 James
```

6-1-3　將 for 迴圈應用在串列區間元素

Python 也允許將 for 迴圈應用在串列切片上。

程式實例 ch6_3.py：列出串列前 3 位和後 3 位的球員名稱。

```
1  # ch6_3.py
2  players = ['Curry', 'Jordan', 'James', 'Durant', 'Obama']
3  print("列印前3位球員")
4  for player in players[:3]:
5      print(player)
6  print("列印後3位球員")
7  for player in players[-3:]:
8      print(player)
```

執行結果

```
==================== RESTART: D:\Python\ch6\ch6_3.py ====================
列印前3位球員
Curry
Jordan
James
列印後3位球員
James
Durant
Obama
```

這個觀念其實很有用，例如：如果你設計一個學習網站，想要每天列出前 3 名學生基本資料同時表揚，可以將每個人的學習成果放在串列內，同時用排序方式處理，最後可用本節觀念列出前 3 名學生資料。

6-1-4 活用 for 迴圈

在 5-3-1 節實例 2 筆者列出了字串的相關方法，其實也可以使用 for 迴圈列出所有 Python 內建字串的方法，下列只顯示部分方法。

```
>>> string = 'abc'
>>> for i in dir(string):
        print(i)


__add__
__class__
__contains__
```

6-2 精通 range( ) 函數 - 迴圈的強大助手

Python 可以使用 range( ) 函數產生一個等差級序列，我們又稱這等差級序列為可迭代物件 (iterable object)，也可以稱是 range 物件。由於 range( ) 是產生等差級序列，我們可以直接使用，將此等差級序列當作迴圈的計數器。

在前一小節我們使用 "for element in 可迭代物件 " 當作迴圈，這時會使用可迭代物件元素當作迴圈指標，如果是要迭代物件內的元素，這是好方法。但是如果只是要執行普通的迴圈迭代，由於可迭代物件佔用一些記憶體空間，所以這類迴圈需要用較多系統資源。這時我們應該直接使用 range( ) 物件，這類迭代只有迭代時的計數指標需要記憶體，所以可以省略記憶體空間，range( ) 的用法與串列的切片 (slice) 類似。

range(start, stop, step)

上述 stop 是唯一必須的值，等差級序列是產生 stop 的前一個值。例如：如果省略 start，所產生等差級序列範圍是從 0 至 stop-1。step 的預設是 1，所以預設等差序列是遞增 1。如果將 step 設為 2，等差序列是遞增 2。如果將 step 設為 -1，則是產生遞減的等差序列。

下列是沒有 start 和有 start 列印 range( ) 物件內容。

```
>>> for x in range(3):          >>> for x in range(0,3):
        print(x) —                      print(x) —


0                               0
1                               1
2                               2
```

上述執行迴圈迭代時，即使是執行 3 圈，但是系統不用一次預留 3 個整數空間儲存迴圈計數指標，而是每次迴圈用 1 個整數空間儲存迴圈計數指標，所以可以節省系統資源。下列是 range( ) 含 step 參數的應用，左邊是建立 1-10 之間的奇數序列，右邊是建立每次遞減 2 的序列。

```
>>> for x in range(1,10,2):
        print(x)


1
3
5
7
9
```

```
>>> for x in range(3,-3,-2):
        print(x)


3
1
-1
```

6-2-1　只有一個參數的 range( ) 函數的應用

當 range(n) 函數搭配一個參數時：

range(n)　　　　　　　# n 是 stop，它將產生 0, 1, … , n-1 的可迭代物件內容

程式實例 ch6_4.py：輸入數字，本程式會將此數字當作列印星星的數量。

```
1  # ch6_4.py
2  n = int(input("請輸入星號數量 : ")) # 定義星號的數量
3  for number in range(n):            # for迴圈
4      print("*",end="")              # 列印星號
```

執行結果
```
請輸入星號數量 : 10
**********
```
```
請輸入星號數量 : 5
*****
```

在上述實例第 3 列的 for 迴圈，其中變數 number 沒有使用，表示迴圈只是固定輸出星號數量，這時可以使用「 _ 」(底線) 代替 number，所以程式第 3 列可以用下列語法取代 (程式實例可以參考 ch6_4_1.py)：

```
3  for _ in range(n):                 # for迴圈
```

6-2-2　擴充專題銀行存款複利的軌跡

在 1-13-3 節有設計了銀行複利的計算，當時由於 Python 所學語法有限所以無法看出每年本金和的變化，這一節將以實例解說。

程式實例 ch6_5.py：本金是 10000 元，年利率是 1.5，列出 5 年本金的軌跡。

```
1  # ch6_5.py
2  money = 10000
3  rate = 0.015
4  n = 5
5  for i in range(n):
6      money *= (1 + rate)
7      print(f"第 {i+1} 年本金和 : {int(money)}")
```

執行結果

```
==================== RESTART: D:\Python\ch6\ch6_5.py ====================
第 1 年本金和 : 10149
第 2 年本金和 : 10302
第 3 年本金和 : 10456
第 4 年本金和 : 10613
第 5 年本金和 : 10772
```

6-2-3 有 2 個參數的 range( ) 函數

當 range( ) 函數搭配 2 個參數時，它的語法格式如下：

range(start, stop))   # start 是起始值，slop-1 是終止值

上述可以產生 start 起始值到 stop-1 終止值之間每次遞增 1 的序列，start 或 stop 可以是負整數，如果終止值小於起始值則是產生空序列或稱空 range 物件，可參考下列左圖的程式實例。

```
>>> for x in range(-1,2):
        print(x)
```

```
>>> for x in range(10,2):
        print(x)

>>>
```

```
-1
0
1
```

上方右圖是迴圈設計時使用負值當作起始值。

程式實例 ch6_6.py：輸入正整數值 n，這個程式會計算從 1 加到 n 之值。

```
1  # ch6_6.py
2  n = int(input("請輸入n值 : "))
3  sum_ = 0      # sum是內建函數, 不適合當作變數, 所以加上 _
4  for num in range(1,n+1):
5      sum_ += num
6  print("總和 = ", sum_)
```

執行結果

```
==================== RESTART: D:\Python\ch6\ch6_6.py ====================
請輸入n值 : 5
總和 =  15
```

6-2-4　有 3 個參數的 range( ) 函數

當 range( ) 函數搭配 3 個參數時，它的語法格式如下：

　　range(start, stop, step)　　# start 是起始值，stop-1 是終止值，step 是間隔值

然後會從起始值開始產生等差級數，每次間隔 step 時產生新數值元素，到 stop-1 為止，下列左圖是產生 2-10 間的偶數。

```
>>> for x in range(2,11,2):        >>> for x in range(10,0,-2):
        print(x)                           print(x)


2                                  10
4                                  8
6                                  6
8                                  4
10                                 2
```

此外，step 值也可以是負值，此時起始值必須大於終止值，可以參考上述右圖。

6-2-5　基礎串列生成 (list generator)

生成式 (generator) 是一種使用迭代方式產生 Python 數據資料的方式，例如：可以產生串列、字典、集合等。這是結合迴圈與條件運算式的精簡程式碼的方法，如果讀者會用此觀念設計程式，表示讀者的 Python 功力已跳脫初學階段。在說明實例前先看串列生成式的語法：

　　新串列 = [運算式 for 項目 in 可迭代物件]

上述語法觀念是，將每個可迭代物件套入運算式，每次產生一個串列元素。如果將串列生成式的觀念應用在生成 [0, 1, 2, 3]，整個內容如下：

　　xlst = [n for n in range(4)]

此例第 1 個 n 是運算式，也可以想成迴圈結果的值。第 2 個 n 是 for 迴圈的一部份，用於迭代 range(4) 內容。

程式實例 ch6_7.py 和 ch6_8.py：迴圈建立串列，與用串列生成式產生串列。

```
1  # ch6_7.py
2  xlst = []
3  for n in range(4):
4      xlst.append(n)
5  print(xlst)
```

```
1  # ch6_8.py
2  xlst = [ n for n in range(4)]
3  print(xlst)
```

執行結果 `[0, 1, 2, 3]`

如果我們要生成 1～n 平方的串列，此時內容可以修改如下：

square = [x ** 2 for x in range(1, n+1)]

程式實例 ch6_9.py：生成整數 1～5 平方串列的應用。

```
1  # ch6_9.py
2  n = 5
3  xlst = [x ** 2 for x in range(1, n+1)]
4  print(xlst)
```

執行結果
```
===================== RESTART: D:\Python\ch6\ch6_9.py =====================
[1, 4, 9, 16, 25]
```

程式實例 ch6_10.py：有一個攝氏溫度串列 celsius，這個程式會利用此串列生成華氏溫度串列 fahrenheit。

```
1  # ch6_10.py
2  celsius = [21, 25, 29]
3  fahrenheit = [(x * 9 / 5 + 32) for x in celsius]
4  print(fahrenheit)
```

執行結果
```
===================== RESTART: D:\Python\ch6\ch6_10.py =====================
[69.8, 77.0, 84.2]
```

6-2-6 條件式的串列生成

多了條件 if 的串列生成，其語法如下：

新串列 = [運算式 for 項目 in 可迭代物件 if 條件式]

實例 1：用條件式的串列生成，建立 1,3, ..., 9 串列。

```
>>> oddlist = [num for num in range(1,10) if num % 2 == 1]
>>> oddlist
[1, 3, 5, 7, 9]
```

實例 2：多個條件的串列生成，建立 0～100 間可以被 3 和 5 整除的串列。

```
>>> y = [x for x in range(100) if x % 3 == 0 and x % 5 == 0]
>>> print(y)
[0, 15, 30, 45, 60, 75, 90]
```

實例 3：if … else 條件的應用，建立 0～10 間，偶數保持不變，奇數乘以 -1 的串列。

```
>>> y = [x if x % 2 == 0 else -x for x in range(10)]
>>> print(y)
[0, -1, 2, -3, 4, -5, 6, -7, 8, -9]
```

程式實例 ch6_11.py：文字遊戲，找出一組單字串列中，所有以 'b' 字母開頭且長度超過 5 的單字。

```
1  # ch6_11.py
2  words = ["apple", "banana", "cherry", "date", "bookstore", "grape"]
3  filter = [wd for wd in words if wd.startswith('b') and len(wd) > 5]
4  print(filter)
```

執行結果

```
==================== RESTART: D:/Python/ch6/ch6_11.py ====================
['banana', 'bookstore']
```

6-2-7　列出 ASCII 碼值或 Unicode 碼值的字元

學習程式語言重要是活用，在 2-5-1 節筆者介紹了 ASCII 碼，下列是列出碼值 32 至 127 間的 ASCII 字元。

```
>>> for x in range(32,128):
        print(chr(x),end='')
```

```
 !"#$%&'()*+,-./0123456789:;<=>?@ABCDEFGHIJKLMNOPQRSTUVWXYZ[\]^_`abcdefghijklmno
pqrstuvwxyz{|}~
```

程式實例 ch6_18_1.py：在 2-5-2 節介紹了 Unicode 碼，羅馬數字 1 – 10 的 Unicode 字元是 0x2160 至 0x2169 之間，如下所示。

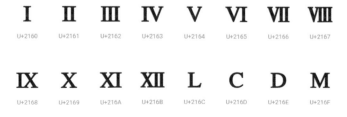

```
1  # ch6_12.py
2  for x in range(0x2160, 0x216a):
3      print(chr(x), end=' ')
```

執行結果

```
==================== RESTART: D:\Python\ch6\ch6_12.py ====================
Ⅰ Ⅱ Ⅲ Ⅳ Ⅴ Ⅵ Ⅶ Ⅷ Ⅸ Ⅹ
```

有關更多阿拉伯數字與 Unicode 字元碼的對照表，讀者可以參考下列 Unicode 字符百科的網址。

https://unicode-table.com/cn/sets/arabic-numerals/

6-3 for 迴圈進階應用解鎖無限可能 – 數據警報器 / 關鍵日誌

6-3-1 巢狀 for 迴圈

一個迴圈內有另一個迴圈，我們稱這是巢狀迴圈。如果外層迴圈要執行 n 次，內層迴圈要執行 m 次，則整個迴圈執行的次數是 n*m 次，設計這類迴圈時要特別注意下列事項：

● 外層迴圈的索引值變數與內層迴圈的索引值變數建議不要相同，以免混淆。

● 程式碼的內縮必須對齊。

下列是巢狀迴圈基本語法：

```
for var1 in 可迭代物件：              # 外層 for 迴圈
    …
    for var2 in 可迭代物件：          # 內層 for 迴圈
        …
```

程式實例 ch6_13.py：列印 9*9 的乘法表。

```
1  # ch6_13.py
2  for i in range(1, 10):
3      for j in range(1, 10):
4          result = i * j
5          print(f"{i}*{j}={result:<3d}", end=" ")
6      print()          # 換列輸出
```

執行結果

```
==================== RESTART: D:\Python\ch6\ch6_13.py ====================
1*1=1   1*2=2   1*3=3   1*4=4   1*5=5   1*6=6   1*7=7   1*8=8   1*9=9
2*1=2   2*2=4   2*3=6   2*4=8   2*5=10  2*6=12  2*7=14  2*8=16  2*9=18
3*1=3   3*2=6   3*3=9   3*4=12  3*5=15  3*6=18  3*7=21  3*8=24  3*9=27
4*1=4   4*2=8   4*3=12  4*4=16  4*5=20  4*6=24  4*7=28  4*8=32  4*9=36
5*1=5   5*2=10  5*3=15  5*4=20  5*5=25  5*6=30  5*7=35  5*8=40  5*9=45
6*1=6   6*2=12  6*3=18  6*4=24  6*5=30  6*6=36  6*7=42  6*8=48  6*9=54
7*1=7   7*2=14  7*3=21  7*4=28  7*5=35  7*6=42  7*7=49  7*8=56  7*9=63
8*1=8   8*2=16  8*3=24  8*4=32  8*5=40  8*6=48  8*7=56  8*8=64  8*9=72
9*1=9   9*2=18  9*3=27  9*4=36  9*5=45  9*6=54  9*7=63  9*8=72  9*9=81
```

上述程式第 5 列「%<3d」主要是供 result 使用，表示每一個輸出預留 3 格，同時靠左輸出。同一列 end=" " 則是設定，輸出完空一格，下次輸出不換列輸出。當內層迴圈執行完一次，則執行第 6 列，主要是設定下次換列輸出。

6-3-2　強制離開 for 迴圈 - break 指令

在設計 for 迴圈時，如果期待某些條件發生時可以離開迴圈，可以在迴圈內執行 break 指令，即可立即離開迴圈，這個指令通常是和 if 敘述配合使用。下列是常用的語法格式：

```
for var in 可迭代物件：
    程式碼區塊 1
    if 條件運算式：          # 判斷條件運算式
        程式碼區塊 2
        break               # 如果條件運算式是 True 則離開 for 迴圈
    程式碼區塊 3
```

下列是流程圖，其中在 for 迴圈內的 if 條件判斷，也許前方有程式碼區塊 1、if 條件內有程式碼區塊 2 或是後方有程式碼區塊 3，只要 if 條件判斷是 True，則執行 if 條件內的程式碼區塊 2 後，可立即離開迴圈。

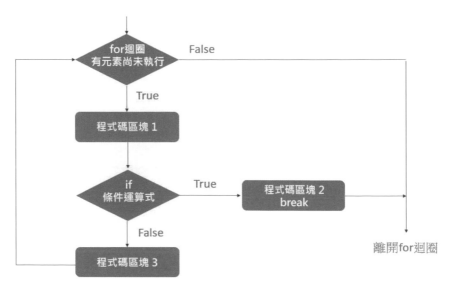

程式實例 ch6_14.py：監控數據警報器，這是一個即時數據監控系統，一旦數據超出預設閾值，就發出 3 秒警報並停止監控。

```python
1  # ch6_14.py
2  import winsound
3  data_stream = [10, 12, 15, 20, 25, 30, 35, 40]
4  threshold = 30
5  for data in data_stream:
6      if data > threshold:
7          print(f"警報！數據值 {data} 超出閾值。")
8          winsound.Beep(440, 2000)    # 440赫茲的聲音持續 2 秒
9          break
```

執行結果

```
==================== RESTART: D:\Python\ch6\ch6_14.py ====================
警報！數據值 35 超出閾值。
```

上述程式使用了 Python 內建適用 Windows 作業系統的 winsound 模組，此模組的 Beep(frequency, duration) 可以產生一個頻率 frequency 和單位是毫秒 duration 的聲音。上述是產生頻率 440，2000 毫秒 (相當於是 2 秒) 的警報聲。

6-3-3 for 迴圈暫時停止不往下執行 – continue 指令

在設計 for 迴圈時，如果期待某些條件發生時可以不往下執行迴圈內容，此時可以用 continue 指令，這個指令通常是和 if 敘述配合使用。下列是常用的語法格式：

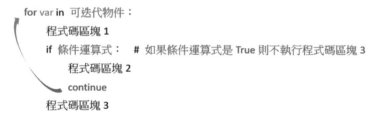

下列是流程圖，相當於如果發生 if 條件判斷是 True 時，則不執行程式碼區塊 3 內容。

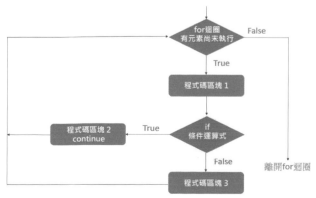

程式實例 ch6_15.py：關鍵日誌過濾，有效地過濾和關注包含關鍵詞的日誌訊息對企業至關重要。它能迅速識別系統異常，保障業務連續性，即時處理問題，減少潛在損失，並提升系統的穩定性和安全性，這個實例的關鍵詞是 Error。

```python
1   # ch6_15.py
2   log_lines = [
3       "Error: Disk full",
4       "Warning: CPU usage high",
5       "Info: System rebooted",
6       "Error: Network unreachable",
7   ]
8   keyword = "Error"              # 關鍵詞是 Error
9   for line in log_lines:
10      if keyword not in line:
11          continue               # 只處理包含特定關鍵詞的數據
12      print(f"異常發生 : {line}")
```

執行結果
```
================= RESTART: D:/Python/ch6/ch6_15.py =================
異常發生 : Error: Disk full
異常發生 : Error: Network unreachable
```

6-4 深入理解 while 迴圈靈活控制流程 – 計時器 / 猜數字遊戲 / 監控系統

　　while 迴圈是一種基本的程式控制結構，它允許一段程式碼重複執行，直到指定的條件不再滿足。在 Python 中 while 迴圈的用法是以一個布林表達式（條件）來決定是否繼續執行迴圈體內的程式碼。如果條件為 True，則迴圈繼續執行；如果條件變為 False，則迴圈停止。其語法如下：

```
while 條件運算：
    程式碼區塊
```

　　當條件運算的結果為 True 時，迴圈內的程式碼塊將被執行。完成每次迴圈後，條件運算會再次被評估，決定是否繼續執行迴圈。下列是 while 迴圈流程圖。

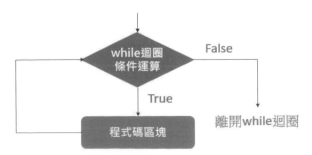

　　程式設計時，如果忘了設計條件可以離開迴圈，程式造成無限迴圈狀態，此時可以同時按 Ctrl+C，中斷程式的執行離開無限迴圈的陷阱。

6-4-1　基本 while 迴圈

程式實例 ch6_16.py：人機對話，這個程式會輸出你所輸入的內容，當輸入 exit 時，程式才會執行結束。

```
1  # ch6_16.py
2  prompt = "輸入 exit 可以結束對話 : "
3  message = ""
4  while message != 'exit':
5      message = input(prompt)
6      print(f"You entered: {message}")
```

執行結果

```
========================= RESTART: D:\Python\ch6\ch6_16.py =========================
輸入 exit 可以結束對話 : 我愛明志工專
You entered: 我愛明志工專
輸入 exit 可以結束對話 : exit
You entered: exit
```

6-4-2　了解 while 與 for 適用場合的差異

　　while 迴圈和 for 迴圈都是程式設計中常用的迴圈結構，它們各自有著不同的適用場景，主要差異在於迴圈的控制方式和適用的場合。

❑　**while 迴圈**

- 條件為基礎迴圈：while 迴圈是以條件為基礎，迴圈會一直執行，直到條件不再滿足，即條件為 False。
- 適用場合：當你不確定需要迴圈執行多少次，但有一個明確的結束條件時，while 迴圈是合適的選擇。例如：讀取檔案到達末尾、等待用戶輸入特定響應或者執行某個操作直到特定條件達成。
- 潛在風險：如果控制條件設定不當，很容易造成無限迴圈。

❑　**for 迴圈**

- 序列的迴圈：for 迴圈是以序列為基礎，適合於遍歷序列中的每個元素，執行程式碼區塊。for 迴圈常用於迭代串列、字典、字串等可迭代對象。
- 適用場合：當你需要對一個序列或範圍中的每個元素都執行操作，或者當迴圈的次數是預先知道的時，for 迴圈是合適的選擇。例如：對串列中的每個元素進行處理，或者執行固定次數的迭代。

● 計數控制：for 迴圈通常用於場景中有明確的計數或迭代需求，並且迴圈次數
在迴圈開始前就已經確定。

❑　選擇依據

選擇 while 迴圈還是 for 迴圈，主要取決於你的特定需求：

● 如果你需要根據某個條件來重複執行程式碼，而這個條件可能因為迴圈內部的
操作而變化，那麼 while 迴圈可能是更好的選擇。

● 如果你要處理的是一個序列的元素，或者迴圈的次數在開始前就已知，則 for
迴圈會更加方便。

在許多情況下，for 迴圈和 while 迴圈可以互相替代，但選擇最合適的迴圈，可以
使程式碼更清晰、更易於維護。

6-4-3　巢狀 while 迴圈

while 迴圈也允許巢狀迴圈，此時的語法格式如下：

while 條件運算：　　　　　　　　　# 外層 while 迴圈
　　…
　　while 條件運算：　　　　　　　# 內層 while 迴圈
　　　　…

下列是我們已經知道 while 迴圈會執行幾次的應用。

程式實例 ch6_17.py：使用 while 迴圈重新設計 ch6_13.py，列印 9*9 乘法表。

```
1  # ch6_17.py
2  i = 1                      # 設定i初始值
3  while i <= 9:              # 當i大於9跳出外層迴圈
4      j = 1                  # 設定j初始值
5      while j <= 9:          # 當j大於9跳出內層迴圈
6          result = i * j
7          print(f"{i}*{j}={result:<3d}", end=" ")
8          j += 1             # 內層迴圈加1
9      print()                # 換列輸出
10     i += 1                 # 外層迴圈加1
```

執行結果　與 **ch6_13.py** 相同。

❏　**time 模組 - 計時器**

在介紹下一個程式實例前，筆者先介紹一個時間模組 time，這個模組內的 sleep(n) 函數，可以讓程式休息 n 秒，其語法如下：

```
import time
    ...
time.sleep(n)                              # 程式休息 n 秒
```

這在需要延遲操作、模擬等待時間、減緩迴圈執行速度，或設定任務的定時執行等場景中非常有用，提高程式的靈活性和應用範圍，下列是生成計時的應用。

程式實例 ch6_18.py：雙層迴圈的應用，「計時器程式設計」，程式執行後會使用逸出字元「\r」，將游標移到最左邊輸出，這個程式必須在作業系統的 DOS 命令提示字元環境執行。註：這個程式是讓時間從「00:00:00」開始計時。

```python
1   # ch6_18.py
2   import time
3
4   hour = 0
5   try:
6       while hour < 24:                        # 24小時制
7           minute = 0
8           while minute < 60:                  # 一小時60分
9               second = 0
10              while second < 60:              # 一分鐘60秒
11                  # 使用ANSI轉義序列來移動游標到螢幕的開頭
12                  print(f"\r{hour:02d}:{minute:02d}:{second:02d}", end='')
13                  time.sleep(1)               # 暫停一秒
14                  second += 1
15              minute += 1
16          if minute == 60:
17              minute = 0
18              hour += 1
19  except KeyboardInterrupt:
20      print("\n計時器停止")
```

執行結果

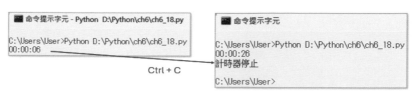

上述程式第 12 列「{hour:02d}」，這部分指定了輸出的寬度。在這個例子中，會保證至少有兩位數來表示 hour。如果 hour 本身是個位數（例如：3），那麼會在它前面補上一個 0，使其變成 03。「{minute:02d}」和「{seocnd:02d}」觀念一樣。此外，

第 12 列輸出時增加「\r」，這是逸出字元，可以將游標移到最左邊，所以可以產生時鐘的效果。

　　這個程式使用了「try ... except KeyboardInterrupt」，這是異常處理程式，如果按 Ctrl + C 鍵時，會產生此異常處理，然後輸出「計時器停止」。

6-4-4　強制離開 while 迴圈 - break 指令

　　6-3-2 節所介紹的 break 指令與觀念，也可以應用在 while 迴圈。在設計 while 迴圈時，如果期待某些條件發生時可以離開迴圈，可以在迴圈內執行 break 指令，就可以立即離開迴圈，這個指令通常是和 if 敘述配合使用。下列是常用的語法格式：

```
while  條件運算式 A：
    程式碼區塊 1
    if  條件運算式 B：          # 判斷條件運算式 B
        程式碼區塊 2
        break                  # 如果條件運算式 B 是 True 則離開 while 迴圈
    程式碼區塊 3
```

　　上述結構提供了一種靈活的方式來控制迴圈的執行。這種模式允許迴圈在滿足特定條件時無限制地運行，直到遇到 break 語句提前終止。這對於處理不確定次數的迭代特別有用，例如：讀取用戶輸入直至符合條件、監控程序狀態直到發生變化，或在遊戲開發中執行主遊戲循環直到玩家選擇退出。while ... break 結構增加了程式碼的可讀性和控制流程的靈活性。

程式實例 ch6_19.py：登入系統設計，模擬一個簡單的登錄系統，當使用者輸入正確的密碼時退出迴圈。

```
1  # ch6_19.py
2  correct_password = '12345'
3  while True:
4      password = input("請輸入密碼 : ")
5      if password == correct_password:
6          print("密碼正確, 歡迎進入系統!")
7          break
8      else:
9          print("密碼錯誤, 請再試一次!")
```

執行結果

```
============ RESTART: D:/Python/ch6/ch6_19.py ============
請輸入密碼 : 135pa
密碼錯誤, 請再試一次!
請輸入密碼 : 12345
密碼正確, 歡迎進入系統!
```

❑　**random 模組 – 猜數字遊戲 / 監控系統**

random 模組內有 randint( ) 函數,這個方法可以隨機產生指定區間的整數,它的語法如下:

```
randint(min, max)          # 可以產生 min ( 含 ) 與 max ( 含 ) 之間的整數值
```

程式實例 ch6_20.py:猜測一個隨機數字,當猜對時退出迴圈。

```
1   # ch6_20.py
2   import random
3
4   target_number = random.randint(1, 10)
5   print("來玩猜數字遊戲! 我心裡想的是1到10之間的一個數字!")
6
7   while True:
8       guess = int(input("猜一個1到10之間的數字 : "))
9       if guess == target_number:
10          print("恭喜你猜對了!")
11          break
12      elif guess < target_number:
13          print("太小了,猜一個大一點的數字!")
14      else:
15          print("太大了,猜一個小一點的數字!")
```

執行結果

```
================= RESTART: D:/Python/ch6/ch6_20.py =================
來玩猜數字遊戲! 我心裡想的是1到10之間的一個數字!
猜一個1到10之間的數字 : 5
太大了,猜一個小一點的數字!
猜一個1到10之間的數字 : 3
太小了,猜一個大一點的數字!
猜一個1到10之間的數字 : 4
恭喜你猜對了!
```

random 模組內有 choice( ) 函數,它用於從一個非空序列 seq (例如:串列、字串、元組等) 中隨機選擇並返回一個元素。這個功能在需要從多個選項中隨機抽取一個選項時非常有用,例如在遊戲、模擬抽獎、決策製作等場景中非常實用。

程式實例 ch6_21.py:監控系統狀態程式設計,這個程式會模擬一個系統監控程序,當檢測到系統狀態「異常」時退出迴圈,第 13 列會每秒生成一個系統狀態。

```
1   # ch6_21.py
2   import random
3   import time
4
5   while True:
6       system_status = random.choice(['正常', '異常'])
7       print(f"系統狀態 : {system_status}")
8       if system_status == '異常':
9           print("系統異常,需要立即處理!")
10          break
11      else:
12          print("系統運行正常!")
13      time.sleep(1)    # 暫停一秒後再次檢查系統狀態
```

執行結果

```
==================== RESTART: D:/Python/ch6/ch6_21.py ====================
系統狀態：正常
系統運行正常!
系統狀態：異常
系統異常，需要立即處理!
```

6-4-5　while 迴圈暫時停止不往下執行 – continue 指令

在設計 while 迴圈時，如果期待某些條件發生時可以不往下執行迴圈內容，此時可以用 continue 指令，這個指令通常是和 if 敘述配合使用。下列是常用的語法格式：

```
while  條件運算 A：
    程式碼區塊 1
    if 條件運算式 B：# 如果條件運算式 B 是 True 則不執行程式碼區塊 3
        程式碼區塊 2
        continue
    程式碼區塊 3
```

在數據處理的過程中，我們經常遇到需要篩選數據以滿足特定條件的場景，例如：在串列元素中只取正值。透過巧妙運用 while 迴圈和 continue，我們可以有效地選擇性地處理數據，進行更進一步的分析。

程式實例 ch6_22.py：跳過特定條件的數據處理，這個程式會跳過負值數據，將正值數據加總。

```python
1   # ch6_22.py
2
3   data = [1, 2, -3, 4, -5, 6]          # 初始化一個包含正數和負數的串列
4   positive_sum = 0                      # 初始化總和的變數
5   index = 0                             # 索引變數
6
7   while index < len(data):              # 當索引小於串列長度時執行迴圈
8       # 檢查當前索引對應的元素是否為負數
9       if data[index] < 0:               # 如果是負數,增加索引值並跳過後續程式碼
10          index += 1
11          continue
12      # 如果不是負數,將當前索引對應的元素值加到positive_sum上
13      positive_sum += data[index]
14      index += 1                        # 處理完當前元素後，索引值增加
15
16  print(f"所有正數的和為: {positive_sum}")
```

執行結果

```
==================== RESTART: D:/Python/ch6/ch6_22.py ====================
所有正數的和為: 13
```

6-5 使用 enumerate 物件與 for 迴圈進行資料解析

延續 5-12 節的 enumerate 物件可知,這個物件是由索引值與元素值配對出現。我們使用 for 迴圈迭代一般物件 (例如:串列) 時,無法得知每個物件元素的索引,但是可以利用 enumerate( ) 方法建立 enumerate 物件,建立原物件的索引資訊。然後我們可以使用 for 迴圈將每一個物件的索引值與元素值解析出來。

程式實例 ch6_23.py:繼續設計 ch5_30.py,將 enumeratc 物件的索引值與元素值解析出來。

```
1  # ch6_23.py
2  drinks = ["coffee", "tea", "wine"]
3  # 解析enumcrate物件
4  for drink in enumerate(drinks):           # 數值初始是0
5      print(drink)
6  for count, drink in enumerate(drinks):
7      print(count, drink)
8  print("****************")
9  # 解析enumcrate物件
10 for drink in enumerate(drinks, 10):        # 數值初始是10
11     print(drink)
12 for count, drink in enumerate(drinks, 10):
13     print(count, drink)
```

執行結果

```
==================== RESTART: D:\Python\ch6\ch6_23.py ====================
(0, 'coffee')
(1, 'tea')
(2, 'wine')
0 coffee
1 tea
2 wine
****************
(10, 'coffee')
(11, 'tea')
(12, 'wine')
10 coffee
11 tea
12 wine
```

上述程式第 6 列觀念如下:

由於 enumerate(drinks) 產生的 enumerate 物件是配對存在,可以用 2 個變數遍歷這個物件,只要仍有元素尚未被遍歷迴圈就會繼續。

程式實例 ch6_24.py：以下是某位 NBA 球員的前 10 場的得分數據，可參考程式第 2 列，使用 emuerate( ) 觀念列出那些場次得分超過 20 分 (含)。註：場次從第 1 場開始。

```
1  # ch6_24.py
2  scores = [21,29,18,33,12,17,26,28,15,19]
3  # 解析enumerate物件
4  for count, score in enumerate(scores, 1):     # 初始值是 1
5      if score >= 20:
6          print(f"場次 {count} : 得分 {score}")
```

執行結果

```
================== RESTART: D:\Python\ch6\ch6_24.py ==================
場次 1 : 得分 21
場次 2 : 得分 29
場次 4 : 得分 33
場次 7 : 得分 26
場次 8 : 得分 28
```

6-6　使用 zip( ) 打包物件與 for 迴圈進行資料解析

5-13 節筆者有介紹了 zip( ) 打包物件的觀念，這一節將用一個迴圈實例介紹 zip 物件的用法。

程式實例 ch6_24_1.py：簡易的天氣報告程式。

```
1  # ch6_24_1.py
2  cities = ["紐約", "東京", "台北"]
3  weather_conditions = ["下雪", "多雲", "晴天"]
4
5  for city, condition in zip(cities, weather_conditions):
6      print(f"{city} 天氣是 {condition}.")
```

執行結果

```
================== RESTART: D:/Python/ch6/ch6_24_1.py ==================
紐約 天氣是 下雪.
東京 天氣是 多雲.
台北 天氣是 晴天.
```

6-7　實戰 - 購物車 / 圓周率 / 國王麥粒 / 電影院劃位

6-7-1　設計購物車系統

程式實例 ch6_25.py：簡單購物車的設計，這個程式執行時會列出所有商品，讀者可以選擇商品，如果所輸入商品在商品串列則加入購物車，如果輸入 Q 或 q 則購物結束，輸出所購買商品。

```
1   # ch6_25.py
2   store = 'DeepMind購物中心'
3   products = ['電視','冰箱','洗衣機','電扇','冷氣機']
4   cart = []                        # 購物車
5   print(store)
6   print(products,"\n")
7   while True:                      # 這是while無限迴圈
8       msg = input("請輸入購買商品(q=quit) : ")
9       if msg == 'q' or msg=='Q':
10          break
11      else:
12          if msg in products:
13              cart.append(msg)
14  print("今天購買商品", cart)
```

執行結果
```
==================== RESTART: D:\Python\ch6\ch6_25.py ====================
DeepMind購物中心
['電視', '冰箱', '洗衣機', '電扇', '冷氣機']

請輸入購買商品(q=quit) : 電視
請輸入購買商品(q=quit) : 冰箱
請輸入購買商品(q=quit) : q
今天購買商品 ['電視', '冰箱']
```

6-7-2　計算圓周率

在第 2 章的習題 7 筆者有說明計算圓周率的知識，筆者使用了萊布尼茲公式，當時筆者也說明了此級數收斂速度很慢，這一節我們將用迴圈處理這類的問題。我們可以用下列公式說明萊布尼茲公式：

$$pi = 4(1 - \frac{1}{3} + \frac{1}{5} - \frac{1}{7} + \cdots + \frac{(-1)^{i+1}}{2i-1})$$

程式實例 ch6_26.py：使用萊布尼茲公式計算圓周率，這個程式會計算到 1 百萬次，同時每 20 萬次列出一次圓周率的計算結果。

```
1   # ch6_26.py
2   x = 1000000
3   pi = 0
4   for i in range(1,x+1):
5       pi += 4*((-1)**(i+1) / (2*i-1))
6       if i % 200000 == 0:          # 隔200000執行一次
7           print(f"當 {i = :7d} 時 PI = {pi:20.19f}")
```

執行結果
```
==================== RESTART: D:\Python\ch6\ch6_26.py ====================
當 i =  200000 時 PI = 3.1415876535897617750
當 i =  400000 時 PI = 3.1415901535897439167
當 i =  600000 時 PI = 3.1415909869230147500
當 i =  800000 時 PI = 3.1415914035897172241
當 i = 1000000 時 PI = 3.1415916535897743245
```

從上述可以得到當迴圈到 40 萬次後，此圓周率才進入我們熟知的 3.14159xx。

6-7-3　國王的麥粒

程式實例 ch6_27.py：古印度有一個國王很愛下棋，打片全國無敵手，昭告天下只要能打贏他，即可以協助此人完成一個願望。有一位大臣提出挑戰，結果國王真的輸了，國王也願意信守承諾，滿足此位大臣的願望。結果此位大臣提出想要麥粒：

第 1 個棋盤格子要 1 粒---- 其實相當於 2^0

第 2 個棋盤格子要 2 粒---- 其實相當於 2^1

第 3 個棋盤格子要 4 粒---- 其實相當於 2^2

第 4 個棋盤格子要 8 粒---- 其實相當於 2^3

第 5 個棋盤格子要 16 粒---- 其實相當於 2^4

…

第 64 個棋盤格子要 xx 粒---- 其實相當於 2^{63}

國王聽完哈哈大笑的同意了，管糧的大臣一聽大驚失色，不過也想出一個辦法，要贏棋的大臣自行到糧倉計算麥粒和運送，結果國王沒有失信天下，贏棋的大臣無法取走天文數字的所有麥粒，這個程式會計算到底這位大臣要取走多少麥粒。

```
1  # ch6_27.py
2  sum = 0
3  for i in range(64):
4      if i == 0:
5          wheat = 1
6      else:
7          wheat = 2 ** i
8      sum += wheat
9  print(f'麥粒總共 = {sum}')
```

執行結果
```
===================== RESTART: D:\Python\ch6\ch6_27.py =====================
麥粒總共 = 18446744073709551615
```

6-7-4　電影院劃位系統設計

程式實例 ch6_28.py：設計電影院劃位系統，這個程式會先輸出目前座位表，然後可以要求輸入座位，最後輸出座位表。

```
1  # ch6_28.py
2  print("電影院劃位系統")
3  sc = [[' ', ' 1', ' 2', ' 3', ' 4'],
4        ['A', '口','口','口','口'],
5        ['B', '■','口','口','口'],
6        ['C', '口','■','■','口'],
```

```
 7          ['D', '□','□','□','□'],
 8          ]
 9  for seatrow in sc:              # 輸出目前座位表
10      for seat in seatrow:
11          print(seat, end='  ')
12      print()
13  row = input("請輸入 A - D 排 : ")
14  r = int(row,16) - 9
15  col = int(input("請輸入 1 - 4 號 : "))
16  sc[r][col] = '■'
17  print("="*60)
18  for seatrow in sc:              # 輸出最後座位表
19      for seat in seatrow:
20          print(seat, end-'  ')
21      print()
```

執行結果

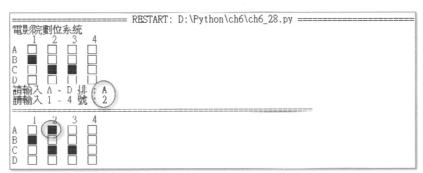

6-7-5 迴圈設計的潛在應用

這一章說明了迴圈設計的應用，受限於篇幅，無法完整的解釋所有的應用，其實還可以將此章內容應用在下列領域：

❑ 簡易投票系統

讓用戶對三個景點進行投票，並顯示獲得最多票數的選項。

```
 1  # test6_1.py
 2  votes = [0, 0, 0]
 3  options = ("陽明山", "溪頭", "太魯閣")
 4
 5  for _ in range(5):              # 假設有5個用戶投票
 6      print("請選擇你最喜歡的景點 :")
 7      for i, option in enumerate(options, 1):
 8          print(f"{i}. {option}")
 9      vote = int(input("請輸入選項 (1-3): ")) - 1
10      if 0 <= vote < len(options):
11          votes[vote] += 1
12
13  max_votes = max(votes)
14  winner = votes.index(max_votes)
15  print(f"最受歡迎的景點是 {options[winner]} 有 {max_votes} 票")
```

❑　**簡易員工滿意度調查**

收集員工對於工作環境的滿意度評分。

```
1   # test6_2.py
2   scores = []
3   for _ in range(3):        # 假設有3位員工參與調查
4       score = int(input("評價你的工作滿意度(1-10) : "))
5       scores.append(score)
6   average_score = sum(scores) / len(scores)
7   print(f"平均滿意度評分 : {average_score}")
```

❑　**訂單處理記錄**

記錄和顯示訂單處理的狀態。

```
1   # test6_3.py
2   orders = ['訂單1', '訂單2', '訂單3']
3   statuses = []
4
5   for order in orders:
6       print(f"處理 {order}...")
7       status = input("該訂單的狀態(完成/未完成) : ")
8       statuses.append((order, status))
9
10  print("\n訂單處理狀態:")
11  for order, status in statuses:
12      print(f"{order}: {status}")
```

❑　**簡易客戶意見回饋收集**

從客戶收集意見回饋，並顯示統計訊息。

```
1   #test6_4.py
2   feedbacks = []
3   for _ in range(3):        # 假設從3位客戶收集意見回饋
4       feedback = input("請輸入你對我們產品的意見回饋 : ")
5       feedbacks.append(feedback)
6
7   print("\n收到的客戶回饋 : ")
8   for fb in feedbacks:
9       print(f"- {fb}")
```

❑　**簡易聯絡人資料管理**

允許用戶輸入聯絡人姓名和電話號碼，並顯示所有聯絡人。

```
1   # test6_5.py
2   contacts = []
3
4   for _ in range(3):        # 假設只添加3個聯絡人
5       name = input("請輸入姓名 : ")
6       phone = input("請輸入電話 : ")
7       contacts.append((name, phone))
```

```
 8
 9  print("聯絡人列表 :")
10  for name, phone in contacts:
11      print(f"姓名 : {name}, 電話 : {phone}")
```

❑   員工和部門對應

假設有兩個串列,一個包含員工名字,另一個包含他們所屬的部門,你可以使用 zip( ) 來建立員工和部門之間的對應關係,這在人力資源管理系統中特別有用。

```
1  # test6_6.py
2  employees = ["Alice", "Tom", "Charlie"]
3  departments = ["資訊部", "業務部", "財務部"]
4  for employee, department in zip(employees, departments):
5      print(f"{employee} 屬於 {department}.")
```

6-8 AI 輔助程式除錯 (Debug)

程式除錯分為語法錯誤和語意錯誤,我們也可以借助 ChatGPT 協助分析。此外,讓他分析同時提出解決的方法。

6-8-1 分析語法錯誤

有一個程式 ch6_29.py 功能是列出串列 scores[ ] 的前 5 名成績,此程式內容如下:

```
1  # ch6_29.py
2  scores = [94, 82, 60, 91, 88, 79, 61, 93, 99, 77]
3  scores.sort(reverse = True)          # 從大到小排列
4  count = 0
5  for sc in scores:
6      count += 1
7      print(sc, end=" ")
8      if count == 5                    # 取前5名成績
9          break                        # 離開for迴圈
```

下列是請求 ChatGPT 除錯此程式。

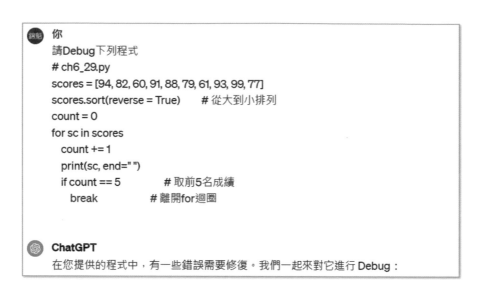

```
1   # ch6_29_debug.py
2   scores = [94, 82, 60, 91, 88, 79, 61, 93, 99, 77]
3   scores.sort(reverse=True)        # 從大到小排列
4   count = 0
5   for sc in scores:                # 迴圈中缺少冒號
6       count += 1
7       print(sc, end=" ")
8       if count == 5:               # 條件語句的結尾應使用冒號
9           break                    # 離開for迴圈
```

執行結果
```
==================== RESTART: D:\Python\ch6\ch6_29_debug.py ====================
99 94 93 91 88
```

6-8-2　分析語意錯誤

設計程式時，常會發生語意的錯誤，例如：程式實例 ch6_30.py 是要輸出 1 ~ 10 之間的偶數，結果程式語意錯，輸出奇數同時輸出了 11，如下所示：

```
1   # ch6_30.py
2   index = 0
3   while index <= 10:
4       index += 1
5       if index % 2:
6           print(index, end=" ")
```

執行結果
```
==================== RESTART: D:\Python\ch6\ch6_30.py ====================
1 3 5 7 9 11
```

下列是讓 ChatGPT 協助我們修正程式錯誤。

> **你**
> 下列是要輸出1-10之間的偶數, 可是輸出的是奇數, 請修正此程式
> # ch6_30.py
> index = 0
> while index <= 10:
>   index += 1
>   if index % 2:
>   print(index, end="")
>
> **ChatGPT**
> 問題在於 `if index % 2:` 這行, 它會判斷 `index % 2` 是否為非零值, 而任何奇數 `% 2` 的結果都是1, 因此所有奇數都會通過這個判斷。應該修改為 `if index % 2 == 0:`, 這樣才能確保僅輸出偶數。
>
> 以下是修正後的程式碼:

```
1  # ch6_30_revised.py
2  index = 0
3  while index <= 10:
4      index += 1
5      if index % 2 == 0:
6          print(index, end=" ")
```

執行結果
```
=================== RESTART: D:/Python/ch6/ch6_30_revised.py ===================
2 4 6 8 10
```

6-9 AI 輔助重構程式

有時候我們寫的程式效率不好或是可讀性不好, 這時可以請求 ChatGPT 協助我們重構程式, 重構之後的程式, 除了可以增加效率, 也可以讓程式更加模組化, 未來可以易於理解和維護。同時由 ChatGPT 修改的結果, 可以看到矽谷高手的設計風格。

6-9-1 重構程式範例 1

輸出 aa 字串階梯程式, 有一個程式 ch6_31.py, 內容如下:

```
1  # ch6_31.py
2  for i in range(1, 10):
3      for j in range(1, 10):
4          if j <= i:
5              print("aa", end="")
6      print()                    # 換列輸出
```

執行結果

```
======================= RESTART: D:\Python\ch6\ch6_31.py =======================
aa
aaaa
aaaaaa
aaaaaaaa
aaaaaaaaaa
aaaaaaaaaaaa
aaaaaaaaaaaaaa
aaaaaaaaaaaaaaaa
aaaaaaaaaaaaaaaaaa
```

下列是要求重構程式的實例。

> **你**
>
> 請重構下列程式
> # ch6_31.py
> for i in range(1, 10):
> 　　for j in range(1, 10):
> 　　　　if j <= i:
> 　　　　　　print("aa", end="")
> 　　print()　　　　# 換列輸出
>
> **ChatGPT**
>
> 以下是重構後的程式碼：

```
1  # ch6_31_rewrite.py
2  for i in range(1, 10):
3      print("aa" * i)  # 重複輸出 "aa" 字符串 i 次
```

> 這樣的話，程式的邏輯更簡潔，能夠更清晰地表達要達到的目標，同時也減少了嵌套的使用，讓程式碼更易讀和易於理解。

6-9-2　重構程式範例 2

輸出得分超過 30 分的程式設計，有一個程式 ch6_32.py，內容如下：

```
1  # ch6_32.py
2  scores = [33, 22, 41, 25, 39, 43, 27, 38, 40]
3  games = 0
4  for score in scores:
5      games += 1
6      if score < 30:              # 小於30則不往下執行
7          continue
8      print(f"第 {games} 場得分 {score}")
```

執行結果
```
================== RESTART: D:\Python\ch6\ch6_32.py ==================
第 1 場得分 33
第 3 場得分 41
第 5 場得分 39
第 6 場得分 43
第 8 場得分 38
第 9 場得分 40
```

下列是重構的實例。

 你
請重構下列程式
# ch6_32.py
scores = [33, 22, 41, 25, 39, 43, 27, 38, 40]
games = 0
for score in scores:
    games += 1
    if score < 30:   # 小於30則不往下執行
        continue
    print(f"第 {games} 場得分 {score}")

 ChatGPT
以下是重構後的程式碼：

```
1  # ch6_32_rewrite.py
2  scores = [33, 22, 41, 25, 39, 43, 27, 38, 40]
3  for i, score in enumerate(scores, start=1):
4      if score < 30:
5          continue
6      print(f"第 {i} 場得分 {score}")
```

這個重構後的版本使用 `enumerate()` 函數來同時獲取索引和值，從而避免了手動維護 `games` 變數。這樣的寫法更加簡潔和清晰。

習題實作題

ex6_1.py：有一串列內部的元素是一系列圖檔，如下所示：

　　da1.jpg、da2.png、da3.gif、da4.gif、da5.jpg、da6.jpg、da7.gif

請將 ".jpg"、".png"、".gif" 分別放置在 jpg、png、gif 串列，然後列印這些串列。

```
=================== RESTART: D:\Python\ex6\ex6_1.py ===================
jpg檔案串列 ['da1.jpg', 'da5.jpg', 'da6.jpg']
png檔案串列 ['da2.png']
gif檔案串列 ['da3.gif', 'da4.gif', 'da7.gif']
```

ex6_2.py：擴充程式 ch6_5.py，請將本金、年利率與存款年數從螢幕輸入。

```
=================== RESTART: D:\Python\ex6\ex6_2.py ===================
請輸入存款本金 : 50000
請輸入年利率　 : 0.015
請輸入多少年　 : 5
第 1 年本金和 : 50749
第 2 年本金和 : 51511
第 3 年本金和 : 52283
第 4 年本金和 : 53068
第 5 年本金和 : 53864
```

ex6_3.py：請使用 for 迴圈執行下列工作，請輸入 n 和 m 整數值，m 值一定大於 n 值，請列出 n 加到 m 的結果。例如：假設輸入 n 值是 1，m 值是 10，則程式必須列出 1 加到 10 的結果是 55。

```
請輸入n值 : 1          請輸入n值 : 10
請輸入m值 : 10         請輸入m值 : 20
結果 =  55            結果 =  165
```

ex6_4.py：有一個英里串列 mile 內容是 [100, 150, 200]，這個程式會利用此串列產生公里串列 kilometer。註：1 英里等於 1.60934 公里。

```
=================== RESTART: D:/Python/ex6/ex6_4.py ===================
[160.934, 241.401, 321.868]
```

ex6_5.py：畢氏定理觀念是直角三角形兩邊長的平方和等於斜邊的平方。

　　$a^2 + b^2 = c^2$　　# c 是斜邊長

這個定理我們可以用 (a, b, c) 方式表達，最著名的實例是 (3,4,5)，請設計程式可以生成 0～19 間符合定義的 a、b、c 串列值。

```
==================== RESTART: D:\Python\ex6\ex6_5.py ====================
[[3, 4, 5], [5, 12, 13], [6, 8, 10], [8, 15, 17], [9, 12, 15]]
```

ex6_6.py：計算數學常數 e 值，它的全名是 Euler's number，又稱歐拉數，主要是紀念瑞士數學家歐拉，這是一個無限不循環小數，我們可以使用下列級數計算 e 值。

$$e = 1 + \frac{1}{1!} + \frac{1}{2!} + \frac{1}{3!} + \cdots + \frac{1}{i!}$$

這個程式會計算到 i=100，同時每隔 20，列出一次計算結果。(6-2 節)

```
==================== RESTART: D:\Python\ex6\ex6_6.py ====================
當i是  10 時 e = 2.7182818011463845131459038384491577774448
當i是  20 時 e = 2.7182818284590455348848081484902265011787
當i是  30 時 e = 2.7182818284590455348848081484902265011787
當i是  40 時 e = 2.7182818284590455348848081484902265011787
當i是  50 時 e = 2.7182818284590455348848081484902265011787
```

ex6_7.py：請設計下方左圖的結果。

```
123456789
12345678
1234567
123456
12345
1234
123
12
1
```

```
        1
       21
      321
     4321
    54321
   654321
  7654321
 87654321
987654321
```

ex6_8.py：請設計上方右圖的結果。

ex6_9.py：列出 9*9 乘法表，其中標題輸出需使用 center( ) 方法。

```
==================== RESTART: D:\Python\ex6\ex6_9.py ====================
              9 * 9 乘法表
    1   2   3   4   5   6   7   8   9
===========================================
1 |   1   2   3   4   5   6   7   8   9
2 |   2   4   6   8  10  12  14  16  18
3 |   3   6   9  12  15  18  21  24  27
4 |   4   8  12  16  20  24  28  32  36
5 |   5  10  15  20  25  30  35  40  45
6 |   6  12  18  24  30  36  42  48  54
7 |   7  14  21  28  35  42  49  56  63
8 |   8  16  24  32  40  48  56  64  72
9 |   9  18  27  36  45  54  63  72  81
```

ex6_10.py：有一個水果串列如下：

　　　fruits = [' 李子 ', ' 香蕉 ', ' 蘋果 ', ' 西瓜 ', ' 李子 ']

　　請將「李子」改為「橘子」。

```
==================== RESTART: D:/Python/ex6/ex6_10.py ====================
原先水果串列 ['李子', '香蕉', '蘋果', '西瓜', '李子']
新的水果串列 ['橘子', '香蕉', '蘋果', '西瓜', '橘子']
```

第 7 章

精通字典 (Dict) -
操作與應用全攻略

創意程式：文章分析、星座字典、凱薩密碼

潛在應用：圖書館、管理超市、員工管理系統、餐廳菜單系統、學生課程和成績表、食譜和食材清單、個人行程安排、遊戲角色和屬性

在當代的程式設計領域中，Python 已成為最受歡迎的語言之一，其中字典 (dict) 的概念扮演著核心角色。Python 字典是一種可變容器模型，能夠存儲任意類型物件，以「鍵 : 值」（key-value）配對的形式進行存取。這種數據結構特別適合於快速數據搜尋、數據分析及數據報告等場景。理解並熟練運用 dict，對於提升 Python 程式設計的效率與實用性具有不可或缺的重要性。這一章旨在透過深入淺出的方式，探討 Python 字典的基本原理、應用實例及高級應用，為讀者揭開 dict 強大功能的神秘面紗。

串列 (list) 與元組 (tuple) 是依序排列可稱是序列資料結構，只要知道元素的特定位置，即可使用索引觀念取得元素內容。字典 (dict) 並不是依序排列的資料結構，通常可稱是非序列資料結構，所以無法使用類似串列的索引 [0, 1, … n] 觀念取得元素內容。

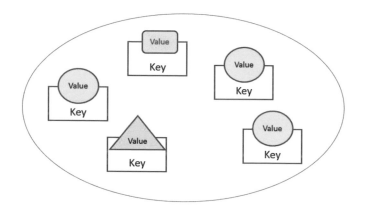

7-1　字典基礎教學、操作、程式設計技巧

字典是一個非序列的資料結構，它的元素是用「鍵 : 值」方式配對儲存，在操作時是用鍵 (key) 取得值 (value) 的內容，在真實的應用中我們是可以將字典資料結構當作正式的字典使用，查詢鍵時，就可以列出相對應的值內容。這一節主要是講解建立、刪除、複製、合併相關函數與知識。

7-1-1　定義字典

定義字典時，是將「鍵 : 值」放在大括號 "{ }" 內，字典的語法如下：

　　x = { 鍵 1: 值 1, … , 鍵 n: 值 n, }　　　　　　　# x 是字典變數名稱

字典的鍵 (key) 一般常用的是字串或數字當作是鍵，在一個字典中不可有重複的鍵 (key) 出現。字典的值 (value) 可以是任何 Python 的資料物件，所以可以是數值、字串、串列、字典 … 等。最右邊元素「鍵 n: 值 n」右邊的「,」逗號可有可無。

程式實例 ch7_1.py：以麵店為例定義一個字典，內容是各類麵一碗的價格，最後使用 type( ) 列出字典資料型態。

```
1  # ch7_1.py
2  noodles = {'牛肉麵':100, '肉絲麵':80, '陽春麵':60}
3  print(noodles)
4  # 列出字典資料型態
5  print("字典noodles資料型態是: ",type(noodles))
```

執行結果

```
===================== RESTART: D:\Python\ch7\ch7_1.py =====================
{'牛肉麵': 100, '肉絲麵': 80, '陽春麵': 60}
字典noodles資料型態是:  <class 'dict'>
```

7-1-2 列出字典元素的值

字典的元素是「鍵 : 值」配對設定，如果想要取得元素的值，可以將鍵當作是索引方式處理，因此字典內的元素个可有重複的鍵，可參考下列實例 ch7_2.py 的第 3 列。

程式實例 ch7_2.py：輸出牛肉麵一碗的價格。

```
1  # ch7 2.py
2  noodles = {'牛肉麵':100, '肉絲麵':80, '陽春麵':60}
3  print("牛肉麵一碗 = ", noodles['牛肉麵'], "元")
```

執行結果

```
===================== RESTART: D:\Python\ch7\ch7_2.py =====================
牛肉麵一碗 =  100 元
```

7-1-3 增加字典元素

可使用下列語法格式增加字典元素：

    x[鍵] = 值   # x 是字典變數

程式設計 ch7_3.py：為 fruits 字典增加橘子一斤 18 元。

```
1  # ch7_3.py
2  fruits = {'西瓜':15, '香蕉':20, '水蜜桃':25}
3  fruits['橘子'] = 18
4  print(fruits)
5  print(f"橘子一斤 = {fruits['橘子']} 元")
```

執行結果
```
=============== RESTART: D:\Python\ch7\ch7_3.py ===============
{'西瓜': 15, '香蕉': 20, '水蜜桃': 25, '橘子': 18}
橘子一斤 = 18 元
```

7-1-4　更改字典元素內容

市面上的水果價格是浮動的，如果發生價格異動可以使用本節觀念更改。

程式實例 ch7_4.py：將 fruits 字典的香蕉一斤改成 30 元。

```
1  # ch7_4.py
2  fruits = {'西瓜':15, '香蕉':20, '水蜜桃':25}
3  print("舊價格香蕉一斤 = ", fruits['香蕉'], "元")
4  fruits['香蕉'] = 30
5  print("新價格香蕉一斤 = ", fruits['香蕉'], "元")
```

執行結果
```
=============== RESTART: D:\Python\ch7\ch7_4.py ===============
舊價格香蕉一斤 =  20 元
新價格香蕉一斤 =  30 元
```

7-1-5　驗證元素是否存在

可以用下列語法驗證元素是否存在。

　　鍵 in mydict　　　　　　# 可驗證鍵元素是否存在

程式實例 ch7_5.py：這個程式會要求輸入「鍵 : 值」，然後由字典的鍵判斷此元素是否在 fruits 字典，如果不在此字典則將此「鍵 : 值」加入字典。

```
1  # ch7_5.py
2  fruits = {'西瓜':15, '香蕉':20, '水蜜桃':25}
3  key = input("請輸入鍵(key) = ")
4  if key in fruits:
5      print(f"{key}已經在字典了")
6  else:
7      value = input("請輸入值(value) = ")
8      fruits[key] = value
9      print("新的fruits字典內容 = ", fruits)
```

執行結果
```
=============== RESTART: D:\Python\ch7\ch7_5.py ===============
請輸入鍵(key) = 西瓜
西瓜已經在字典了

=============== RESTART: D:\Python\ch7\ch7_5.py ===============
請輸入鍵(key) = 蘋果
請輸入值(value) = 30
新的fruits字典內容 =  {'西瓜': 15, '香蕉': 20, '水蜜桃': 25, '蘋果': '30'}
```

7-1-6 刪除字典特定元素

如果想要刪除字典的特定元素，它的語法格式如下：

del x[鍵]   # 假設 x 是字典，可刪除特定鍵的元素

上述刪除時，如果字典元素 (或是字典) 不存在會產生刪除錯誤，程式會異常中止，所以一般會事先使用 in 關鍵字測試元素是否在字典內。

程式實例 ch7_6.py：刪除 fruits 字典的西瓜元素。

```
1  # ch7_6.py
2  fruits = {'西瓜':15, '香蕉':20}
3  print("水果字典:", fruits)
4  fruit = input("請輸入要刪除的水果 : ")
5  if fruit in fruits:
6      del fruits[fruit]
7      print("新水果字典:", fruits)
8  else:
9      print(f"{fruit} 不在水果字典內")
```

執行結果 下方左圖是測試「西瓜」存在然後刪除的實例。下方右圖是測試「蘋果」不存在的實例。

```
水果字典: {'西瓜': 15, '香蕉': 20}
請輸入要刪除的水果 : 西瓜
新水果字典: {'香蕉': 20}
```
```
水果字典: {'西瓜': 15, '香蕉': 20}
請輸入要刪除的水果 : 蘋果
蘋果 不在水果字典內
```

7-1-7 字典的 pop( ) 方法

Python 字典的 pop() 方法也可以刪除字典內特定的元素，同時傳回所刪除元素的值，它的語法格式如下：

ret_value = dictObj.pop(key[, default])   # dictObj 是欲刪除元素的字典

上述 key 是要搜尋刪除的元素的鍵，找到時就將該元素從字典內刪除，同時將刪除鍵的值回傳。當找不到 key 時則傳回 default 設定的內容，如果沒有設定則導致 KeyError，程式異常終止。

實例 1：下方左圖所刪除的元素不存在，導致 "KeyError"，程式異常終止。

```
>>> num = {1:'a',2:'b'}                    >>> num = {1:'a',2:'b'}
>>> value = num.pop(3)                     >>> value = num.pop(3, 'does no exist')
Traceback (most recent call last):         >>> value
  File "<pyshell#229>", line 1, in <module>  'does no exist'
    value = num.pop(3)
KeyError: 3
```

實例 2：上方右圖所刪除的元素不存在，列印 "does not exist" 字串。

7-1-8　建立一個空字典

在程式設計時，也允許先建立一個空字典，建立空字典的語法如下：

mydict = { }　　　　　　　　　　　　# mydict 是字典名稱

上述建立完成後，可以用 7-1-3 節增加字典元素的方式為空字典建立元素。

程式實例 ch7_7.py：建立 week 空字典，然後為 week 字典建立元素。

```
1  # ch7_7.py
2  week = {}            # 建立空字典
3  print("星期字典", week)
4  week['Sunday'] = '星期日'
5  week['Monday'] = '星期一'
6  print("星期字典", week)
```

執行結果
```
================ RESTART: D:\Python\ch7\ch7_7.py ================
星期字典 {}
星期字典 {'Sunday': '星期日', 'Monday': '星期一'}
```

7-1-9　字典的拷貝

在大型程式開發過程，也許為了要保護原先字典內容，所以常會需要將字典拷貝，此時可以使用此方法。

new_dict = mydict.copy( )　　　　　　　# mydict 會被複製至 new_dict

上述所複製的字典是獨立存在新位址的字典。

程式實例 ch7_8.py：複製字典的應用，同時列出新字典所在位址，如此可以驗證新字典與舊字典是不同的字典。

```
1  # ch7_8.py
2  fruits = {'西瓜':15, '香蕉':20, '水蜜桃':25, '蘋果':18}
3  cfruits = fruits.copy( )
4  print("位址 = ", id(fruits), "  fruits元素 = ", fruits)
5  print("位址 = ", id(cfruits), "  fruits元素 = ", cfruits)
```

執行結果

```
================== RESTART: D:\Python\ch7\ch7_8.py ==================
位址 = 2634189310080  fruits元素 = {'西瓜': 15, '香蕉': 20, '水蜜桃': 25, '蘋果': 18}
位址 = 2634153441344  fruits元素 = {'西瓜': 15, '香蕉': 20, '水蜜桃': 25, '蘋果': 18}
```

7-1-10 取得字典元素數量

在串列 (list) 或元組 (tuple) 使用的方法 len( ) 也可以應用在字典，它的語法如下：

length = len(mydict)　　　　　　　# 將傳回 mydict 字典的元素數量給 length

程式實例 ch7_9.py：列出空字典和一般字典的元素數量，本程式第 3 列由於是建立空字典，所以第 5 列印出元素數量是 0。

```
1  # ch7_9.py
2  noodles = {'牛肉麵':100, '肉絲麵':80, '陽春麵':60}
3  empty_dict = {}
4  print("noodles字典元素數量    = ", len(noodles))
5  print("empty_dict字典元素數量 = ", len(empty_dict))
```

執行結果

```
================== RESTART: D:\Python\ch7\ch7_9.py ==================
noodles字典元素數量    = 3
empty_dict字典元素數量 = 0
```

7-1-11 合併字典 update( ) 與使用 ** 新方法

如果想要將 2 個字典合併可以使用 update( ) 方法，在合併字典時，特別需注意的是，如果發生鍵 (key) 相同則第 2 個字典的值可以取代原先字典的值，所以設計字典合併時要特別注意。

程式實例 ch7_10.py：經銷商 A 和經銷商 B 所銷售的汽車品牌發生鍵相同，造成經銷商 A 併購經銷商 B 時，原先經銷商 A 銷售的汽車品牌被覆蓋，這個程式原先經銷商 A 銷售的 Lexus 品牌將被覆蓋。

```
1  # ch7_10.py
2  dealerA = {1:'Nissan', 2:'Toyota', 3:'Lexus'}
3  dealerB = {3:'BMW', 4:'Benz'}
4  dealerA.update(dealerB)
5  print(dealerA)
```

執行結果

```
================== RESTART: D:\Python\ch7\ch7_10.py ==================
{1: 'Nissan', 2: 'Toyota', 3: 'BMW', 4: 'Benz'}
```

在 Python 3.5 以後的版本，合併字典新方法是使用 {**a, **b}。

實例 1：合併字典新方法。

```
>>> a = {1:'Nissan', 2:'Toyota'}
>>> b = {2:'Lexus', 3:'BMW'}
>>> {**a, **b}
{1: 'Nissan', 2: 'Lexus', 3: 'BMW'}
```

7-1-12　dict( )

在資料處理中我們可能會碰上雙值序列的串列資料，如下所示：

[[' 日本 ', ' 東京 '], [' 泰國 ', ' 曼谷 '], [' 英國 ', ' 倫敦 ']]

可將上述想成是普通的「[鍵 , 值]」序列，我們可以使用 dict( ) 將此序列轉成字典，其中雙值序列的第一個是鍵，第二個是值。

程式實例 ch7_11.py：將雙值序列的串列轉成字典。

```
1  # ch7_11.py
2  nation = [['日本','東京'],['泰國','曼谷'],['英國','倫敦']]
3  nationDict = dict(nation)
4  print(nationDict)
```

執行結果

```
================== RESTART: D:\Python\ch7\ch7_11.py ==================
{'日本': '東京', '泰國': '曼谷', '英國': '倫敦'}
```

如果上述元素是元組 (tuple)，例如：(' 日本 ', ' 東京 ') 也可以完成相同的工作。

7-1-13　再談 zip( )

在 5-13 和 6-6 節已經說明 zip( ) 的用法，我們也可以使用 zip( ) 快速建立字典。zip( ) 可以將兩個串列或是任意可迭代物件組合成一個鍵值對（ key-value pairs ）序列，然後透過 dict( ) 方法轉換為字典。

程式實例 ch7_12.py：有兩個串列，一個是學生的名字，另一個是對應的成績，可以將這兩個串列轉換成一個字典，其中學生的名字作為鍵，成績作為值。

```
1  # ch7_12.py
2  students = ['洪冰儒', '洪星宇', '陳小雨']
3  grades = [85, 90, 88]
4  # 使用 zip() 將名字和成績配對，然後用 dict() 轉換成字典
5  students_grades = dict(zip(students, grades))
6  print(students_grades)
```

執行結果

```
================== RESTART: D:/Python/ch7/ch7_12.py ==================
{'洪冰儒': 85, '洪星宇': 90, '陳小雨': 88}
```

7-2 字典遍歷技術與設計實務

大型程式設計中，字典用久了會產生相當數量的元素，也許是幾千筆或幾十萬筆 … 或更多。本節將使用函數，說明如何遍歷字典的「鍵」、「值」、「鍵 : 值」對。

7-2-1　items( ) 遍歷字典的鍵 : 值

Python 有提供方法 items( )，會回傳元組格式的「(鍵 , 值)」配對元素，我們可用元組解包方式取得個別內容，例如：若是以 ch7_13.py 的 players 字典為實例，可以使用 for 迴圈加上 items( ) 方法，如下所示：

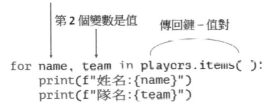

上述只要尚未完成遍歷字典，for 迴圈將持續進行，如此就可以完成遍歷字典，同時傳回所有的 " 鍵 : 值 "。

程式實例 ch7_13.py：列出 players 字典所有元素，相當於所有球員資料。

```
1  # ch7_13.py
2  players = {'Stephen Curry':'Golden State Warriors',
3             'Kevin Durant':'Golden State Warriors',
4             'Lebron James':'Cleveland Cavaliers'}
5  for name, team in players.items( ):
6      print(f"姓名:{name}")
7      print(f"隊名:{team}")
```

執行結果

```
============ RESTART: D:\Python\ch7\ch7_13.py ============
姓名:Stephen Curry
隊名:Golden State Warriors
姓名:Kevin Durant
隊名:Golden State Warriors
姓名:Lebron James
隊名:Cleveland Cavaliers
```

早期字典 (dict) 是一個無序的資料結構，Python 只會保持 " 鍵 : 值 " 不會關注元素的排列順序。但是 Python 3.7 以後，字典會保留元素插入順序。

7-2-2　keys( ) 遍歷字典的鍵

有時候我們不想要取得字典的值 (value)，只想要鍵 (keys)。若是以 ch7_13.py 的 players 字典為實例，我們可以直接使用下方左邊程式碼方式取得字典的鍵內容。

```
for name in players:
    print(name)
```

```
for name in players.keys():
    print(name)
```

此外，Python 有提供方法 keys( )，可以參考上方右邊程式碼的方法，讓我們取得字典的鍵內容。

程式實例 ch7_14.py：列出 players 字典所有的鍵 (keys)，此例是所有球員名字。

```
1  # ch7_14.py
2  players = {'Stephen Curry':'Golden State Warriors',
3             'Kevin Durant':'Golden State Warriors',
4             'Lebron James':'Cleveland Cavaliers'}
5  for name in players:
6      print(name)
7      print(f"Hi! {name} 我喜歡看你在 {players[name]} 的表現")
```

執行結果

```
==================== RESTART: D:\Python\ch7\ch7_14.py ====================
Stephen Curry
Hi! Stephen Curry 我喜歡看你在 Golden State Warriors 的表現
Kevin Durant
Hi! Kevin Durant 我喜歡看你在 Golden State Warriors 的表現
Lebron James
Hi! Lebron James 我喜歡看你在 Cleveland Cavaliers 的表現
```

上述第 5 列將 players 改為 players.keys( ) 也可以得到一樣的結果，讀者可以參考 ch7 資料夾的 ch7_14_1.py。

```
5  for name in players.keys():
```

7-2-3　values( ) 遍歷字典的值

如果我們想取得字典值列表，可以將鍵變為字典的索引，若是以前面實例的 players 字典為實例，可以參考下方左邊程式碼。

```
5  for team in players:
6      print(players[team])
```

```
5  for team in players.values():
6      print(team)
```

此外，Python 有提供方法 values( )，可以讓我們取得字典值列表，若是以前面實例的 players 字典為實例，可以參考上方右邊的程式碼。

程式實例 ch7_15.py 和 ch7_15_1.py：ch7_15.py 則是省略 values ( ) 方法，這個方法 team 變成字典的索引。ch7_15_1.py 使用 values( ) 方法列出 players 字典的值列表。

```
5  for team in players:
6      print(players[team])
```

```
5  for team in players.values():
6      print(team)
```

執行結果

```
==================== RESTART: D:\Python\ch7\ch7_15.py ====================
Golden State Warriors
Golden State Warriors
Cleveland Cavaliers
```

7-2-4 sorted( ) 依鍵排序與遍歷字典

Python 的字典功能並不會處理排序，如果想要遍歷字典同時列出排序結果，可以使用方法 sorted( )。

程式實例 ch7_16.py：重新設計程式實例 ch7_14.py，但是名字將以排序方式列出結果，這個程式的重點是第 5 列。

```
5  for name in sorted(players):
6      print(name)
7      print(f"Hi! {name} 我喜歡看你在 {players[name]} 的表現")
```

執行結果

```
==================== RESTART: D:\Python\ch7\ch7_16.py ====================
Kevin Durant
Hi! Kevin Durant 我喜歡看你在 Golden State Warriors 的表現
Lebron James
Hi! Lebron James 我喜歡看你在 Cleveland Cavaliers 的表現
Stephen Curry
Hi! Stephen Curry 我喜歡看你在 Golden State Warriors 的表現
```

7-2-5 sorted( ) 依值排序與遍歷字典的值

在 Python 中 sorted( ) 函數可以用來對各種可迭代物件進行排序，包括字典。當使用 sorted( ) 對字典進行排序時，需要特別注意的是，sorted( ) 預設情況下僅會對字典的鍵 (key) 進行排序，返回的是一個包含已排序鍵的串列，而不是一個已排序的字典 (因為字典本身是無序的數據結構，在 Python 3.7 中雖然字典保持了插入順序，但仍然不被視為有序)。

❏ 字典排序回傳串列

程式實例 ch7_17.py：字典依據鍵排序，回傳串列。

```
1  # ch7_17.py
2  my_dict = {'Orange':60, 'Apple':100, 'Grape':80}
3  sorted_keys = sorted(my_dict)
4  print(f"依據 key 排序 = {sorted_keys}")
```

執行結果

```
==================== RESTART: D:\Python\ch7\ch7_17.py ====================
依據 key 排序 = ['Apple', 'Grape', 'Orange']
```

□　**生成依鍵排序效果的新字典**

　　如果你想要在遍歷時或以其他方式獲取一個按鍵排序的字典結構，可以結合使用 sorted( ) 和字典推導式。

程式實例 ch7_18.py：生成排序效果的新字典。

```
1  # ch7_18.py
2  my_dict = {'Orange':60, 'Apple':100, 'Grape':80}
3  sorted_dict_by_key = {k: my_dict[k] for k in sorted(my_dict)}
4  print(f"依據 key 排序的新字典 = {sorted_dict_by_key}")
```

執行結果

```
==================== RESTART: D:/Python/ch7/ch7_18.py ====================
依據 key 排序的新字典 = {'Apple': 100, 'Grape': 80, 'Orange': 60}
```

□　**生成元素是字典的排序串列**

　　sorted( ) 函數可以對字典進行排序，排序結果用串列回傳，此時其語法如下：

　　　sorted_list = sorted(my_dict.items( ), key=lambda x: x[n], reverse=True)

　　上述 my_dict 是要排序的字典，items( ) 方法用於將字典轉換為一個包含「(鍵,值)」配對元素的元組。key 參數是一個排序的參考鍵，lambda x: x[n] 公式，n 是配對元素的索引，如果 n 是 0 表示對 (鍵,值) 配對的鍵排序，如果 n 是 1 表示對 (鍵,值) 配對的值排序。reverse 參數表示排序的方式，如果為 True 表示降序，否則表示升序，預設是 False 表示升序。

註　未來 9-8 節筆者還會介紹 lambda 匿名函數。

　　此方法回傳的 sorted_list，其資料類型是串列，元素是元組，元組內有 2 個元素分別是原先字典的鍵和值。

程式實例 ch7_19.py：將水果字典分別依鍵與值排序，回傳是串列。

```
1  # ch7_19.py
2  fruits = {'Orange':60, 'Apple':100, 'Grape':80}
3  print(f"原始水果字典 : {fruits}")
4
5  # 依據字典的鍵排序的串列 -- 水果名稱
6  fruits_key = sorted(fruits.items(), key=lambda item:item[0])
```

```
7   print(f"依據字典的鍵排序的串列 : {fruits_key}")
8   print(" 品項    價格")
9   for i in range(len(fruits_key)):
10      print(f"{fruits_key[i][0]:6}   {fruits_key[i][1]}")
11
12  # 依據字典的值排序的串列 -- 售價
13  fruits_value = sorted(fruits.items(), key=lambda item:item[1])
14  print(f"依據字典的值排序的串列 : {fruits_value}")
15  print(" 品項    價格")
16  for i in range(len(fruits_value)):
17      print(f"{fruits_value[i][0]:6}   {fruits_value[i][1]}")
```

執行結果

```
================= RESTART: D:\Python\ch7\ch7_19.py =================
原始水果字典 : {'Orange': 60, 'Apple': 100, 'Grape': 80}
依據字典的鍵排序的串列 : [('Apple', 100), ('Grape', 80), ('Orange', 60)]
 品項  │ 價格
Apple  │ 100
Grape  │ 80
Orange │ 60
依據字典的值排序的串列 : [('Orange', 60), ('Grape', 80), ('Apple', 100)]
 品項  │ 價格
Orange │ 60
Grape  │ 80
Apple  │ 100
```

❑ **生成依值排序效果的新字典**

這時需使用字典生成式的觀念,字典生成式語法觀念如下:

新字典 = { 鍵運算式 : 值運算式 for 運算式 in 可迭代物件 }

下列是基本應用,假設有 2 列指令如下:

servers = ['Server1', 'Server2', 'Server3']
requests = {server:0 for server in servers}

上述相當於可以得到下列結果。

requests = {'Server1': 0, 'Server2': 0, 'Server3': 0}

程式實例 ch7_20.py:生成依值排序的新字典。

```
1  # ch7_20.py
2  fruits = {'Orange':60, 'Apple':100, 'Grape':80}
3
4  # 按值排序字典並創建一個新的字典
5  fruits_sort = {k: v for k, v in sorted(fruits.items(), key=lambda item: item[1])}
6  print(f"依據字典的值排序的字典 : {fruits_sort}")
```

執行結果

```
================= RESTART: D:/Python/ch7/ch7_20.py =================
依據字典的值排序的字典 : {'Orange': 60, 'Grape': 80, 'Apple': 100}
```

上述第 5 列是字典生成式，其程式碼是由以下幾部分組成：

- {k: v ...}：這指明了新字典的結構，其中 k 代表鍵，v 代表值。這表明對於每個迭代的元素，我們將建立一個「鍵值對」，鍵為 k，值為 v。

- for k, v in ...：這是一個迭代語句，用於遍歷提供給字典生成式的可迭代物件。在這個例子中，迭代的是由 sorted( ) 函數回傳排序後的「鍵值對」串列。k, v 是元組解包，用於從每個元組中提取鍵和值。

- sorted(my_dict.items(), key=lambda item: item[1])：這是提供給迭代語句的可迭代物件，它是一個排序後的鍵值對串列，可以參考前一個實例解說。

總之這個程式碼中的字典生成式透過對原字典的「鍵值對」依值進行排序，然後為排序後的每個鍵值對建立一個新的字典項目，最終組成一個全新的字典，其實這是 Python 高手才會用的方法。

7-3 字典內鍵的值是串列的應用

7-3-1　基礎觀念

在 Python 的應用中也允許將串列放在字典內，這時串列將是字典某鍵的值。這種結構非常適合處理與單一鍵關聯的多個值或屬性的情況。這種數據結構在數據處理、分類以及資料組織等方面極為有用。

如果想要遍歷這類資料結構，需要使用巢狀迴圈和字典的方法 items( )，外層迴圈是取得字典的鍵，內層迴圈則是將含串列的值拆解。下列是定義 sports 字典的實例：

```
3   sports = {'Curry':['籃球', '美式足球'],
4             'Durant':['棒球'],
5             'James':['美式足球', '棒球', '籃球']}
```

上述 sports 字典內含 3 個 " 鍵 : 值 " 配對元素，其中值的部分皆是串列。程式設計時外層迴圈配合 items( ) 方法，設計如下：

```
7   for name, favorite_sport in sports.items( ):
8       print(f"{name} 喜歡的運動是: ")
```

上述設計後，鍵內容會傳給 name 變數，值內容會傳給 favorite_sport 變數，所以第 8 列將可列印鍵內容。內層迴圈主要是將 favorite_sport 串列內容拆解，它的設計如下：

```
10      for sport in favorite_sport:
11          print(f"    {sport}")
```

上述串列內容會隨迴圈傳給 sport 變數,所以第 11 列可以列出結果。

程式實例 ch7_21.py:字典內含串列元素的應用,本程式會先定義內含字串的字典,然後再拆解列印。

```
1  # ch7_21.py
2  # 建立內含字串的字典
3  sports = {'Curry':['籃球', '美式足球'],
4            'Durant':['棒球'],
5            'James':['美式足球', '棒球', '籃球']}
6  # 列印key名字 + 字串'喜歡的運動'
7  for name, favorite_sport in sports.items( ):
8      print(f"{name} 喜歡的運動是: ")
9  # 列印value,這是串列
10     for sport in favorite_sport:
11         print(f"    {sport}")
```

執行結果

```
================= RESTART: D:\Python\ch7\ch7_21.py =================
Curry  喜歡的運動是:
    籃球
    美式足球
Durant  喜歡的運動是:
    棒球
James  喜歡的運動是:
    美式足球
    棒球
    籃球
```

7-3-2　潛在應用

字典內鍵的值是串列的資料結構應用有許多,下列是一些可能的應用。

❑ **圖書館中每本書有多位作者**

在這個實例中,字典的鍵是「書名」,而值是包含書的所有作者的串列。

```
library = {
    "R 王者歸來": ["洪錦魁", "蔡桂宏"],
    "GPT多模態學習": ["馮方向", "王筱杰"],
    "無料AI": ["洪錦魁"]
}

# 增加一本新書及其作者
library["全方位自動駕駛"] = ["李濤", "陳曉東", "張家榛"]
```

❑ **管理超市中每種產品的多個品牌**

在這個實例中,字典的鍵是產品類別,而值是該類別下所有品牌的串列。

```
supermarket = {
    "醬油": ["品牌 A", "品牌 B", "品牌 C"],
    "牛奶": ["品牌 D", "品牌 E"],
    "巧克力": ["品牌 F", "品牌 G", "品牌 H", "品牌 I"]
}

# 增加一個新產品類別和其品牌
supermarket["咖啡"] = ["品牌 J", "品牌 K", "品牌 L"]
```

7-4 字典內鍵的值是字典的應用

7-4-1 基礎觀念

在 Python 的應用中也允許將字典放在字典內，這時字典將是字典某鍵的值。這種結構提供了一種極為強大的數據組織方式，能夠處理更複雜的數據關係和層次結構。

程式實例 ch7_22.py：列出字典內含字典的內容。假設微信 (wechat_account) 帳號是用字典儲存，2 個鍵的值是由另外字典組成，這個內部字典另有 3 個鍵，分別是 last_name、first_name 和 city，下列是設計實例。至於列印方式一樣需使用 items( ) 函數，可參考下列實例。

```
1  # ch7_22.py
2  # 建立內含字典的字典
3  wechat_account = {'cshung':{
4                              'last_name':'洪',
5                              'first_name':'錦魁',
6                              'city':'台北'},
7                     'kevin':{
8                              'last_name':'張',
9                              'first_name':'家宇',
10                             'city':'北京'}}
11 # 列印內含字典的字典
12 for account, account_info in wechat_account.items( ):
13     print("使用者帳號 = ", account)                    # 列印鍵(key)
14     name = account_info['last_name'] + " " + account_info['first_name']
15     print(f"姓名      = {name}")                        # 列印值(value)
16     print(f"城市      = {account_info['city']}")         # 列印值(value)
```

執行結果

```
===================== RESTART: D:\Python\ch7\ch7_22.py =====================
使用者帳號 =  cshung
姓名      = 洪 錦魁
城市      = 台北
使用者帳號 =  kevin
姓名      = 張 家宇
城市      = 北京
```

7-4-2　潛在應用

字典內鍵的值是串列的資料結構應用有許多，下列是一些可能的應用。

❏　員工管理系統

在這個結構中，每位員工的 ID 是外層字典的鍵，而員工的個人資料，例如：名字、職位和電子郵件則存於內層字典中。

```
employees = {
    "001": {"名字": "John",
            "職位": "軟體工程師",
            "email": "john@cxample.com"},
    "002": {"名字": "Jane",
            "職位": "業務經理",
            "email": "janes@examplc.com"}
}

# 增加一位新員工
employees["003"] = {"名字": "Mike",
                    "職位": "財務經理",
                    "email": "mike@example.com"}
```

❏　餐廳菜單系統

這個結構可以儲存不同類型的菜品以及它們的詳細信息，例如：價格和成份。

```
menu = {
    "義大利麵": {"價格": 200, "成份": ["麵粉", "水", "雞蛋"]},
    "披薩": {"價格": 160, "成份": ["麵團", "起司", "番茄醬", "辣味香腸"]}
}

# 更新披薩的價格
menu["披薩"]["價格"] = 180
```

7-5 實戰 - 文章分析 / 星座字典 / 凱薩密碼

7-5-1　分析文章的文字與字數

程式實例 ch7_23.py：這個專案主要是設計一個程式，可以記錄一段英文文字，或是一篇文章所有單字以及每個單字的出現次數，這個程式會用單字當作字典的鍵 (key)，用值 (value) 當作該單字出現的次數。

```
1   # ch7_23.py
2   song = """Are you sleeping, are you sleeping, Brother John, Brother John?
3   Morning bells are ringing, morning bells are ringing.
4   Ding ding dong, Ding ding dong."""
5   mydict = {}                              # 空字典未來儲存單字計數結果
6   print("原始歌曲")
7   print(song)
8
9   # 以下是將歌曲大寫字母全部改成小寫
10  songLower = song.lower()                 # 歌曲改為小寫
11  print("小寫歌曲")
12  print(songLower)
13
14  # 將歌曲的標點符號用空字元取代
15  for ch in songLower:
16      if ch in ".,?":
17          songLower = songLower.replace(ch,'')
18  print("不再有標點符號的歌曲")
19  print(songLower)
20
21  # 將歌曲字串轉成串列
22  songList = songLower.split()
23  print("以下是歌曲串列")
24  print(songList)                          # 列印歌曲串列
25
26  # 將歌曲串列處理成字典
27  for wd in songList:
28      if wd in mydict:                     # 檢查此字是否已在字典內
29          mydict[wd] += 1                  # 累計出現次數
30      else:
31          mydict[wd] = 1                   # 第一次出現的字建立此鍵與值
32
33  print("以下是最後執行結果")
34  print(mydict)                            # 列印字典
```

執行結果

```
===================== RESTART: D:\Python\ch7\ch7_23.py =====================
原始歌曲
Are you sleeping, are you sleeping, Brother John, Brother John?
Morning bells are ringing, morning bells are ringing.
Ding ding dong, Ding ding dong.
小寫歌曲
are you sleeping, are you sleeping, brother john, brother john?
morning bells are ringing, morning bells are ringing.
ding ding dong, ding ding dong.
不再有標點符號的歌曲
are you sleeping are you sleeping brother john brother john
morning bells are ringing morning bells are ringing
ding ding dong ding ding dong
以下是歌曲串列
['are', 'you', 'sleeping', 'are', 'you', 'sleeping', 'brother', 'john', 'brother
', 'john', 'morning', 'bells', 'are', 'ringing', 'morning', 'bells', 'are', 'rin
ging', 'ding', 'ding', 'dong', 'ding', 'ding', 'dong']
以下是最後執行結果
{'are': 4, 'you': 2, 'sleeping': 2, 'brother': 2, 'john': 2, 'morning': 2, 'bell
s': 2, 'ringing': 2, 'ding': 4, 'dong': 2}
```

上述程式註解非常清楚，整個程式依據下列方式處理。

1：將歌曲全部改成小寫字母同時列印，可參考 10-12 列。

2：將歌曲的標點符號 ",.?" 全部改為空白同時列印，可參考 15-19 列。

3：將歌曲字串轉成串列同時列印串列，可參考 22-24 列。

4：將歌曲串列處理成字典同時計算每個單字出現次數，可參考 27-31 列。

5：最後列印字典。

程式實例 ch7_24.py：使用字典生成方式重新設計 ch7_23.py，這個程式的重點是第 27 列取代了原先的第 27 至 31 列。

```
27  mydict = {wd:songList.count(wd) for wd in songList}
```

另外可以省略第 5 列設定空字典。

```
5  #mydict = {}                          # 省略,空字典未來儲存單字計數結果
```

7-5-2　星座字典

程式實例 ch7_25.py：星座字典的設計，這個程式會要求輸入星座，如果所輸入的星座正確則輸出此星座的時間區間和本月運勢，如果所輸入的星座錯誤，則輸出星座輸入錯誤。

```
1  # ch7_25.py
2  season = {'水瓶座':'1月20日 - 2月18日，需警惕小人',
3            '雙魚座':'2月19日 - 3月20日，凌亂中找立足',
4            '白羊座':'3月21日 - 4月19日，運勢比較低迷',
5            '金牛座':'4月20日 - 5月20日，財運較佳',
6            '雙子座':'5月21日 - 6月21日，運勢好可錦上添花',
7            '巨蟹座':'6月22日 - 7月22日，不可鬆懈大意',
8            '獅子座':'7月23日 - 8月22日，會有成就感',
9            '處女座':'8月23日 - 9月22日，會有挫折感',
10           '天秤座':'9月23日 - 10月23日，運勢給力',
11           '天蠍座':'10月24日 - 11月22日，中規中矩',
12           '射手座':'11月23日 - 12月21日，可羨煞眾人',
13           '魔羯座':'12月22日 - 1月19日，需保有謙虛',
14           }
15
16  wd = input("請輸入欲查詢的星座 ： ")
17  if wd in season:
18      print(wd, " 本月運勢 ： ", season[wd])
19  else:
20      print("星座輸入錯誤")
```

執行結果

```
==================== RESTART: D:\Python\ch7\ch7_25.py ====================
請輸入欲查詢的星座 ： 獅子座
獅子座  本月運勢 ： 7月23日 - 8月22日，會有成就感
```

7-5-3　文件加密 – 凱薩密碼實作

延續 5-14-1 節的內容，在 Python 資料結構中，要執行加密可以使用字典的功能，觀念是將原始字元當作鍵 (key)，加密結果當作值 (value)，這樣就可以達到加密的目的，若是要讓字母往前後 3 個字元，相當於要建立下列字典。

encrypt = {'a':'d', 'b':'e', 'c':'f', 'd':'g', … , 'x':'a', 'y':'b', 'z':'c'}

程式實例 ch7_26.py：設計一個加密程式，使用 "python" 做測試。

```
1  # ch7_26.py
2  abc = 'abcdefghijklmnopqrstuvwxyz'
3  encry_dict = {}
4  front3 = abc[:3]
5  end23 = abc[3:]
6  subText = end23 + front3
7  encry_dict = dict(zip(abc, subText))      # 建立字典
8  print("列印編碼字典\n", encry_dict)         # 列印字典
9
10 msgTest = input("請輸入原始字串 : ")
11
12 cipher = []
13 for i in msgTest:                          # 執行每個字元加密
14     v = encry_dict[i]                      # 加密
15     cipher.append(v)                       # 加密結果
16 ciphertext = ''.join(cipher)               # 將串列轉成字串
17
18 print("原始字串 ", msgTest)
19 print("加密字串 ", ciphertext)
```

執行結果

```
==================== RESTART: D:\Python\ch7\ch7_26.py ====================
列印編碼字典
 {'a': 'd', 'b': 'e', 'c': 'f', 'd': 'g', 'e': 'h', 'f': 'i', 'g': 'j', 'h': 'k'
, 'i': 'l', 'j': 'm', 'k': 'n', 'l': 'o', 'm': 'p', 'n': 'q', 'o': 'r', 'p': 's'
, 'q': 't', 'r': 'u', 's': 'v', 't': 'w', 'u': 'x', 'v': 'y', 'w': 'z', 'x': 'a'
, 'y': 'b', 'z': 'c'}
請輸入原始字串 : python
原始字串  python
加密字串  sbwkrq
```

7-5-4　字典的潛在應用

下列是字典的潛在應用，讀者可以參考：

❑　**學生課程和成績表**

利用字典儲存學生的課程和對應成績，鍵是學生名稱，值是另一個字典，其中包含課程名稱和成績。

```
students_scores = {
    "洪錦魁": {"數學": 92, "英語": 88},
    "沈靜東": {"數學": 75, "物理": 85}
}
```

❑　**圖書館書籍借閱系統**

　　使用字典追蹤圖書的借閱狀態，鍵是書名，值是另一個字典，記錄借閱者和到期日。

```
library_borrowing = {
    "Python基礎": {"借閱者": "洪錦魁", "到期日": "2023-05-10"},
    "演算法": {"借閱者": "張家宜", "到期日": "2023-05-15"}
}
```

❑　**食譜和食材清單**

　　字典用於儲存不同食譜及其所需的食材，鍵是食譜名稱，值是食材列表。

```
recipes = {
    "番茄炒蛋": ["番茄", "雞蛋", "鹽", "糖"],
    "清炒時蔬": ["青菜", "胡蘿蔔", "大蒜", "鹽"]
}
```

❑　**個人行程安排**

　　字典可以用來管理個人的行程，鍵是日期，值是當天的安排清單。

```
schedule = {
    "2025-05-10": ["上午會議", "下午教育訓練", "晚上運動"],
    "2025-05-11": ["整理報告", "與客戶午餐"]
}
```

❑　**遊戲角色和屬性**

　　字典用於儲存遊戲中角色的屬性，鍵是角色名稱，值是其屬性字典，包括等級、生命值和法力值等。

```
game_characters = {
    "勇者": {"等級": 5, "生命值": 100, "法力值": 30},
    "魔法師": {"等級": 4, "生命值": 60, "法力值": 80}
}
```

7-6 AI 輔助學習建立字典資料

新人在學習 Python 過程，我們可能會不知道如何建立字典資料，可以描述需求，然後讓 AI 協助我們建立。下列是實例，與執行結果。

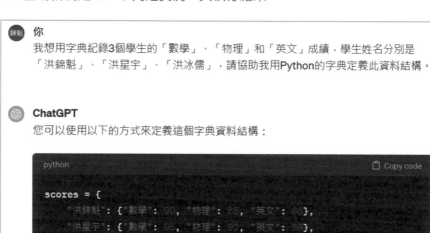

對於我們而言，現在只要輸入正確成績即可。下列 ch7_27.py 是將上述程式碼組合，與執行結果。

```
1  # ch7_27.py
2  scores = {
3      "洪錦魁": {"數學": 90, "物理": 85, "英文": 88},
4      "洪星宇": {"數學": 95, "物理": 92, "英文": 89},
5      "洪冰儒": {"數學": 88, "物理": 90, "英文": 85}
6  }
```

```
7
8   # 獲取洪錦魁的數學成績
9   hong_jin_kui_math_score = scores["洪錦魁"]["數學"]
10  print("洪錦魁的數學成績：", hong_jin_kui_math_score)
```

執行結果

```
================== RESTART: D:/Python/ch7/ch7_27.py ==================
洪錦魁的數學成績： 90
```

習題實作題

ex7_1.py：請建立星期資訊的英漢字典，相當於輸入英文的星期資訊可以列出星期的中文，如果輸入不是星期英文則列出輸入錯誤。這個程式的另一個特色是，不論輸入大小寫均可以處理。

```
請輸入星期幾的英文： Sunday
星期天
```
```
請輸入星期幾的英文： sunday
星期天
```
```
請輸入星期幾的英文： march
輸入錯誤
```

ex7_2.py：有一個 fruits 字典內含 5 種水果的每斤售價，Watermelon:15、Banana:20、Pineapple:25、Orange:12、Apple:18，請先列印此 fruits 字典，再依水果名排序列印。

```
================== RESTART: D:\Python\ex7\ex7_2.py ==================
{'Watermelon': 15, 'Banana': 20, 'Pineapple': 25, 'Orange': 12, 'Apple': 18}
Apple : 18
Banana : 20
Orange : 12
Pineapple : 25
Watermelon : 15
```

ex7_3.py：請先建立 noodles 字典，可參考下列輸出，請設計程式直接依 noodles 售價排序列印。

```
================== RESTART: D:\Python\ex7\ex7_3.py ==================
{'牛肉麵': 100, '肉絲麵': 80, '陽春麵': 60, '大滷麵': 90, '麻醬麵': 70}
陽春麵 : 60
麻醬麵 : 70
肉絲麵 : 80
大滷麵 : 90
牛肉麵 : 100
```

ex7_4.py：用前一個習題，列印完 noodles 字典後，直接列印最貴和最便宜的麵。

```
================== RESTART: D:\Python\ex7\ex7_4.py ==================
{'牛肉麵': 100, '肉絲麵': 80, '陽春麵': 60, '大滷麵': 90, '麻醬麵': 70}
最貴的是 牛肉麵 金額是 100
最便宜的是 陽春麵 金額是 60
```

ex7_5.py：請設計 5 個旅遊地點當鍵，值則是由字典組成，內部包含 5 個 " 鍵:值 "，
請自行發揮創意，然後列印出來。

```
========================= RESTART: D:\Python\ex7\ex7_5.py =========================
旅遊地點 =    張家界
省份    =    湖南省
景點    =    天門山, 大峽谷
旅遊地點 =    九寨溝
省份    =    四川省
景點    =    熊貓海, 箭竹海
旅遊地點 =    黃山
省份    =    安徽省
景點    =    天都峰, 蓬萊三島
旅遊地點 =    武夷山
省份    =    福建省
景點    =    天遊峰, 桃源洞
旅遊地點 =    敦煌
省份    =    甘肅省
景點    =    石窟, 月牙泉
```

ex7_6.py：請擴充設計專題 ch7_23.py，該程式所輸出的部分可以不用再輸出，本程式
會使用所建立的字典，列印出現最多的字，同時列印出現次數，可能會有多個單字出
現一樣次數是最多次，必需同時列出來。

```
========================= RESTART: D:\Python\ex7\ex7_6.py =========================
字串 are 出現最多次共出現 4 次
字串 ding 出現最多次共出現 4 次
```

ex7_7.py：請重新設計 ch7_26.py，讓字母往前移 3 個字元，相當於要建立下列字典。

encrypt = {'a':'x', 'b':'y', 'c':'z', 'd':'a', … , 'z':'w'}

最後使用 "python" 做測試。

```
========================= RESTART: D:\Python\ex7\ex7_7.py =========================
列印編碼字典
{'d': 'a', 'e': 'b', 'f': 'c', 'g': 'd', 'h': 'e', 'i': 'f', 'j': 'g', 'k': 'h'
, 'l': 'i', 'm': 'j', 'n': 'k', 'o': 'l', 'p': 'm', 'q': 'n', 'r': 'o', 's': 'p'
, 't': 'q', 'u': 'r', 'v': 's', 'w': 't', 'x': 'u', 'y': 'v', 'z': 'w', 'a': 'x'
, 'b': 'y', 'c': 'z'}
原始字串  python
加密字串  mvqelk
```

ex7_8.py：請擴充前一個實例，處理成可以加密英文大小寫，基本精神是讓 abc 字串是
'abc … xyz ABC … XYZ'。另外讓 z 和 A 之間空一格，這是讓空格也執行加密。這時 a 將
加密為 X、b 將加密為 Y、c 將加密為 Z。

```
========================= RESTART: D:\Python\ex7\ex7_8.py =========================
列印編碼字典
{'d': 'a', 'e': 'b', 'f': 'c', 'g': 'd', 'h': 'e', 'i': 'f', 'j': 'g', 'k': 'h'
, 'l': 'i', 'm': 'j', 'n': 'k', 'o': 'l', 'p': 'm', 'q': 'n', 'r': 'o', 's': 'p'
, 't': 'q', 'u': 'r', 'v': 's', 'w': 't', 'x': 'u', 'y': 'v', 'z': 'w', ' ': 'x'
, 'A': 'y', 'B': 'z', 'C': ' ', 'D': 'A', 'E': 'B', 'F': 'C', 'G': 'D', 'H': 'E'
, 'I': 'F', 'J': 'G', 'K': 'H', 'L': 'I', 'M': 'J', 'N': 'K', 'O': 'L', 'P': 'M'
, 'Q': 'N', 'R': 'O', 'S': 'P', 'T': 'Q', 'U': 'R', 'V': 'S', 'W': 'T', 'X': 'U'
, 'Y': 'V', 'Z': 'W', 'a': 'X', 'b': 'Y', 'c': 'Z'}
原始字串  i like python
加密字串  Fxifhbxmvqelk
```

第 8 章

掌握集合 (Set) - 高效數據處理的關鍵

創意程式：雞尾酒

潛在應用：統計獨特單字的數量、模擬抽獎系統、
檢測兩個配置文件的差異

集合的基本觀念是無序且每個元素是唯一的,其實也可以將集合看成是字典的鍵,每個鍵皆是唯一的,集合元素的值是不可變的 (immutable),常見的元素有整數 (intger)、浮點數 (float)、字串 (string)、元組 (tuple) … 等。至於可變 (mutable) 內容串列 (list)、字典 (dict)、集合 (set) … 等不可以是集合元素。但是集合本身是可變的 (mutable),我們可以增加或刪除集合的元素。

集合主要用途是進行成員測試和消除重複元素,此外,集合不支持索引和切片操作,這降低了因誤用索引操作而引發錯誤的風險。

8-1 如何建立集合 - set( ) 函數的全面指南

集合是由元素組成,基本觀念是無序且每個元素是唯一的。例如:一個骰子有 6 面,每一面是一個數字,每個數字是一個元素,我們可以使用集合代表這 6 個數字。

{1, 2, 3, 4, 5, 6}

8-1-1　使用 { } 建立集合

Python 可以使用大括號 "{ }" 建立集合,下方左邊是建立 lang 集合,此集合元素是 'Python'、'C'、'Java'。

```
>>> lang = {'Python', 'C', 'Java'}
>>> lang
{'Python', 'Java', 'C'}
```

```
>>> A = {1, 2, 3, 4, 5}
>>> A
{1, 2, 3, 4, 5}
```

上方右邊是建立 A 集合,集合元素是自然數 1, 2, 3, 4, 5。

8-1-2　集合元素是唯一

因為集合元素是唯一,即使建立集合時有元素重複,也只有一份會被保留。

```
>>> A = {1, 1, 2, 2, 3, 3, 3}
>>> A
{1, 2, 3}
```

8-1-3　使用 set( ) 建立集合

Python 內建的 set( ) 函數也可以建立集合,set( ) 函數參數只能有一個元素,此元素的內容可以是字串 (string)、串列 (list)、元組 (tuple)、字典 (dict) … 等。下列是使用 set( ) 建立集合,元素內容是字串。

```
>>> A = set('Deepmind')
>>> A
{'i', 'm', 'd', 'D', 'n', 'e', 'p'}
```

從上述運算我們可以看到原始字串 e 有 2 個，但是在集合內只出現一次，因為集合元素是唯一的。此外，雖然建立集合時的字串是 'Deepmind'，但是在集合內字母順序完全被打散了，因為集合是無序的。

下列是使用串列建立集合的實例。

```
>>> A = set(['Python', 'Java', 'C'])
>>> A
{'Python', 'Java', 'C'}
```

8-1-4　建立空集合要用 set( )

如果使用 { }，將是建立空字典。建立空集合必須使用 set( )。

程式實例 ch8_1.py：建立空字典與空集合。

```
1   # ch8_1.py
2   empty_dict = {}                          # 這是建立空字典
3   print(f"列印類別 = {type(empty_dict)}")
4   empty_set = set()                        # 這是建立空集合
5   print(f"列印類別 = {type(empty_set)}")
```

執行結果

```
==================== RESTART: D:\Python\ch8\ch8_1.py ====================
列印類別 = <class 'dict'>
列印類別 = <class 'set'>
```

8-2 集合的操作技巧 - 提升數據處理的效率

Python 符號	說明	函數	參考
&	交集	intersection( )	8-2-1 節
|	聯集	union( )	8-2-2 節
-	差集	difference( )	8-2-3 節

8-2-1　交集 (intersection)

有 A 和 B 兩個集合，如果想獲得相同的元素，則可以使用交集。例如：你舉辦了數學 (可想成 A 集合) 與物理 (可想成 B 集合)2 個夏令營，如果想統計有那些人同時參加這 2 個夏令營，可以使用此功能。

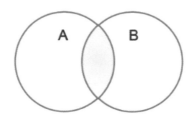

交集的數學符號是 ∩，若是以上圖而言就是 A ∩ B。

在 Python 語言的交集符號是 "&"，另外，也可以使用 intersection( ) 方法完成這個工作。

程式實例 ch8_2.py：有數學與物理 2 個夏令營，這個程式會列出同時參加這 2 個夏令營的成員。

```
1  # ch8_2.py
2  math = {'Kevin', 'Peter', 'Eric'}          # 設定參加數學夏令營成員
3  physics = {'Peter', 'Nelson', 'Tom'}       # 設定參加物理夏令營成員
4  both1 = math & physics
5  print(f"同時參加數學與物理夏令營的成員 {both1}")
6  both2 = math.intersection(physics)
7  print(f"同時參加數學與物理夏令營的成員 {both2}")
```

執行結果

```
===================== RESTART: D:\Python\ch8\ch8_2.py =====================
同時參加數學與物理夏令營的成員　{'Peter'}
同時參加數學與物理夏令營的成員　{'Peter'}
```

8-2-2　聯集 (union)

有 A 和 B 兩個集合，如果想獲得所有的元素，則可以使用聯集。例如：你舉辦了數學 (可想成 A 集合) 與物理 (可想成 B 集合)2 個夏令營，如果想統計有參加數學或物理夏令營的全部成員，可以使用此功能。

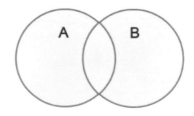

聯集的數學符號是 ∪，若是以上圖而言就是 A ∪ B。

在 Python 語言的聯集符號是 "|"，另外，也可以使用 union( ) 方法完成這個工作。

程式實例 ch8_3.py：有數學與物理 2 個夏令營，這個程式會列出有參加數學或物理夏令營的所有成員。

```
1  # ch8_3.py
2  math = {'Kevin', 'Peter', 'Eric'}        # 設定參加數學夏令營成員
3  physics = {'Peter', 'Nelson', 'Tom'}     # 設定參加物理夏令營成員
4  allmember1 = math | physics
5  print(f"參加數學或物理夏令營的成員 {allmember1}")
6  allmember2 = math.union(physics)
7  print(f"參加數學或物理夏令營的成員 {allmember2}")
```

執行結果
```
==================== RESTART: D:\Python\ch8\ch8_3.py ====================
參加數學或物理夏令營的成員  {'Tom', 'Peter', 'Nelson', 'Eric', 'Kevin'}
參加數學或物理夏令營的成員  {'Tom', 'Peter', 'Nelson', 'Eric', 'Kevin'}
```

8-2-3 差集 (difference)

有 A 和 B 兩個集合，如果想獲得屬於 A 集合元素，同時不屬於 B 集合則可以使用差集 (A-B)。如果想獲得屬於 B 集合元素，同時不屬於 A 集合則可以使用差集 (B-A)。例如：你舉辦了數學 (可想成 A 集合) 與物理 (可想成 B 集合)2 個夏令營，如果想瞭解參加數學夏令營但是沒有參加物理夏令營的成員，請參考下方左圖。

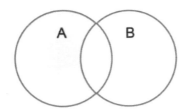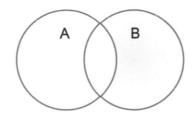

如果想統計參加物理夏令營但是沒有參加數學夏令營的成員，請參考上方右圖。在 Python 語言的差集符號是 "-"，另外，也可以使用 difference( ) 方法完成這個工作。

程式實例 ch8_4.py：有數學與物理 2 個夏令營，這個程式會列出參加數學夏令營但是沒有參加物理夏令營的所有成員。另外也會列出參加物理夏令營但是沒有參加數學夏令營的所有成員。

```
1  # ch8_4.py
2  math = {'Kevin', 'Peter', 'Eric'}        # 設定參加數學夏令營成員
3  physics = {'Peter', 'Nelson', 'Tom'}     # 設定參加物理夏令營成員
4  math_only1 = math - physics
5  print(f"參加數學夏令營同時沒有參加物理夏令營的成員 {math_only1}")
6  math_only2 = math.difference(physics)
7  print(f"參加數學夏令營同時沒有參加物理夏令營的成員 {math_only2}")
8  physics_only1 = physics - math
9  print(f"參加物理夏令營同時沒有參加數學夏令營的成員 {physics_only1}")
10 physics_only2 = physics.difference(math)
11 print(f"參加物理夏令營同時沒有參加數學夏令營的成員 {physics_only2}")
```

執行結果

```
======================= RESTART: D:\Python\ch8\ch8_4.py =======================
參加數學夏令營同時沒有參加物理夏令營的成員　{'Kevin', 'Eric'}
參加數學夏令營同時沒有參加物理夏令營的成員　{'Kevin', 'Eric'}
參加物理夏令營同時沒有參加數學夏令營的成員　{'Nelson', 'Tom'}
參加物理夏令營同時沒有參加數學夏令營的成員　{'Nelson', 'Tom'}
```

8-3　實戰 - 雞尾酒 / 潛在應用

8-3-1　雞尾酒的實例

雞尾酒是酒精飲料，由基酒和一些飲料調製而成，下列是一些常見的雞尾酒飲料以及它的配方。

- ❏ 藍色夏威夷佬 (Blue Hawaiian)：蘭姆酒 (rum)、甜酒 (sweet wine)、椰奶 (coconut cream)、鳳梨汁 (pineapple juice)、檸檬汁 (lemon juice)。

- ❏ 薑味莫西多 (Ginger Mojito)：蘭姆酒 (rum)、薑 (ginger)、薄荷葉 (mint leaves)、萊姆汁 (lime juice)、薑汁汽水 (ginger soda)。

- ❏ 紐約客 (New Yorker)：威士忌 (whiskey)、紅酒 (red wine)、檸檬汁 (lemon juice)、糖水 (sugar syrup)。

- ❏ 血腥瑪莉 (Bloody Mary)：伏特加 (vodka)、檸檬汁 (lemon juice)、番茄汁 (tomato juice)、酸辣醬 (tabasco)、少量鹽 (little salt)。

程式實例 ch8_5.py：為上述雞尾酒建立一個字典，上述字典的鍵 (key) 是字串，也就是雞尾酒的名稱，字典的值是集合，內容是各種雞尾酒的材料配方。這個程式會列出含有伏特加配方的酒，和含有檸檬汁的酒、含有蘭姆酒但沒有薑的酒。

```
1   # ch8_5.py
2   cocktail = {
3       'Blue Hawaiian':{'Rum','Sweet Wine','Cream','Pineapple Juice','Lemon Juice'},
4       'Ginger Mojito':{'Rum','Ginger','Mint Leaves','Lime Juice','Ginger Soda'},
5       'New Yorker':{'Whiskey','Red Wine','Lemon Juice','Sugar Syrup'},
6       'Bloody Mary':{'Vodka','Lemon Juice','Tomato Juice','Tabasco','little Sale'}
7       }
8   # 列出含有Vodka的酒
9   print("含有Vodka的酒 : ")
10  for name, formulas in cocktail.items():
11      if 'Vodka' in formulas:
12          .  print(name)
13  # 列出含有Lemon Juice的酒
14  print("含有Lemon Juice的酒 : ")
15  for name, formulas in cocktail.items():
16      if 'Lemon Juice' in formulas:
17          print(name)
```

```
18    # 列出含有Rum但是沒有薑的酒
19    print("含有Rum但是沒有薑的酒 : ")
20    for name, formulas in cocktail.items():
21        if 'Rum' in formulas and not ('Ginger' in formulas):
22            print(name)
23    # 列出含有Lemon Juice但是沒有Cream或是Tabasco的酒
24    print("含有Lemon Juice但是沒有Cream或是Tabasco的酒 : ")
25    for name, formulas in cocktail.items():
26        if 'Lemon Juice' in formulas and not formulas & {'Cream', 'Tabasco'}:
27            print(name)
```

執行結果

```
==================== RESTART: D:\Python\ch8\ch8_5.py ====================
含有Vodka的酒 :
Bloody Mary
含有Lemon Juice的酒 :
Blue Hawaiian
New Yorker
Bloody Mary
含有Rum但是沒有薑的酒 :
Blue Hawaiian
含有Lemon Juice但是沒有Cream或是Tabasco的酒 :
New Yorker
```

上述程式用 in 測試指定的雞尾酒材料配方是否在所傳回字典值 (value) 的 formulas 集合內，另外程式第 26 列則是將 formulas 與集合元素 'Cream'、'Tabasco' 做交集 (&)，如果 formulas 內沒有這些配方結果會是 False，經過 not 就會是 True，則可以列印 name。

8-3-2　集合的潛在應用

❑　統計獨特單字的數量

在處理文件檔案時，我們可能對統計一篇文章中不同單字的數量感興趣。使用集合，我們可以輕易地去除重複的單字，只留下獨特的單字。註：第 4 列 len( ) 可以獲得集合元素的數量。

```
1    # ch8_6.py
2    text = "this is a simple text this text has some simple words"
3    words = set(text.split())
4    unique_word_count = len(words)
5    print(f"獨特單字數量: {unique_word_count}")
```

❑　模擬抽獎系統

假設我們要從一群參賽者中隨機選擇幸運兒。使用集合，我們可以確保所有參賽者是唯一的，避免重複抽取同一人。

```
1  # ch8_7.py
2  import random
3
4  members = ["John", "Jack", "Jill", "Steve", "Maria", "Steve"]
5  participants = set(members)  # 轉換為集合去除重複的 "Steve"
6  print(f"抽獎名冊 : {participants}")
7  # 將參與者集合轉換為串列, 然後從中隨機選取一名勝利者
8  winner = random.choice(list(participants))
9  print(f"恭喜 {winner} 贏得了獎品!")
```

上述有使用 random.choice( )，這個方法可以讓我們在一個串列 (list) 中隨機傳回一個元素。

❏　檢測兩個配置文件的差異

在軟體開發過程中，比較兩個配置文件的差異是一項常見任務。使用集合的差集功能可以輕鬆找出它們之間的差異。註：這是一個將字典轉集合的應用。

```
1  # ch8_8.py
2  config_version_1 = {"DEBUG":True, "LOG_LEVEL":"INFO", "ENV":"development"}
3  config_version_2 = {"DEBUG":False, "LOG_LEVEL":"WARNING"}
4
5  missing_keys = set(config_version_1) - set(config_version_2)
6  print("在第二個版本中缺失的鍵 : ", missing_keys)
```

8-4 AI 輔助學習集合的意義與用法

在使用集合時，可以詢問 ChatGPT「集合的意義」。

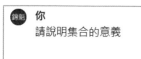

錦魁　你
請說明集合的意義

ChatGPT
集合在 Python 中是一種非常有用的數據結構，它的意義體現在以下幾個方面：

1. **去除重複元素:**
   - 集合中的元素是唯一的,不允許重複。這使得集合在處理需要去除重複元素的情況下非常方便。
2. **成員資格測試:**
   - 可以快速地檢查某個元素是否存在於集合中,這比在列表或元組中搜索效率更高。
3. **數學集合操作:**
   - 集合支持像聯集、交集、差集等數學集合操作,這些操作可以方便地對集合進行操作和處理。
4. **可變性:**
   - 集合是可變的,您可以添加或刪除元素,從而改變集合的內容。
5. **不可變集合:**
   - Python 中還有一種叫做「不可變集合」(frozenset)的類型,它是一種不可變的集合,一旦創建就無法修改。

總之,集合提供了一種有效的方式來 ↓ 理唯一的元素集合,同時還能夠方便地進行成員資格測試和集合操作。它在許多情況下都是一個非常實用的數據結構。

下列是請 ChatGPT「說明集合的用法」。

 你
請舉例說明集合的用法

 ChatGPT
以下是集合的一些常見用法的示例:

1. **去除重複元素:**

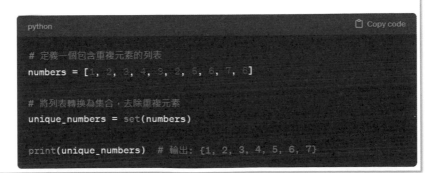

```python
# 定義一個包含重複元素的列表
numbers = [1, 2, 3, 4, 3, 2, 5, 6, 7, 6]

# 將列表轉換為集合,去除重複元素
unique_numbers = set(numbers)

print(unique_numbers)  # 輸出: {1, 2, 3, 4, 5, 6, 7}
```

1. **成員資格測試：**

```python
# 定義一個集合
fruits = {"apple", "banana", "orange", "grape"}

# 檢查某個元素是否存在於集合中
print("banana" in fruits)  # 輸出: True
print("watermelon" in fruits)  # 輸出: False
```

1. **集合操作：**

```python
# 定義兩個集合
set1 = {1, 2, 3, 4, 5}
set2 = {4, 5, 6, 7, 8}

# 聯集
union_set = set1.union(set2)
print(union_set)  # 輸出: {1, 2, 3, 4, 5, 6, 7, 8}

# 交集
intersection_set = set1.intersection(set2)
print(intersection_set)  # 輸出: {4, 5}

# 差集
difference_set = set1.difference(set2)
print(difference_set)  # 輸出: {1, 2, 3}
```

習題實作題

ex8_1.py：有一段英文段落如下：

Silicon Stone Education is an unbiased organization, concentrated on bridging the gap between academic and the working world in order to benefit society as a whole. We have carefully crafted our online certification system and test content databases. The content for each topic is created by experts and is all carefully designed with a comprehensive knowledge to greatly benefit all candidates who participate.

請將上述文章處理成沒有標點符號和沒有重複字串的字串串列。

```
===================== RESTART: D:\Python\ex8\ex8_1.py =====================
最後串列 = ['a', 'academic', 'all', 'an', 'and', 'as', 'benefit', 'between', 'br
idging', 'by', 'candidates', 'carefully', 'certification', 'comprehensive', 'con
centrated', 'content', 'crafted', 'created', 'databases', 'designed', 'each', 'e
ducation', 'experts', 'for', 'gap', 'greatly', 'have', 'in', 'is', 'knowledge',
'on', 'online', 'order', 'organization', 'our', 'participate', 'silicon', 'socie
ty', 'stone', 'system', 'test', 'the', 'to', 'topic', 'unbiased', 'we', 'who', '
whole', 'with', 'working', 'world']
```

ex8_2.py：請建立 2 個串列：

A：1, 3, 5, …, 99

B：0, 5, 10, …, 100

將上述轉成集合，然後求上述的交集，聯集，A-B 差集和 B-A 差集。

```
===================== RESTART: D:\Python\ex8\ex8_2.py =====================
聯集：{0, 1, 3, 5, 7, 9, 10, 11, 13, 15, 17, 19, 20, 21, 23, 25, 27, 29, 30, 31
, 33, 35, 37, 39, 40, 41, 43, 45, 47, 49, 50, 51, 53, 55, 57, 59, 60, 61, 63, 65
, 67, 69, 70, 71, 73, 75, 77, 79, 80, 81, 83, 85, 87, 89, 90, 91, 93, 95, 97, 99
, 100}
交集：{65, 35, 5, 75, 45, 15, 85, 55, 25, 95}
A-D差集：{1, 3, 7, 9, 11, 13, 17, 19, 21, 23, 27, 29, 31, 33, 37, 39, 41, 43, 4
7, 49, 51, 53, 57, 59, 61, 63, 67, 69, 71, 73, 77, 79, 81, 83, 87, 89, 91, 93, 9
7, 99}
B-A差集：{0, 100, 70, 40, 10, 80, 50, 20, 90, 60, 30}
```

ex8_3.py：有 3 個夏令營集合分別如下：

Math：Peter, Norton, Kevin, Mary, John, Ford, Nelson, Damon, Ivan, Tom
Computer：Curry, James, Mary, Turisa, Tracy, Judy, Lee, Jarmul, Damon, Ivan
Physics：Eric, Lee, Kevin, Mary, Christy, Josh, Nelson, Kazil, Linda, Tom

請分別列出下列資料：

a：同時參加 3 個夏令營的名單。

b：同時參加 Math 和 Computer 的夏令營的名單。

c：同時參加 Math 和 Physics 的夏令營的名單。

d：同時參加 Computer 和 Pyhsics 的夏令營的名單。

```
===================== RESTART: D:\Python\ex8\ex8_3.py =====================
同時參加3個夏令營名單：{'Mary'}
同時參加Math和Computer夏令營名單：{'Damon', 'Mary', 'Ivan'}
同時參加Math和Physics夏令營名單：{'Tom', 'Kevin', 'Nelson', 'Mary'}
同時參加Computer和Physics夏令營名單：{'Lee', 'Mary'}
```

ex8_4.py：創建無重複的邀請名單，在組織活動時，可能會從多個來源收集被邀請者名單，使用集合可以確保名單中沒有重複的名字。

list_from_source_a = {"John", "Jane", "Jack"}
list_from_source_b = {"Jack", "Jill", "Steve", "Maria"}

```
==================== RESTART: D:/Python/ex8/ex8_4.py ====================
無重複的邀請名單 {'John', 'Maria', 'Jack', 'Jill', 'Steve', 'Jane'}
```

ex8_5.py：請參考程式實例 ch8_5.py，增加下列雞尾酒：

● 馬頸 (Horse's Neck)：白蘭地 (brandy)、薑汁汽水 (ginger soda)。

● 四海一家 (Cosmopolitan)：伏特加 (vodka)、甜酒 (sweet wine)、萊姆汁 (lime Juice)、蔓越梅汁 (cranberry juice)。

● 性感沙灘 (Sex on the Beach)：伏特加 (vodka)、水蜜桃香甜酒 (Peach Liqueur)、柳橙汁 (orange juice)、蔓越梅汁 (cranberry juice)。

請執行下列輸出：

1：列出含有 Vodka 的酒。

2：列出含有 Sweet Wine 的酒。

3：列出含有 Vodka 和 Cranberry Juice 的酒。

4：列出含有 Vodka 但是沒有 Cranberry Juice 的酒。

```
==================== RESTART: D:\Python\ex8\ex8_5.py ====================
含有Vodka的酒 :
Bloody Mary
Cosmopolitan
Sex on the Beach
含有Sweet Wine的酒 :
Blue Hawaiian
Cosmopolitan
含有Vodka和Cranberry Juice的酒 :
Cosmopolitan
Sex on the Beach
含有Vodka但是沒有Cranberry Juice的酒 :
Bloody Mary
```

第 9 章

Python 函數設計精粹

創意程式：時間旅行者、故事生成器、冰淇淋的配料、多語言字典
潛在應用：字串雕塑家、數據偵探、圖片濾鏡應用、股票價格分析、
語言字典、系統配置字典、城市氣象報告、書店庫存管理

所謂的函數 (function) 其實就是一系列指令敘述所組成，它的目的有兩個。

1：　當我們在設計一個大型程式時，若是能將這個程式依功能，將其分割成較小的功能，然後依這些較小功能要求撰寫函數程式，如此，不僅使程式簡單化，同時最後程式偵錯也變得容易。另外，撰寫大型程式時應該是團隊合作，每一個人負責一個小功能，可以縮短程式開發的時間。

2：　在一個程式中，也許會發生某些指令被重複書寫在許多不同的地方，若是我們能將這些重複的指令撰寫成一個函數，需要用時再加以呼叫，如此，不僅減少編輯程式的時間，同時更可使程式精簡、清晰、明瞭。

下列是呼叫函數的基本流程圖。

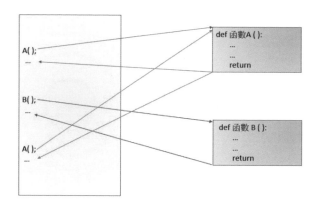

當一個程式在呼叫函數時，Python 會自動跳到被呼叫的函數上執行工作，執行完後，會回到原先程式執行位置，然後繼續執行下一道指令。

9-1　Python 函數的基本觀念 - 打好程式設計的基礎

從前面的學習相信讀者已經熟悉使用 Python 內建的函數了，例如：len( )、add( )、remove( ) … 等。有了這些函數，我們可以隨時呼叫使用，讓程式設計變得很簡潔，這一章主題將是如何設計這類的函數。

9-1-1　函數的定義

函數的語法格式如下：

```
def 函數名稱 ( 參數值 1[, 參數值 2, … ]):
    """ 函數註解 (docstring) """
    程式碼區塊                          # 需要內縮
    return [ 回傳值 1, 回傳值 2 , … ]     # 中括號可有可無
```

● 函數名稱：名稱必需是唯一的，程式未來可以呼叫引用，它的命名規則與一般
  變數相同，不過在 PEP 8 的 Python 風格下建議第一個英文字母用小寫。

● 參數值：這是可有可無，完全視函數設計需要，可以接收呼叫函數傳來的變數，
  各參數值之間是用逗號 "," 隔開。

● 函數註解：這是可有可無，不過如果是參與大型程式設計計畫，當負責一個小
  程式時，建議所設計的函數需要加上註解，可以方便自己或他人閱讀。主要是
  註明此函數的功能，由於可能是有多列註解所以可以用 3 個雙引號 (或單引號)
  包夾。許多英文 Python 資料將此稱 docstring(document string 的縮寫)。

● return [回傳值 1, 回傳值 2 , …]：不論是 return 或接續右邊的回傳值皆是可有
  可無，如果有回傳多個資料彼此需以逗號 "," 隔開。

9-1-2 沒有傳入參數也沒有傳回值的函數

程式實例 ch9_1.py 和 ch9_1_1.py：ch9_1.py 是標準第一次設計 Python 函數的輸出。
ch9_1_1.py 是不使用函數的設計方式，可以參考下方右圖。

```
1  # ch9_1.py
2  def greeting():
3      """我的第一個Python函數設計"""
4      print("Python歡迎你")
5      print("祝福學習順利")
6      print("謝謝")
7
8  # 以下的程式碼也可稱主程式
9  greeting()
10 greeting()
11 greeting()
```

```
1  # ch9_1_1.py
2  print("Python歡迎你")
3  print("祝福學習順利")
4  print("謝謝")
5  print("Python歡迎你")
6  print("祝福學習順利")
7  print("謝謝")
8  print("Python歡迎你")
9  print("祝福學習順利")
10 print("謝謝")
```

執行結果
```
==== RESTART: D:\Python\ch9\ch9_1.py ====
Python歡迎你
祝福學習順利
謝謝
Python歡迎你
祝福學習順利
謝謝
Python歡迎你
祝福學習順利
謝謝
```

　　在 ch9_1.py 程式設計的觀念中，有時候我們也可以將第 8 列以後的程式碼稱主程式。讀者可以想想看，如果沒有函數功能我們的程式設計將可以參考上方右圖的 ch9_1_1.py，這個程式雖然也可以完成工作，但是重複的語句太多了，這不是一個好的設計。同時如果發生要將 "Python 歡迎你 " 改成 "Python 歡迎你們 "，程式必需修改 3 次相同的語句，所以是一個沒有效率的設計方式。

9-2　精通函數的參數設計 - 如何有效使用參數

　　9-1 節的程式實例沒有傳遞任何參數，在真實的函數設計與應用中大多是需要傳遞一些參數的。例如：在前面章節當我們呼叫 Python 內建函數 len( )、print( ) … 等，皆需要輸入參數，接下來將講解這方面的應用與設計。

9-2-1　傳遞一個參數

程式實例 ch9_2.py：函數內有參數的應用。

```
1  # ch9_2.py
2  def greeting(name):
3      """Python函數需傳遞名字name"""
4      print(f"Hi,{name} Good Morning!")
5  greeting('Nelson')
```

執行結果

```
===================== RESTART: D:\Python\ch9\ch9_2.py =====================
Hi,Nelson Good Morning!
```

　　上述執行時，第 5 列呼叫函數 greeting( ) 時，所放的參數是 Nelson，這個字串將傳給函數括號內的 name 參數，所以程式第 4 列會將 Nelson 字串透過 name 參數列印出來。

9-2-2　多個參數傳遞

　　當所設計的函數需要傳遞多個參數，呼叫此函數時就需要特別留意傳遞參數的位置需要正確，最後才可以獲得正確的結果。最常見的傳遞參數是數值或字串資料，在進階的程式應用中有時也會需要傳遞串列、元組、字典或函數。

程式實例 ch9_3.py：設計減法的函數 subtract( )，第一個參數會減去第二個參數，然後列出執行結果。

```
1   # ch9_3.py
2   def subtract(x1, x2):
3       """ 減法設計 """
4       result = x1 - x2
5       print(result)                   # 輸出減法結果
6   print("本程式會執行 a - b 的運算")
7   a = eval(input("a = "))
8   b = eval(input("b = "))
9   print(f"a - b = ", end="")          # 輸出a-b字串,接下來輸出不跳列
10  subtract(a, b)
```

執行結果
```
===================== RESTART: D:\Python\ch9\ch9_3.py =====================
本程式會執行 a - b 的運算
a = 10
b = 3
a - b = 7
```

上述函數功能是減法運算，所以需要傳遞 2 個參數，然後執行第一個數值減去第 2 個數值。呼叫這類的函數時，就必需留意參數的位置，否則會有錯誤訊息產生。對於上述程式而言，變數 a 和 b 皆是從螢幕輸入，執行第 10 列呼叫 subtract( ) 函數時，a 將傳給 x1，b 將傳給 x2。

程式實例 ch9_4.py：這也是一個需傳遞 2 個參數的實例，第一個是興趣 (interest)，第二個是主題 (subject)。

```
1   # ch9_4.py
2   def interest(interest_type, subject):
3       """ 顯示興趣和主題 """
4       print(f"我的興趣是 {interest_type}")
5       print(f"在 {interest_type} 中, 最喜歡的是 {subject}\n")
6
7   interest('旅遊', '敦煌')
8   interest('程式設計', 'Python')
```

執行結果
```
===================== RESTART: D:\Python\ch9\ch9_4.py =====================
我的興趣是 旅遊
在 旅遊 中, 最喜歡的是 敦煌

我的興趣是 程式設計
在 程式設計 中, 最喜歡的是 Python
```

上述程式第 7 列呼叫 interest( ) 時，' 旅遊 ' 會傳給 interest_type、' 敦煌 ' 會傳給 subject。第 8 列呼叫 interest( ) 時，' 程式設計 ' 會傳給 interest_type、'Python' 會傳給 subject。上述實例，所傳遞參數的位置很重要，否則會有不可預期的錯誤。

9-2-3　參數預設值的處理

設計函數時也可以給參數預設值，如果呼叫這個函數沒有給參數值時，函數的預設值將派上用場。特別需留意：函數設計時含有預設值的參數，必需放置在參數列的最右邊，請參考下列程式第 2 列，如果將「subject = ' 敦煌 '」與「interest_type」位置對調，程式會有錯誤產生。

程式實例 ch9_5.py：這個程式會將 subject 的預設值設為「敦煌」。程式用不同方式呼叫，讀者可以從中體會參數預設值的意義。

```
1   # ch9_5.py
2   def interest(interest_type, subject = '敦煌'):
3       """ 顯示興趣和主題 """
4       print(f"我的興趣是 {interest_type}")
5       print(f"在 {interest_type}  中，最喜歡的是 {subject}\n")
6
7   interest('旅遊')                    # 傳遞一個參數
8   interest('旅遊', '張家界')          # 傳遞二個參數
9   interest('閱讀', '旅遊類')          # 傳遞二個參數，不同的主題
```

執行結果

```
==================== RESTART: D:\Python\ch9\ch9_5.py ====================
我的興趣是 旅遊
在 旅遊  中，最喜歡的是 敦煌

我的興趣是 旅遊
在 旅遊  中，最喜歡的是 張家界

我的興趣是 閱讀
在 閱讀  中，最喜歡的是 旅遊類
```

上述程式第 7 列只傳遞一個參數，所以 subject 就會使用預設值「敦煌」，第 8 列傳送了 2 個參數，subject 會使用所傳遞的參數「" 張家界 "」。第 9 列實例使用不同類的參數，一樣可以獲得正確語意的結果。

9-3　函數傳回值的藝術 - 掌握數據返回技術

9-3-1　傳回 None

前 2 個小節所設計的函數全部沒有 "return [回傳值]"，Python 在直譯時會自動將回傳處理成 "return None"，相當於回傳 None，None 在 Python 中獨立成為一個資料型態 NoneType，下列是實例觀察。

程式實例 ch9_6.py：重新設計 ch9_2.py，這個程式會並沒有做傳回值設計，不過筆者將列出 Python 回傳 greeting( ) 函數的資料是否是 None，同時列出傳回值的資料型態。

```
1  # ch9_6.py
2  def greeting(name):
3      """Python函數需傳遞名字name"""
4      print(f"Hi,{name} Good Morning!")
5
6  rtn = greeting('Nelson')
7  print(f"greeting()回傳值 = {rtn}")
8  print(f"{rtn} 的 type = {type(rtn)}")
```

執行結果

```
==================== RESTART: D:/Python/ch9/ch9_6.py ====================
Hi,Nelson Good Morning!
greeting()回傳值 = None
None 的 type = <class 'NoneType'>
```

上述函數 greeting( ) 沒有 return，Python 將自動處理成 return None。其實即使函數設計時有 return 但是沒有傳回值，Python 也將自動處理成 return None。

程式實例 ch9_6_1.py：重新設計 ch9_6.py，第 5 列函數末端增加 return。

```
5      return          # Python自動回傳 None
```

執行結果 與 ch9_6.py 相同。

9-3-2 簡單回傳數值資料

參數具有回傳值功能，將可以大大增加程式的可讀性，回傳的基本方式可參考下列程式第 5 列：

```
       return result              # result 就是回傳的值
```

程式實例 ch9_7.py：利用函數的回傳值，重新設計 ch9_3.py 減法的運算。

```
1  # ch9_7.py
2  def subtract(x1, x2):
3      """ 減法設計 """
4      result = x1 - x2
5      return result                    # 回傳減法結果
6  print("本程式會執行 a - b 的運算")
7  a = int(input("a = "))
8  b = int(input("b = "))
9  print("a - b = ", subtract(a, b))    # 輸出a-b字串和結果
```

執行結果

```
==================== RESTART: D:\Python\ch9\ch9_7.py ====================
本程式會執行 a - b 的運算
a = 10
b = 5
a - b =  5
```

9-3-3　傳回多筆資料的應用 – 實質是回傳 tuple

使用 return 回傳函數資料時，也允許回傳多筆資料，所回傳的資料其實是元組，此元組可以用索引方式輸出，也可以用解包方式輸出。

程式實例 ch9_8.py：設定「x1 = x2 = 10」，函數將傳回加法、減法的執行結果。

```
1   # ch9_8.py
2   def mutifunction(x1, x2):
3       """ 加法，減法運算 """
4       addresult = x1 + x2
5       subresult = x1 - x2
6       return addresult, subresult
7
8   # 驗證回傳的資料類型是 元組
9   x1 = x2 = 10
10  result = mutifunction(x1, x2)
11  print(f"result 的資料類型是 {type(result)}")
12  print(f"加法結果 = {result[0]}")
13  print(f"減法結果 = {result[1]}")
14
15  # 解包元組
16  add, sub = mutifunction(x1, x2)
17  print(f"加法結果 = {add}")
18  print(f"減法結果 = {sub}")
```

執行結果

```
==================== RESTART: D:\Python\ch9\ch9_8.py ====================
result 的資料類型是 <class 'tuple'>
加法結果 = 20
減法結果 = 0
加法結果 = 20
減法結果 = 0
```

9-3-4　datetime 模組 - 時間旅行者

datetime 模組內的 datetime 類別與 timedelta 類別，datetime 類別的 now( ) 可以輸出目前系統日期與時間，timedelta 類別是用來表示兩個日期或時間之間的差異，days 參數可以得到間隔天數。如果想要導入 datetime 模組的 datetime 類別與 timedelta 類別可以使用下列語法：

from datetime import datetime, timedelta

程式實例 ch9_9.py：時間旅行者 - 計算未來的日期，

```
1   # ch9_9.py
2   from datetime import datetime, timedelta
3
4   def calculate_future_date(days):
5       return datetime.now() + timedelta(days=days)
6
7   print("10天後的日期 : ", calculate_future_date(10))
```

執行結果

```
======================== RESTART: D:/Python/ch9/ch9_9.py ========================
10天後的日期 :  2024-04-23 13:50:52.319243
```

上述第 5 列是用「+」符號，如果改為「-」則可得到過去日期。

9-3-5　函數回傳值的應用

❏　字串雕塑家：反轉字串

```
1  # test9_1.py
2  dcf reverse_string(s):
3      return s[::-1]
4
5  print("反轉後的字串 : ", reverse_string("hello"))
```

❏　數據偵探：找出串列中最常見的元素

```
1  # test9_2.py
2  trom collections import Counter
3  def most_common_element(lst):
4      n = 1
5      return Counter(lst).most_common(n)  # n = 1表示最常見的 1 個元素
6
7  print("最常見的元素 : ", most_common_element([1, 2, 3, 2, 4, 2, 5]))
```

Counter 類非常適合用來對數據進行頻率統計。例如，它可以用來計算單字出現的次數、串列中元素的出現次數等。most_common([n])：返回一個串列，串列的元素是元組，其中包含 n 個最常見的 n 個元素及其計數，按計數降序排序。如果不指定 n，則返回所有元素的計數，此例 n 是 1，所以只輸出最常見的元素和其計數。

9-4　呼叫函數時參數是串列 - 擴展函數的應用範圍

9-4-1　傳遞串列參數的應用

在呼叫函數時，也可以將串列 (此串列可以是由數值、字串或字典所組成) 當參數傳遞給函數的，然後可以設計函數遍歷串列內容，執行更進一步的運作。

程式實例 ch9_10.py：傳遞串列給 product_msg( ) 函數，函數會遍歷串列，然後列出一封產品發表會的信件。

```
1  # ch9_10.py
2  def product_msg(customers):
3      str1 = '親愛的: '
4      str2 = '本公司將在2025年12月20日夏威夷舉行產品發表會'
5      str3 = '總經理:深智公司敬上'
6      for customer in customers:
```

```
7              msg = str1 + customer + '\n' + str2 + '\n' + str3
8              print(msg, '\n')
9
10     members = ['Damon', 'Peter', 'Mary']
11     product_msg(members)
```

執行結果

```
===================== RESTART: D:/Python/ch9/ch9_10.py =====================
親愛的: Damon
本公司將在2025年12月20日夏威夷舉行產品發表會
總經理:深智公司敬上

親愛的: Peter
本公司將在2025年12月20日夏威夷舉行產品發表會
總經理:深智公司敬上

親愛的: Mary
本公司將在2025年12月20日夏威夷舉行產品發表會
總經理:深智公司敬上
```

❑　**random 模組的 shuffle( ) – 故事生成器**

random 模組內有 shuffle( ) 函數，這個方法可以將串列元素重新排列。

程式實例 ch9_11.py：自動生成故事。

```
1   # ch9_11.py
2   import random
3
4   def generate_story(words):
5       random.shuffle(words)          # 重排串列
6       return ' '.join(words)         # 組織故事串列
7
8   words = ["狐狸", "懶惰", "跳舞", "快樂的", "森林"]
9   story = generate_story(words)
10  print("生成的故事 :", story)
```

執行結果

```
===================== RESTART: D:/Python/ch9/ch9_11.py =====================
生成的故事 : 跳舞 懶惰 狐狸 森林 快樂的
```

9-4-2　傳遞串列參數的的潛在應用

❑　**圖片濾鏡應用**

這個函數模擬對圖片進行濾鏡處理，其中串列中包含圖片的每個像素值，或是簡化稱灰度值，函數將應用一個簡單的濾鏡，讓圖像變得比較亮。

```
1   # test9_3.py
2   def apply_filter(pixels):
3       return [min(255, p + 50) for p in pixels]    # 增亮濾鏡
4
5   pixels = [120, 65, 70, 125, 255]
6   filtered_pixels = apply_filter(pixels)
7   print("應用濾鏡後的像素 : ", filtered_pixels)
```

❏ **股票價格分析**

此函數接受一個包含股票歷史價格的串列，計算並返回其平均價格。

```
1  # test9_4.py
2  def calculate_average(prices):
3      return sum(prices) / len(prices) if prices else 0
4
5  stock_prices = [220, 234, 213, 245, 210]
6  average_price = calculate_average(stock_prices)
7  print("平均股價:", average_price)
```

上述第 3 列的「if prices else 0」可以避免傳遞空串列產生錯誤。

9-5 傳遞任意數量的參數 - 彈性函數設計技巧

9-5-1 基本傳遞處理任意數量的參數

在設計 Python 的函數時，有時候可能會碰上不知道會有多少個參數會傳遞到這個函數，此時可以用下列方式設計。

程式實例 ch9_12.py：冰淇淋的配料程式，一般冰淇淋可以在上面加上配料，這個程式在呼叫製作冰淇淋函數 make_icecream( ) 時，可以傳遞 0 到多個配料，然後 make_icecream( ) 函數會將配料結果的冰淇淋列出來。

```
1  # ch9_12.py
2  def make_icecream(*toppings):
3      """ 列出製作冰淇淋的配料 """
4      print("這個冰淇淋所加配料如下")
5      for topping in toppings:
6          print("--- ", topping)
7
8  make_icecream('草莓醬')
9  make_icecream('草莓醬', '葡萄乾', '巧克力碎片')
```

執行結果

```
============= RESTART: D:\Python\ch9\ch9_12.py =============
這個冰淇淋所加配料如下
---   草莓醬
這個冰淇淋所加配料如下
---   草莓醬
---   葡萄乾
---   巧克力碎片
```

上述程式最關鍵的是第 2 列 make_icecream( ) 函數的參數 "*toppings"，這個加上 "*" 符號的參數代表可以有 0 到多個參數將傳遞到這個函數內。

9-5-2　設計含有一般參數與任意數量參數的函數

　　程式設計時有時會遇上需要傳遞一般參數與任意數量參數，碰上這類狀況，任意數量的參數必需放在最右邊。

程式實例 ch9_13.py：重新設計 ch9_12.py，傳遞參數時第一個參數是冰淇淋的種類，然後才是不同數量的冰淇淋的配料。

```
1  # ch9_13.py
2  def make_icecream(icecream_type, *toppings):
3      """ 列出製作冰淇淋的配料 """
4      print("這個 ", icecream_type, " 冰淇淋所加配料如下")
5      for topping in toppings:
6          print("--- ", topping)
7
8  make_icecream('香草', '草莓醬')
9  make_icecream('芒果', '草莓醬', '葡萄乾', '巧克力碎片')
```

執行結果

```
==================== RESTART: D:\Python\ch9\ch9_13.py ====================
這個  香草   冰淇淋所加配料如下
---  草莓醬
這個  芒果   冰淇淋所加配料如下
---  草莓醬
---  葡萄乾
---  巧克力碎片
```

9-6　探索遞迴函數設計 - 理解遞迴的力量

　　一個函數本身，可以呼叫本身的動作，稱遞迴的呼叫，遞迴函數呼叫有下列特性。

● 遞迴函數在每次處理時，都會使問題的範圍縮小。

● 必須有一個終止條件來結束遞迴函數。

　　遞迴函數可以使程式變得很簡潔，但是設計這類程式如果一不小心很容易掉入無限迴圈的陷阱，所以使用這類函數時一定要特別小心。

程式實例 ch9_14.py：這是最簡單的遞迴函數，列出 5, 4, … 1 的數列結果，這個問題很清楚了，結束條件是 1，所以可以在 recur( ) 函數內撰寫結束條件。

```
1  # ch9_14.py
2  import time
3  def recur(i):
4      print(i, end='\t')
5      time.sleep(1)          # 休息 1 秒
6      if (i <= 1):           # 結束條件
7          return 0
```

```
8        else:
9            return recur(i-1)     # 每次呼叫讓自己減 1
10
11  recur(5)
```

執行結果

```
==================== RESTART: D:\Python\ch9\ch9_14.py ====================
5       4       3       2       1
```

上述當第 9 列 recur(i-1)，當參數是 i-1 是 1 時，進入 recur( ) 函數後會執行第 7 列的 return 0，所以遞迴條件就結束了。

程式實例 ch9_15.py：使用遞迴函數計算 1 + 2 + … + 5 之總和，這個實例稍微複雜，讀者可以逐步推導，累加的基本觀念如下：

$$sum(n) = \underbrace{1 + 2 + ... + (n\text{-}1)}_{sum(n\text{-}1)} + n = n + sum(n\text{-}1)$$

將上述公式轉成遞迴公式觀念如下，相當於「n = 1」時遞迴條件結束。

$$sum(n) = \begin{cases} 1 & n = 1 \\ n+sum(n\text{-}1) & n >= 1 \end{cases}$$

```
1  # ch9_15.py
2  def sum(n):
3      if (n <= 1):                # 結束條件
4          return 1
5      else:
6          return n + sum(n-1)
7
8  print(f"total(5) = {sum(5)}")
```

執行結果

```
==================== RESTART: D:\Python\ch9\ch9_15.py ====================
total(5) = 15
```

9-7 區域變數與全域變數 - 了解變數有效範圍

在設計函數時，另一個重點是適當的使用變數名稱，某個變數只有在該函數內使用，影響範圍限定在這個函數內，這個變數稱區域變數 (local variable)。如果某個變數的影響範圍是在整個程式，則這個變數稱全域變數 (global variable)。

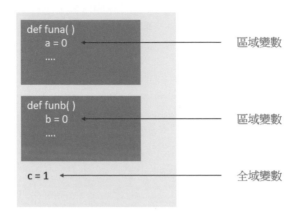

Python 程式在呼叫函數時會建立一個記憶體工作區間,在這個記憶體工作區間可以處理屬於這個函數的變數,當函數工作結束,返回原先呼叫程式時,這個記憶體工作區間就被收回,原先存在的變數也將被銷毀,這也是為何區域變數的影響範圍只限定在所屬的函數內。

對於全域變數而言,一般是在主程式內建立,程式在執行時,不僅主程式可以引用,所有屬於這個程式的函數也可以引用,所以它的影響範圍是整個程式,直到整個程式執行結束。

9-7-1　全域變數可以在所有函數使用

主程式內建立的變數稱全域變數,全域變數可以供主程式與所有函數引用。同時設計師更喜歡將全域變數放在函數的前面,可參考下列實例第 3 ~ 7 列。

程式實例 ch9_16.py:全域變數定義 CONFIG 系統配置字典的應用。

```
1  # ch9_16.py
2  # 全域 - 系統配置字典 - 供主程式或其他函數使用
3  CONFIG = {
4      "log_level": "debug",
5      "system_status": "active",
6      "version": "1.0.3"
7  }
8
9  def log(message):
10     if CONFIG['log_level'] == "debug":
11         print(f"DEBUG: {message}")
12
13 def check_system():
14     if CONFIG['system_status'] == "active":
15         log("System is running smoothly.")
```

```
16
17  # 主程式
18  log("Starting application.")
19  check_system()
```

執行結果
```
==================== RESTART: D:\Python\ch9\ch9_16.py ====================
DEBUG: Starting application.
DEBUG: System is running smoothly.
```

9-7-2 程式設計需注意事項

一般程式設計時有關使用區域變數需注意下列事項，否則程式會有錯誤產生。

● 如果發生全域變數與函數內的區域變數使用相同的名稱時，Python 會將相同名稱的區域與全域變數視為不同的變數。

● 區域變數內容無法在其它函數或是主程式引用。

● 如果要在函數內更改全域變數值，需在函數內用 global 宣告全域變數。

程式實例 ch9_17.py：使用 global 在函數內宣告全域變數遊戲狀態在遊戲開發中使用全域變數來存儲玩家的狀態和遊戲進度。。

```
1  # ch9_17.py
2  # 全域變數
3  score = 0                # 玩家分數
4  lives = 3                # 生命值
5
6  def update_score(points):
7      global score         # 可更新 score
8      score += points
9      print(f"目前分數 : {score}")
10
11 def lose_life():
12     global lives         # 可更新 lives
13     lives -= 1
14     print(f"Lives remaining: {lives}")
15
16 # 主程式 - 更新遊戲狀態
17 update_score(50)
18 lose_life()
```

執行結果
```
==================== RESTART: D:/Python/ch9/ch9_17.py ====================
目前分數 : 50
Lives remaining: 2
```

9-8　匿名函數 lambda – 簡潔強大的函數表達

所謂的匿名函數 (anonymous function) 是指一個沒有名稱的函數，適合使用在程式中只存在一小段時間的情況。Python 是使用 def 定義一般函數，匿名函數則是使用 lambda 來定義，有的人稱之為 lambda 表達式，也可以將匿名函數稱 lambda 函數。

9-8-1　匿名函數 lambda 的語法

匿名函數最大特色是可以有許多的參數，但是只能有一個程式碼表達式，然後可以將執行結果傳回。

```
lambda arg1[, arg2, … argn]:expression          # arg1 是參數，可以有多個參數
```

上述 expression 就是匿名函數 lambda 表達式的內容。

程式實例 ch9_18.py 和 ch9_19.py：ch9_18.py 是使用一般函數設計回傳平方值，ch9_19.py 則是使用匿名函數方式回傳平方值，程式執行結果相同。

```
1  # ch9_18.py
2  # 使用一般函數
3  def square(x):
4      value = x ** 2
5      return value
6
7  # 輸出平方值
8  print(square(10))
```

```
1  # ch9_19.py
2  # 定義lambda函數
3  square = lambda x: x ** 2
4
5  # 輸出平方值
6  print(square(10))
```

執行結果　100

下列是匿名函數含有多個參數的應用。

```
>>> product = lambda x, y: x * y
>>> print(product(5, 10))
50
```

9-8-2　深度解釋串列的排序 sort( )

5-6-2 節介紹了串列的排序函數 sort( )，從 lambda 表達式可知，我們可以使用下列方式定義字串長度。

```
>>> str_len = lambda x:len(x)
>>> print(str_len('abc'))
3
```

有了上述觀念，我們可以使用下列方式獲得串列內每個字串元素的長度。

```
>>> str_len = lambda x:len(x)
>>> strs = ['abc', 'ab', 'abcde']
>>> print([str_len(e) for e in strs])
[3, 2, 5]
```

程式實例 ch9_20.py 和 ch9_21.py：ch9_20.py 是使用 sort( ) 函數執行字串長度排序。ch9_21.py 則是將 lambda 寫入 sort( ) 函數內。

```
1  # ch9_20.py
2  str_len = lambda x:len(x)
3  strs = ['abc', 'ab', 'abcde']
4  strs.sort(key = str_len)
5  print(strs)
```

```
1  # ch9_21.py
2  strs = ['abc', 'ab', 'abcde']
3  strs.sort(key = lambda x:len(x))
4  print(strs)
```

執行結果 ['ab', 'abc', 'abcde']

請觀察一個串列內含串列的二維陣列的排序而言，假設使用預設可以看到下列結果。

```
>>> sc = [['John', 80],['Tom', 90], ['Kevin', 77]]
>>> sc.sort()
>>> print(sc)
[['John', 80], ['Kevin', 77], ['Tom', 90]]
```

從執行結果可以看到是使用二維陣列元素的第 0 個索引位置的人名排序，參考前面 lambda 表達式觀念，我們可以使用下列方式表達。

```
>>> sc = [['John', 80],['Tom', 90], ['Kevin', 77]]
>>> sc.sort(key = lambda x:x[0])
>>> print(sc)
[['John', 80], ['Kevin', 77], ['Tom', 90]]
```

上述 x[0] 就是索引 0，我們可以指定索引位置排序。

程式實例 ch9_22.py：假設索引 1 是分數，執行分數排序。

```
1  # ch9_22.py
2  sc = [['John', 80],['Tom', 90], ['Kevin', 77]]
3  sc.sort(key = lambda x:x[1])
4  print(sc)
```

執行結果
```
==================== RESTART: D:\Python\ch9\ch9_22.py ====================
[['Kevin', 77], ['John', 80], ['Tom', 90]]
```

9-8-3 深度解釋排序 sorted( )

sorted( ) 排序的語法如下：

sorted_obj = sorted(iterable, key=None, reverse=False)

參數 iterable 是可以排序的物件，最後可以得到新的排序物件 (sorted_obj)。
sorted( ) 是將可以排序的物件當作第 1 個參數，最後排序結果回傳，不更改原先可以
排序的物件。7-2-5 節筆者使用字典的鍵和值排序，也可以應用在一般二維陣列排序，
下列是預設的排序，如下：

```
>>> sc = [['John', 80],['Tom', 90], ['Kevin', 77]]
>>> newsc = sorted(sc)
>>> print(newsc)
[['John', 80], ['Kevin', 77], ['Tom', 90]]
```

程式實例 ch9_23.py：採用元素索引 1 的分數排序。

```
1  # ch9_23.py
2  sc = [['John', 80],['Tom', 90], ['Kevin', 77]]
3  newsc = sorted(sc, key = lambda x:x[1])
4  print(newsc)
```

執行結果　與 ch9_22.py 相同。

經過上述介紹相信讀者應該可以徹底了解 7-2-5 節內容了吧。

9-9　實戰 - 多語言字典 / 質數 / 歐幾里德演算法 / 潛在應用

9-9-1　多語言字典

程式實例 ch9_24.py：使用全域變數來存儲多語言界面的文本，方便在整個應用中切換
和使用。

```
1  # ch9_24.py
2  # 全域語言字典
3  TEXTS = {
4      "en": {"welcome": "Welcome to our app!"},
5      "cn": {"welcome": "歡迎使用我們的 app!"}
6  }
7  current_language = "en"          # 最初化語言
8
9  def set_language(language):
10     global current_language
11     current_language = language
12
13 def get_text(key):
14     return TEXTS[current_language][key]
15
16 print(get_text("welcome"))
17 # 切換語言並獲取歡迎訊息
18 set_language("cn")
19 print(get_text("welcome"))
```

執行結果
```
==================== RESTART: D:\Python\ch9\ch9_24.py ====================
Welcome to our app!
歡迎使用我們的 app!
```

9-9-2 質數 Prime Number

質數（Prime number）是一個大於 1 的自然數，它沒有除了 1 和它本身以外的其他整除數。換句話說，一個質數只能被 1 和它自己整除。。

程式實例 ch9_25.py：設計 isPrime( ) 函數，這個函數可以回應所輸入的數字是否質數，如果是傳回 True，否則傳回 False。

```python
1  # ch9_25.py
2  def isPrime(num):
3      """ 測試num是否質數 """
4      for n in range(2, num):
5          if num % n == 0:
6              return False
7      return True
8
9  num = int(input("請輸入大於1的整數做質數測試 = "))
10 if isPrime(num):
11     print(f"{num} 是質數")
12 else:
13     print(f"{num} 不是質數")
```

執行結果
```
請輸入大於1的整數做質數測試 = 12
12 不是質數
```
```
請輸入大於1的整數做質數測試 = 13
13 是質數
```

9-9-3 歐幾里德演算法

歐幾里德是古希臘的數學家，在數學中歐幾里德演算法主要是求最大公約數的方法 (Great Common Divisor)，也稱最大公約數。這個方法就是我們在國中時期所學的輾轉相除法，這個演算法最早是出現在歐幾里德的幾何原本。這一節筆者除了解釋此演算法也將使用 Python 完成此演算法。

假設有一塊土地長是 40 公尺寬是 16 公尺，如果我們想要將此土地劃分成許多正方形土地，同時不要浪費土地，則最大的正方形土地邊長是多少？

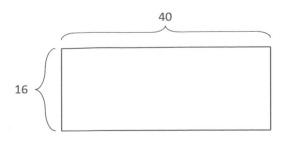

其實這類問題在數學中就是最大公約數的問題，土地的邊長就是任意 2 個要計算最大公約數的數值。上述我們可以將較長邊除以短邊，相當於 40 除以 16，可以得到餘數是 8，此時土地劃分如下：

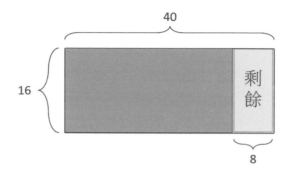

如果餘數不是 0，將剩餘土地執行較長邊除以較短邊，相當於 16 除以 8，可以得到商是 2，餘數是 0，可以參考下方左圖。

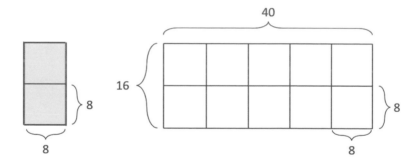

現在餘數是 0，這時的商是 8，這個 8 就是最大公約數，也就是土地的邊長，如果劃分土地可以得到上方右圖的結果。也就是說 16 x 48 的土地，用邊長 8(8 是最大公約數) 劃分，可以得到不浪費土地條件下的最大土地區塊。

輾轉相除法就是歐幾里德演算法的原意，有 2 個數使用輾轉相除法求最大公約數，步驟如下：

1： 計算較大的數。

2： 讓較大的數當作被除數，較小的數當作除數。

3： 兩數相除。

4： 兩數相除的餘數當作下一次的除數，原除數變被除數，如此循環直到餘數為 0，當餘數為 0 時，這時的除數就是最大公約數。

假設兩個數字分別是 40 和 16，則最大公約數的計算方式如下：

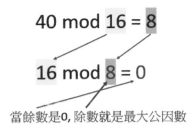

當餘數是0, 除數就是最大公因數

程式實例 ch9_26 .py：使用輾轉相除法，計算輸入 2 個數字的最大公約數 (GCD)。

```
1   # ch9_26.py
2   # 計算兩個整數的最大公約數(Greatest Common Divisor, GCD)
3   dcf gcd(a, b):
4       # 如果第一個數小於第二個數，則交換它們，以確保 a >= b
5       if a < b:
6           a, b = b, a
7       # 使用歐幾里得算法來找到最大公約數
8       whilc b !- 0:
9           tmp = a % b          # 計算a除以b的餘數
10          a = b               # 把b的值賦給a
11          b = tmp             # 把餘數的值賦給b，進行下一輪迭代
12      return a                # 當b為0時，a就是兩個數的最大公約數
13
14  a, b = eval(input("請輸入2個整數值 : "))
15  print("最大公約數是 : ", gcd(a, b))
```

執行結果
```
==================== RESTART: D:\Python\ch9\ch9_26.py ====================
請輸入2個整數值 : 16, 40
最大公約數是 :  8
```

9-9-4 函數的潛在應用

❑ 食譜推薦系統

根據用戶提供的食材列表，推薦可能的菜餚。

```
1   # test9_5.py
2   def recommend_dishes(ingredients):
3       dishes = {
4           '蕃茄炒蛋': {'蕃茄', '雞蛋'},
5           '雞肉沙拉': {'雞肉', '生菜', '黃瓜'},
6           '水果沙拉': {'蘋果', '香蕉', '橙子'}
7       }
8       recommendations = [dish for dish, required in dishes.items()
9                          if set(ingredients).issuperset(required)]
10      return recommendations
11
12  my_ingredients = ['雞蛋', '蕃茄', '雞肉', '生菜']
13  recommended_dishes = recommend_dishes(my_ingredients)
14  print("推薦菜餚:", recommended_dishes)
```

上述 issuperset( ) 功能是測試一個集合是否是另一個集合的父集合，上述第 9 列是測試「set(ingredients) 集合」是否是「required 集合」的父集合。

❑　**城市氣象報告**

這個程式會從一個字典中讀取城市名和對應的氣溫，然後計算並顯示平均氣溫。

```python
1  # test9_6.py
2  # 定義一個函數來計算串列中氣溫的平均值
3  def average_temperature(temps):
4      total_temp = sum(temps)                # 計算串列中所有氣溫的總和
5      return total_temp / len(temps)         # 返回氣溫的平均值
6
7  # 創建一個字典，鍵是城市名稱，值是該城市的氣溫串列
8  weather_data = {
9      "New York": [22, 24, 19, 23],
10     "Los Angeles": [26, 27, 25, 24],
11     "Chicago": [20, 21, 18, 19]
12 }
13
14 # 使用迴圈遍歷字典中的每個項目
15 for city, temperatures in weather_data.items():
16     avg_temp = average_temperature(temperatures)   # 函數計算每個城市的平均氣溫
17     print(f"{city} 平均溫度是 {avg_temp:.1f}°C")      # 格式化到小數點後一位
```

❑　**書店庫存管理**

這個程式將會管理書店的書籍庫存，包括增加和銷售書籍的功能。

```python
1  # test9_7.py
2  # 定義一個函數用於更新書店的庫存
3  def update_inventory(book_inventory, book, quantity, operation):
4      if operation == 'add':
5          book_inventory[book] += quantity  # 增加庫存數量
6      elif operation == 'sell':
7          book_inventory[book] -= quantity  # 減少庫存數量
8
9  # 創建一個字典來存儲書籍及其庫存數量
10 inventory = {
11     "AI行銷": 30,
12     "一個人的極境旅行 - 南極大陸與北極海": 40,
13     "AI職場": 20
14 }
15
16 # 調用函數來增加庫存數量
17 update_inventory(inventory, "AI行銷", 5, 'add')
18 # 調用函數來減少庫存數量
19 update_inventory(inventory, "一個人的極境旅行 - 南極大陸與北極海", 2, 'sell')
20
21 # 使用迴圈遍歷庫存字典並輸出每本書的庫存數量
22 for book, stock in inventory.items():
23     print(f"{book} 庫存數量是 {stock} 本")
```

9-10 AI 程式註解與設計函數 – 河內塔問題

9-10-1 AI 為含函數的程式建立註解

當 ChatGPT 為比較複雜的程式建立註解時,可以帶來多個顯著的優點,不僅提升了程式碼的可讀性,還有助於維護和拓展程式碼,以下是一些主要的優點:

- 增強程式碼可讀性:註解可以提供對程式碼塊目的和功能的快速理解,尤其是對於複雜的算法或使用了特定業務邏輯的部分。這使得其他開發者(或未來的你)可以更快地理解程式碼的意圖,而不必詳細解析每一行程式碼。特別是,未來讀者在研讀計算機科學時,會常常碰到不容易了解的函數,我們可以借用 AI 協助分析程式。

- 改進程式碼維護:良好的註解可以使程式碼維護更加容易。當需要修改或擴展現有功能時,註解提供的上下文訊息可以幫助開發者快速找到需要關注的部分,並理解改動可能帶來的影響。

- 提高團隊合作效率:在團隊協作的開發環境中,註解是溝通不同模塊功能和實現方式的重要工具。良好的註解可以減少團隊成員之間的溝通障礙,提高整體開發效率。

以下是為 ch9_15.py 建立註解的實例。

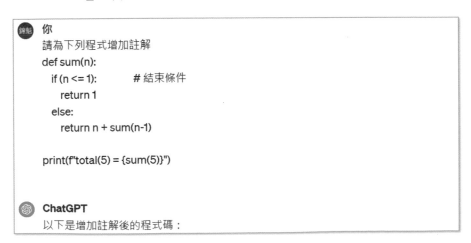

```
你
請為下列程式增加註解
def sum(n):
    if (n <= 1):        # 結束條件
        return 1
    else:
        return n + sum(n-1)

print(f"total(5) = {sum(5)}")
```

ChatGPT
以下是增加註解後的程式碼:

```
1   # ch9_27.py
2   def sum(n):
3       if (n <= 1):              # 結束條件：當 n 小於等於 1 時，返回 1
4           return 1
5       else:
6           return n + sum(n-1)   # 遞迴調用 sum 函數，計算 n 加上 n-1 的和
7
8   print(f"total(5) = {sum(5)}")   # 輸出 total(5) 的結果
```

> 這個程式碼使用遞迴方式計算 1 到 n 的和。當 n 等於 1 時，遞迴終止，返回 1；否則，遞迴調用 sum 函數計算 n 加上 n-1 的和，直到遞迴終止。

9-10-2　AI 設計河內塔函數

世界著名的公司在應徵軟體工程師時，常會考演算法題目，讀者需即時寫出該演算法的函數，我們可以用 AI 做自我訓練，這一小節將請 ChatGPT 設計河內塔問題，這是由法國數學家愛德華・盧卡斯 (François Édouard Anatole Lucas) 在 1883 年發明的問題。

它的觀念是有 3 根木樁，我們可以定義為 A、B、C，在 A 木樁上有 n 個穿孔的圓盤，從上到下的圓盤可以用 1, 2, 3, … n 做標記，圓盤的尺寸由下到上依次變小，它的移動規則如下：

1：每次只能移動一個圓盤。

2：只能移動最上方的圓盤。

3：必須保持小的圓盤在大的圓盤上方。

只要保持上述規則，圓盤可以移動至任何其它 2 根木樁。這個問題是借助 B 木樁，將所有圓盤移到 C。

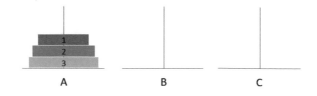

上述左邊圓盤中央的阿拉伯數字代表圓盤編號，移動結果將如下所示：

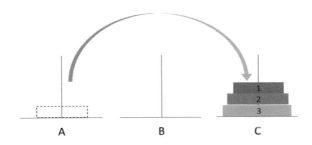

此外，設計這個問題，通常又將 A 木樁稱來源木樁 (source，簡稱 src)，B 木樁稱輔助木樁 (auxiliary，簡稱 aux)，C 木樁稱目的木樁 (destination，簡稱 dst)。

下列是請 ChatGPT 寫出河內塔問題的函數。

> **你**
> 請寫出解河內塔問題的函數，同時用主程式呼叫此函數，程式需要有完整的註解。

> **ChatGPT**
> 以下是解河內塔問題的函數和主程式，包括完整的註解：

```python
# ch9_28.py
def hanoi(n, source, target, auxiliary):
    """
    河內塔問題的遞迴解法。

    參數：
        n (int)：表示要移動的盤子數量。
        source (str)：表示原始柱子的名稱。
        target (str)：表示目標柱子的名稱。
        auxiliary (str)：表示輔助柱子的名稱。

    返回值：
        無。

    運作方式：
        1. 如果 n 為 1，直接將盤子從原始柱子移動到目標柱子。
        2. 否則，先將 n-1 個盤子從原始柱子移動到輔助柱子，
            然後將剩餘的一個盤子從原始柱子移動到目標柱子，
            最後將 n-1 個盤子從輔助柱子移動到目標柱子。
    """
    if n == 1:
        print(f"Move disk 1 from {source} to {target}")
        return
    hanoi(n-1, source, auxiliary, target)
    print(f"Move disk {n} from {source} to {target}")
    hanoi(n-1, auxiliary, target, source)
```

```
28  # 主程式
29  if __name__ == "__main__":
30      num_disks = 3
31      source_peg = "A"
32      target_peg = "C"
33      auxiliary_peg = "B"
34
35      print(f"Solving the Tower of Hanoi problem with {num_disks} disks...")
36      hanoi(num_disks, source_peg, target_peg, auxiliary_peg)
```

執行結果

```
==================== RESTART: D:/Python/ch9/ch9_28.py ====================
Solving the Tower of Hanoi problem with 3 disks...
Move disk 1 from A to C
Move disk 2 from A to B
Move disk 1 from C to B
Move disk 3 from A to C
Move disk 1 from B to A
Move disk 2 from B to C
Move disk 1 from A to C
```

> 這個程式定義了一個 `hanoi` 函數來解決河內塔問題，同時在主程式中呼叫這個函數來計算移動步驟並輸出結果。函數的運作方式在註解中有詳細說明。

　　ChatGPT 所設計的程式以清晰註解及遞迴解法優雅解決河內塔問題，主程式呼叫函數完整展示了程式邏輯。結構簡潔，易於理解，適合教學和應用。

習題實作題

ex9_1.py：請設計 mymax(n1, n2)，此函數將輸出較大值。

```
請輸入2個數值 = 9, 6
較大值是 ： 9
```
```
請輸入2個數值 = 10, 20
較大值是 ： 20
```

ex9_2.py：請設計一個函數 reverse(n)，輸入數字此函數可以反向顯示此數。

```
請輸入1個數值 = 5793
3975
```
```
請輸入1個數值 = 9012
2109
```

ex9_3.py：請設計可以執行 2 個數值運算的加法、減法、乘法、除法運算的小型計算機。所以這個程式必需設計 add(n1, n2)、sub(n1, n2)、mul(n1, n2)、div(n1, n2) 等 4 個函數，所有計算結果必需使用 return 回傳給主程式。

```
請輸入第1個數字 = 10
請輸入第2個數字 = 5
請輸入運算子(+,-,*,/)：+
計算結果 = 15
```
```
請輸入第1個數字 = 10
請輸入第2個數字 = 5
請輸入運算子(+,-,*,/)：/
計算結果 = 2.0
```

ex9_4.py：請設計攝氏轉華氏溫度函數 CtoF(c) 函數，華氏轉攝氏溫度 FtoC(f) 函數，然後設計下列溫度轉換表。

```
================= RESTART: D:\Python\ex9\ex9_4.py =================
攝氏溫度        華氏溫度        |     華氏溫度        攝氏溫度
  21          69.80         |       70          21.11
  22          71.60         |       75          23.89
  23          73.40         |       80          26.67
  24          75.20         |       85          29.44
  25          77.00         |       90          32.22
  26          78.80         |       95          35.00
  27          80.60         |      100          37.78
  28          82.40         |      105          40.56
  29          84.20         |      110          43.33
  30          86.00         |      115          46.11
```

ex9_5.py：請設計一個函數 isPalindrome(n)，這個函數可以判斷所輸入的數值，是不是回文 (Palindrome) 數字，回文數字的條件是從左讀或是從右讀皆相同。例如：22,232,556655, …，皆算是回文數字。

```
請輸入1個數值 = 232    請輸入1個數值 = 556655    請輸入1個數值 = 5566
這是回文數           這是回文數              這不是回文數
```

ex9_6.py：使用遞迴呼叫計算下列串列的總和。

[5, 7, 9, 15, 21, 6]

```
================= RESTART: D:\Python\ex9\ex9_6.py =================
mysum = 63
```

ex9_7.py：請設計遞迴函數計算下列數列的和。

$$f(i) = 1 + 1/2 + 1/3 + \cdots + 1/n$$

請輸入 n，然後列出 n = 1 … n 的結果。

```
================= RESTART: D:\Python\ex9\ex9_7.py =================
請輸入整數 : 5
1) = 1.000
2) = 1.500
3) = 1.833
4) = 2.083
5) = 2.283
```

ex9_8.py：列出 1 – 100 間的所有質數。

```
================= RESTART: D:\Python\ex9\ex9_8.py =================
以下是 1 - 100 間所有質數
2     3     5     7     11    13    17    19    23    29
31    37    41    43    47    53    59    61    67    71
73    79    83    89    97
```

第 10 章

物件導向的基石 - 類別

創意程式：圖書館管理系統、餐廳點餐系統
潛在應用：員工管理系統、產品庫存管理、會議室預訂系統

　　Python 其實是一種物件導向 (Object Oriented Programming) 語言，在 Python 中所有的資料類型皆是物件，Python 也允許程式設計師自創資料類型，這種自創的資料類型就是本章的主題類別 (class)。簡單的說，類別允許程式設計師建立一個框架，框架內可以包括數據（屬性）和操作數據的方法（函數），使得軟體開發更加組織化和模塊化。

　　設計程式時可以將世間萬物分組歸類，然後使用類別 (class) 定義你的分類，筆者在本章將舉一系列不同的類別，擴展讀者的思維。

10-1　定義類別 - 物件導向的基石

　　類別的語法定義如下：

class　Classname( ):　　　　　# 類別名稱第一個字母 Python 風格建議使用大寫
　　　statement1
　　　　　…
　　　statementn

　　本節將以銀行為例，說明最基本的類別觀念。

程式實例 ch10_1.py：Banks 的類別定義。

```
1  # ch10_1.py
2  class Banks():
3      ''' 定義銀行類別 '''
4      bankname = 'Taipei Bank'          # 定義屬性
5      def motto(self):                  # 定義方法
6          return "以客為尊"
```

執行結果　這個程式沒有輸出結果。

　　對上述程式而言，Banks 是類別名稱，在這個類別中筆者定義了一個屬性 (attribute) bankname 與一個方法 (method)motto。

　　在類別內定義方法 (method) 的方式與第 9 章定義函數的方式相同，但是一般不稱之為函數 (function) 而是稱之為方法 (method)，在程式設計時我們可以隨時呼叫函數，但是只有屬於該類別的物件 (object) 才可調用相關的方法。

10-2 操作類別的屬性與方法 - 擴展類別的功能

若是想操作類別的屬性與方法首先需宣告該類別的物件 (object) 變數，可以簡稱物件，然後使用下列方式操作。

object. 類別的屬性
object. 類別的方法 ( )

程式實例 ch10_2.py：擴充 ch10_1.py，列出銀行名稱與服務宗旨。

```
1  # ch10_2.py
2  class Banks():
3      ''' 定義銀行類別 '''
4      bankname = 'Taipei Bank'      # 定義屬性
5      def motto(self):              # 定義方法
6          return "以客為尊"
7
8  userbank = Banks()                # 定義物件userbank
9  print("目前服務銀行是 ", userbank.bankname)
10 print("銀行服務理念是 ", userbank.motto())
```

執行結果

```
=============== RESTART: D:\Python\ch10\ch10_2.py ===============
目前服務銀行是  Taipei Bank
銀行服務理念是  以客為尊
```

從上述執行結果可以發現我們成功地存取了 Banks 類別內的屬性與方法了。上述程式觀念是，程式第 8 列定義了 userbank 當作是 Banks 類別的物件，然後使用 userbank 物件讀取了 Banks 類別內的 bankname 屬性與 motto( ) 方法。這個程式主要是列出 bankname 屬性值與 motto( ) 方法傳回的內容。

當我們建立一個物件後，這個物件就可以向其它 Python 物件一樣，可以將這個物件當作串列、元組、字典或集合元素使用，也可以將此物件當作函數的參數傳送，或是將此物件當作函數的回傳值。

10-3 建構方法 - 類別初始化

建立類別很重要的一個工作是初始化整個類別，所謂的初始化類別是類別內建立一個初始化方法 (method)，這是一個特殊方法，當在程式內宣告這個類別的物件時將自動執行這個方法。初始化方法有一個固定名稱是 "__init__( )"，，寫法是 init 左右皆是 2 個底線字元，init 其實是 initialization 的縮寫，通常又將這類初始化的方法稱建構方

法 (constructor)。在這初始化的方法內可以執行一些屬性變數設定,下列筆者先用一個實例做解說。

程式實例 ch10_3.py:重新設計 ch10_2.py,設定初始化方法,同時存第一筆開戶的錢 100 元入銀行,然後列出存款金額。

```
1  # ch10_3.py
2  class Banks():
3      ''' 定義銀行類別 '''
4      bankname = 'Taipei Bank'              # 定義屬性
5      def __init__(self, uname, money):     # 初始化方法
6          self.name = uname                 # 設定存款者名字
7          self.balance = money              # 設定所存的錢
8
9      def get_balance(self):                # 獲得存款餘額
10         return self.balance
11
12 hungbank = Banks('hung', 100)            # 定義物件hungbank
13 print(hungbank.name.title(), " 存款餘額是 ", hungbank.get_balance())
```

執行結果

```
==================== RESTART: D:\Python\ch10\ch10_3.py ====================
Hung   存款餘額是   100
```

上述在程式 12 列定義 Banks 類別的 hungbank 物件時,Banks 類別會自動啟動 __init__( ) 初始化函數,在這個定義中 self 是必需的,同時需放在所有參數的最前面 (相當於最左邊),Python 在初始化時會自動傳入這個參數 self,代表的是類別本身的物件,未來在類別內想要參照各屬性與函數執行運算皆要使用 self,可參考第 6、7 和 10 列。

在這個 Banks 類別的 __init__(self, uname, money) 方法中,有另外 2 個參數 uname 和 money,未來我們在定義 Banks 類別的物件時 (第 12 列) 需要傳遞 2 個參數,分別給 uname 和 money。至於程式第 6 和 7 列內容如下:

self.name = uname   # name 是 Banks 類別的屬性
self.balance = money   # balance 是 Banks 類別的屬性

讀者可能會思考既然 __init__ 這麼重要,為何 ch10_2.py 沒有這個初始化函數仍可運行,其實對 ch10_2.py 而言是使用預設沒有參數的 __init__( ) 方法,此方法內容如下:

def __init__(self):
    pass

上述 pass 是關鍵字,功能是不執行任何操作,主要是讓程式結構完整。在程式第

9 列另外有一個 get_balance(self) 方法，在這個方法內只有一個參數 self，所以呼叫時可以不用任何參數，可以參考第 13 列。這個方法目的是傳回存款餘額。

程式實例 ch10_4.py：擴充 ch10_3.py，主要是增加執行存款與提款功能，同時在類別內可以直接列出目前餘額。

```
1   # ch10_4.py
2   class Banks():
3       ''' 定義銀行類別 '''
4       bankname = 'Taipei Bank'            # 定義屬性
5       def __init__(self, uname, money):   # 初始化方法
6           self.name = uname               # 設定存款者名字
7           self.balance = money            # 設定所存的錢
8
9       def save_money(self, money):        # 設計存款方法
10          self.balance += money           # 執行存款
11          print("存款 ", money, " 完成")   # 列印存款完成
12
13      def withdraw_money(self, money):    # 設計提款方法
14          self.balance -= money           # 執行提款
15          print("提款 ", money, " 完成")   # 列印提款完成
16
17      def get_balance(self):              # 獲得存款餘額
18          print(self.name.title(), " 目前餘額: ", self.balance)
19
20  hungbank = Banks('hung', 100)           # 定義物件hungbank
21  hungbank.get_balance()                  # 獲得存款餘額
22  hungbank.save_money(300)                # 存款300元
23  hungbank.get_balance()                  # 獲得存款餘額
24  hungbank.withdraw_money(200)            # 提款200元
25  hungbank.get_balance()                  # 獲得存款餘額
```

執行結果
```
===================== RESTART: D:\Python\ch10\ch10_4.py =====================
Hung    目前餘額:  100
存款  300   完成
Hung    目前餘額:  400
提款  200   完成
Hung    目前餘額:  200
```

類別建立完成後，我們隨時可以使用多個物件引用這個類別的屬性與函數，可參考下列實例。

程式實例 ch10_5.py：使用與 ch10_4.py 相同的 Banks 類別，然後定義 2 個物件使用操作這個類別。下列是與 ch10_4.py，不同的程式碼內容。

```
20  hungbank = Banks('hung', 100)           # 定義物件hungbank
21  johnbank = Banks('john', 300)           # 定義物件johnbank
22  hungbank.get_balance()                  # 獲得hung存款餘額
23  johnbank.get_balance()                  # 獲得john存款餘額
24  hungbank.save_money(100)                # hung存款100
25  johnbank.withdraw_money(150)            # john提款150
26  hungbank.get_balance()                  # 獲得hung存款餘額
27  johnbank.get_balance()                  # 獲得john存款餘額
```

執行結果

```
==================== RESTART: D:\Python\ch10\ch10_5.py ====================
Hung  目前餘額：  100
John  目前餘額：  300
存款  100  完成
提款  150  完成
Hung  目前餘額：  200
John  目前餘額：  150
```

10-4 設定屬性初始值 - 精確控制物件的狀態

在先前程式的 Banks 類別中第 4 列 bankname 是設為 "Taipei Bank"，其實這是初始值的設定，通常 Python 在設初始值時是將初始值設在 __init__( ) 方法內，下列這個程式同時將定義 Banks 類別物件時，省略開戶金額，相當於定義 Banks 類別物件時只要 2 個參數。

程式實例 ch10_6.py：設定開戶 (定義 Banks 類別物件) 只要姓名，同時設定開戶金額是 0 元，讀者可留意第 7 和 8 列的設定。

```python
1  # ch10_6.py
2  class Banks():
3      ''' 定義銀行類別 '''
4
5      def __init__(self, uname):           # 初始化方法
6          self.name = uname                # 設定存款者名字
7          self.balance = 0                 # 設定開戶金額是0
8          self.bankname = "Taipei Bank"    # 設定銀行名稱
9
10     def save_money(self, money):         # 設計存款方法
11         self.balance += money            # 執行存款
12         print("存款 ", money, " 完成")    # 列印存款完成
13
14     def withdraw_money(self, money):     # 設計提款方法
15         self.balance -= money            # 執行提款
16         print("提款 ", money, " 完成")    # 列印提款完成
17
18     def get_balance(self):               # 獲得存款餘額
19         print(self.name.title(), " 目前餘額: ", self.balance)
20
21 hungbank = Banks('hung')                 # 定義物件hungbank
22 print("目前開戶銀行 ", hungbank.bankname) # 列出目前開戶銀行
23 hungbank.get_balance()                   # 獲得hung存款餘額
24 hungbank.save_money(100)                 # hung存款100
25 hungbank.get_balance()                   # 獲得hung存款餘額
```

執行結果

```
==================== RESTART: D:\Python\ch10\ch10_6.py ====================
目前開戶銀行  Taipei Bank
Hung  目前餘額:  0
存款  100  完成
Hung  目前餘額:  100
```

10-5　實戰 – 圖書館管理系統 / 餐廳點餐系統 / 潛在應用

10-5-1　圖書館管理系統

程式實例 ch10_7.py：這個類別模擬一個簡單的圖書館管理系統，可以新增書籍和借閱書籍。

```python
1  # ch10_7.py
2  class Library:
3      def __init__(self):
4          self.books = {}   # 用字典來儲存書籍標題和其可用狀態
5      def add_book(self, title):
6          """新增書籍到圖書館中"""
7          self.books[title] = True   # True 表示該書籍是可用的
8          print(f"已新增書籍 : '{title}'")
9      def borrow_book(self, title):
10         """借出一本書"""
11         if self.books.get(title, False):   # 檢查書籍是否可用
12             self.books[title] = False
13             print(f"書籍 '{title}' 已借出")
14         else:
15             print(f"抱歉, 書籍 '{title}' 目前不可借閱或不存在")
16     def return_book(self, title):
17         """歸還一本書"""
18         if title in self.books:
19             self.books[title] = True
20             print(f"書籍 '{title}' 已歸還")
21         else:
22             print(f"書籍 '{title}' 不存在於系統")
23
24 my_library = Library()                       # 建立一個圖書館物件
25 # 新增幾本書
26 my_library.add_book("Python 王者歸來")
27 my_library.add_book("機器學習入門")
28
29 my_library.borrow_book("Python 王者歸來")     # 借閱一本書
30 my_library.borrow_book("Python 王者歸來")     # 嘗試借閱已被借出的書
31 my_library.return_book("Python 王者歸來")     # 歸還書籍
32 my_library.borrow_book("Python 王者歸來")     # 再次嘗試借閱相同的書
```

執行結果

```
================== RESTART: D:/Python/ch10/ch10_7.py ==================
已新增書籍 : 'Python 王者歸來'
已新增書籍 : '機器學習入門'
書籍 'Python 王者歸來' 已借出
抱歉, 書籍 'Python 王者歸來' 目前不可借閱或不存在
書籍 'Python 王者歸來' 已歸還
書籍 'Python 王者歸來' 已借出
```

10-5-2　餐廳點餐系統

程式實例 ch10_8.py：這個類別允許顧客新增點餐項目，計算總金額。

```python
1   # ch10_8.py
2   class RestaurantOrder:
3       def __init__(self):
4           self.menu = {'pizza':300, 'salad':80, 'drink':50}   # 菜單名稱和價格
5           self.order = {}                        # 訂單，用來記錄顧客的點餐資訊
6
7       def add_to_order(self, item, quantity):
8           """將項目添加到訂單中"""
9           if item in self.menu:
10              self.order[item] = self.order.get(item, 0) + quantity
11              print(f"已添加 {quantity} 個 {item} 到您的訂單")
12          else:
13              print(f"項目 '{item}' 不在菜單上")
14
15      def get_total(self):
16          """計算並返回訂單的總價"""
17          total = sum(quantity * self.menu[item]
18                      for item, quantity in self.order.items())
19          return total
20
21  my_order = RestaurantOrder()                   # 建立餐廳點餐系統的實例
22  # 增加項目到訂單
23  my_order.add_to_order('pizza', 2)
24  my_order.add_to_order('salad', 3)
25  my_order.add_to_order('drink', 1)
26
27  my_order.add_to_order('sushi', 2)              # 嘗試添加不在菜單上的項目
28  print(f"總計: ${my_order.get_total()}")        # 計算並顯示總金額
```

執行結果

```
==================== RESTART: D:/Python/ch10/ch10_8.py ====================
已添加 2 個 pizza 到您的訂單
已添加 3 個 salad 到您的訂單
已添加 1 個 drink 到您的訂單
項目 'sushi' 不在菜單上
總計: $890
```

10-5-3　類別的潛在應用

❑　員工管理系統

這個類別用於管理企業中的員工資料，包括新增、更新、查詢和刪除員工資訊。

```python
1   # test10_1.py
2   class EmployeeManager:
3       def __init__(self):
4           self.employees = {}   # 儲存員工資料的字典
5       def add_employee(self, id, name, position):
6           """新增員工"""
7           if id not in self.employees:
8               self.employees[id] = {'name':name, 'position':position}
9               print(f"員工 {name} 已新增")
```

```
10          else:
11              print("此員工ID已存在。")
12      def get_employee(self, id):
13          """根據ID查詢員工資訊"""
14          return self.employees.get(id, "員工不存在")
15      def update_employee(self, id, name=None, position=None):
16          """更新員工資訊"""
17          if id in self.employees:
18              if name:
19                  self.employees[id]['name'] = name
20              if position:
21                  self.employees[id]['position'] = position
22              print(f"員工 {id} 資訊已更新")
23          else:
24              print("員工不存在")
25      def remove_employee(self, id):
26          """刪除員工"""
27          if id in self.employees:
28              del self.cmployees[id]
29              print(f"員工 {id} 已刪除")
30          else:
31              print("員工不存在")
```

❏ 產品庫存管理

這個類別用於管理企業的產品庫存，包括增加、減少庫存，和查詢庫存。

```
1   # test10 2.py
2   class InventoryManager:
3       def __init__(self):
4           self.inventory = {}   # 儲存庫存資料的字典
5       def add_product(self, product_id, quantity):
6           """增加產品庫存"""
7           if product_id in self.inventory:
8               self.inventory[product_id] += quantity
9           else:
10              self.inventory[product_id] = quantity
11          print(f"產品 {product_id} 庫存增加 {quantity}")
12      def reduce_product(self, product_id, quantity):
13          """減少產品庫存"""
14          if product_id in self.inventory and self.inventory[product_id] >= quantity:
15              self.inventory[product_id] -= quantity
16              print(f"產品 {product_id} 庫存減少 {quantity}")
17          else:
18              print("庫存不足或產品不存在")
19      def check_inventory(self, product_id):
20          """查詢產品庫存"""
21          return self.inventory.get(product_id, 0)
```

❏ 會議室預訂系統

這個類別用於管理辦公室會議室的預訂情況，包括預訂、取消預訂等功能。

```
1   # test10_3.py
2   class MeetingRoomBookingSystem:
3       def __init__(self):
4           self.bookings = {}                  # 儲存會議室預訂的字典
5       def book_room(self, room_id, date, time_slot):
6           """預訂會議室"""
7           # 檢查日期是否已存在於預訂字典中
8           if date not in self.bookings:
9               self.bookings[date] = {}
10
11          # 預訂指定時段的會議室
12          if time_slot not in self.bookings[date]:
13              self.bookings[date][time_slot] = room_id
14              print(f"會議室 {room_id} 已在 {date} 的 {time_slot} 預訂成功")
15          else:
16              print("該時段已被預訂")
17      def cancel_booking(self, room_id, date, time_slot):
18          """取消預訂"""
19          # 檢查指定日期和時段的預訂是否存在
20          if date in self.bookings and time_slot in self.bookings[date] and \
21              self.bookings[date][time_slot] == room_id:
22              del self.bookings[date][time_slot]
23              print(f"會議室 {room_id} 在 {date} 的 {time_slot} 預訂已取消")
24          else:
25              print("無此預訂記錄")
```

10-6 AI 輔助建立類別 – 電子商務購物車平台

下列是筆者請求 ChatGPT 建立電子商務購物車平台的實例。

 你
你可以建立一個「電子商務平台的購物車」的類別嗎？

ChatGPT
當然可以！以下是一個簡單的電子商務平台購物車的類別的示例：

```
1   # ch10_9.py
2   class ShoppingCart:
3       def __init__(self):
4           self.items = {}   # 用字典來存儲商品和數量
5       def add_item(self, item_name, quantity):
6           """
7           將商品添加到購物車中。
8           Args:
9               item_name (str): 商品名稱。
10              quantity (int): 商品數量。
11          """
12          if item_name in self.items:
13              self.items[item_name] += quantity
```

```
14          else:
15              self.items[item_name] = quantity
16      def remove_item(self, item_name, quantity):
17          """
18          從購物車中移除商品。
19          Args:
20              item_name (str): 商品名稱。
21              quantity (int): 移除的商品數量。
22          """
23          if item_name in self.items:
24              self.items[item_name] -= quantity
25              if self.items[item_name] <= 0:
26                  del self.items[item_name]
27      def view_cart(self):
28          """查看購物車中的所有商品。"""
29          print("購物車內容:")
30          for item, quantity in self.items.items():
31              print(f"{item}: {quantity}")
32      def checkout(self):
33          """結帳購物車中的商品。"""
34          print("結帳成功！謝謝您的購買！")
35  # 使用示例
36  cart = ShoppingCart()
37  cart.add_item("蘋果", 2)
38  cart.add_item("香蕉", 3)
39  cart.view_cart()
40  cart.remove_item("蘋果", 1)
41  cart.view_cart()
42  cart.checkout()
```

執行結果

```
===================== RESTART: D:/Python/ch10/ch10_9.py =====================
購物車內容:
蘋果: 2
香蕉: 3
購物車內容:
蘋果: 1
香蕉: 3
結帳成功！謝謝您的購買！
```

> 這個類別代表了一個簡單的購物車系統，可以添加商品、移除商品、查看購物車內容以及結帳。您可以根據需要進行擴展和修改，以滿足更多的功能需求。

這個購物車類別清晰簡潔，提供了基本的功能，易於理解和使用，適合應用於簡單的電子商務平台。

習題實作題

ex10_1.py：設計一個類別 Myschool，這個類別包含屬性 title 和，這個類別也有一個 departments( ) 方法，屬性內容如下：

> title = " 明志科大 "
> departments( ) 方法則是傳回串列 [" 機械 ", " 電機 ", " 化工 "]

讀者需宣告一個 Myschool 物件，然後依下列方式列印訊息。

```
======================= RESTART: D:\Python\ex10\ex10_1.py =======================
明志科大
機械
電機
化工
```

ex10_2.py：設計一個類別 Myschool，這個類別包含屬性 name 和 score，這個類別也有一個 msg( ) 方法，程式設定 Myschool 物件時需傳遞 2 個參數，下列是示範設定方式：

hung = Myschool('kevin', 80)

這個類別的方法，主要是可以輸出問候語和成績，請留意英文名字第一個輸出字母是大寫。

```
======================= RESTART: D:\Python\ex10\ex10_2.py =======================
Hi!Kevin你的成績是80分
```

ex10_3.py：請用 10-5-3 節的 test10_1.py，建立主程式可以得到下列輸出結果。

```
======================= RESTART: D:/Python/ex10/ex10_3.py =======================
員工 陳育琳 已新增
員工 李加強 已新增
{'name': '陳育琳', 'position': '軟體工程師'}
{'name': '李加強', 'position': '財務經理'}
員工 1 資訊已更新
{'name': '陳玉麟', 'position': '軟體工程師'}
員工 2 已刪除
員工不存在
```

第 11 章

模組開發與實用技巧全解析

創意程式：時鐘程式、圖書館管理系統模組
潛在應用：提醒休息程式、效能測試工具、生日倒數計時器、
年齡計算器

　　第 9 章介紹了函數 (function)，第 10 章說明了類別 (class)，其實在大型計畫的程式設計中，每個人可能只是負責一小功能的函數或類別設計，為了可以讓團隊其他人可以互相分享設計成果，最後每個人所負責的功能函數或類別將儲存在模組 (module) 中，然後供團隊其他成員使用。在網路上或國外的技術文件常可以看到有的文章將模組 (module) 稱為套件 (package)，意義是一樣的。

　　通常我們將模組分成 3 大類：

1：　我們自己程式建立的模組，本章會做說明。

2：　Python 內建的模組，例如：math(3-4-3 節)、time(6-4-3 節)、random(6-4-4 節)、datetime(9-3-4 節) 等。

3：　外部模組，需使用 pip 安裝，第 13 章起和附錄 A 會在使用時說明。

　　本章主要講解將自己所設計的函數或類別儲存成「模組」然後加以引用，最後也將說明 Python 常用的內建模組。Python 最大的優勢是免費資源，因此有許多公司使用它開發了許多功能強大的模組，這些模組稱外部模組或第三方模組，未來章節筆者會說明幾個重要的外部模組執行更多有意義的工作。

11-1　自建函數模組 - 模組化程式設計

　　一個大型程式一定是由許多的函數或類別所組成，為了讓程式的工作可以分工以及增加程式的可讀性，我們可以將所建的函數或類別儲存成「模組」(module)，未來再加以呼叫引用。

11-1-1　先前準備工作

　　假設有一個程式內容是用於建立冰淇淋 (ice cream) 與飲料 (drink)，如下所示：

程式實例 ch11_1.py：這個程式基本上是擴充 ch9_12.py，再增加建立飲料的函數 make_drink( )。

```
1   # ch11_1.py
2   def make_icecream(*toppings):
3       # 列出製作冰淇淋的配料
4       print("這個冰淇淋所加配料如下")
5       for topping in toppings:
6           print("--- ", topping)
```

```
7
8  def make_drink(size, drink):
9      # 輸入飲料規格與種類,然後輸出飲料
10     print("所點飲料如下")
11     print("--- ", size.title())
12     print("--- ", drink.title())
13
14 make_icecream('草莓醬')
15 make_icecream('草莓醬', '葡萄乾', '巧克力碎片')
16 make_drink('large', 'coke')
```

執行結果

```
==================== RESTART: D:\Python\ch11\ch11_1.py ====================
這個冰淇淋所加配料如下
---    草莓醬
這個冰淇淋所加配料如下
---    草莓醬
---    葡萄乾
---    巧克力碎片
所點飲料如下
---    Large
---    Coke
```

　　假設我們常常需要在其它程式呼叫 make_icecream( ) 和 make_drink( )，此時可以考慮將這 2 個函數組成模組 (module)，未來可以供其它程式呼叫使用。

11-1-2　建立函數內容的模組

　　模組的副檔名與 Python 程式檔案一樣是 py，對於程式實例 ch11_1.py 而言，我們可以只保留 make_icecream( ) 和 make_drink( )。

程式實例 makefood.py：使用 ch11_1.py 建立一個模組，此模組名稱是 makefood.py。

```
1  # makefood.py
2  # 這是一個包含2個函數的模組(module)
3  def make_icecream(*toppings):
4      ''' 列出製作冰淇淋的配料 '''
5      print("這個冰淇淋所加配料如下")
6      for topping in toppings:
7          print("--- ", topping)
8
9  def make_drink(size, drink):
10     ''' 輸入飲料規格與種類,然後輸出飲料 '''
11     print("所點飲料如下")
12     print("--- ", size.title())
13     print("--- ", drink.title())
```

執行結果　由於這不是一般程式所以沒有任何執行結果。

　　現在我們已經成功地建立模組 makefood.py 了。

11-2　程式碼重用 - 使用自己建立的函數模組

有幾種方法可以應用函數模組，下列將分成 4 小節說明。

11-2-1　import 模組名稱

要導入 11-1-2 節所建的模組，只要在程式內加上下列簡單的語法即可：

    import makefood

程式中要引用模組的函數語法如下：

    模組名稱 . 函數名稱　　　# 模組名稱與函數名稱間有小數點 "."

程式實例 ch11_2.py：實際導入模組 makefood.py 的應用。

```
1  # ch11_2.py
2  import makefood          # 導入模組makefood.py
3
4  makefood.make_icecream('草莓醬')
5  makefood.make_icecream('草莓醬', '葡萄乾', '巧克力碎片')
6  makefood.make_drink('large', 'coke')
```

執行結果　與 ch11_1.py 相同。

11-2-2　導入模組內特定單一函數

如果只想導入模組內單一特定的函數，可以使用下列語法：

    from 模組名稱 import 函數名稱

未來程式引用所導入的函數時可以省略模組名稱。

程式實例 ch11_3.py：這個程式導入 makefood.py 模組的 make_icecream( ) 函數。

```
1  # ch11_3.py
2  from makefood import make_icecream  # 導入模組makefood的函數make_icecream
3
4  make_icecream('草莓醬')
5  make_icecream('草莓醬', '葡萄乾', '巧克力碎片')
```

11-2-3　導入模組內多個函數

如果想導入模組內多個函數時，函數名稱間需以逗號隔開，語法如下：

    from 模組名稱 import 函數名稱 1, 函數名稱 2, …, 函數名稱 n

程式實例 **ch11_4.py**：重新設計 ch11_3.py，增加導入 make_drink( ) 函數。

```
1  # ch11_4.py
2  # 導入模組makefood的make_icecream和make_drink函數
3  from makefood import make_icecream, make_drink
4
5  make_icecream('草莓醬')
6  make_icecream('草莓醬', '葡萄乾', '巧克力碎片')
7  make_drink('large', 'coke')
```

執行結果 與 ch11_1.py 相同。

11-2-4　將主程式放在 main( ) 與 __name__ 搭配的好處

在 ch11_1.py 中筆者為了不希望將此程式當成模組被引用時，執行了主程式的內容，所以將此程式的主程式部分刪除另外建立了 makefood 程式，其實我們可以將 ch11_1.py 的主程式部分使用下列方式設計，未來可以直接導入模組，不用改寫程式。

程式實例 **new_makefood.py**：重新設計 ch11_1.py，讓程式可以當作模組使用。

```
1  # new_makefood.py
2  def make_icecream(*toppings):
3      # 列出製作冰淇淋的配料
4      print("這個冰淇淋所加配料如下")
5      for topping in toppings:
6          print("--- ", topping)
7
8  def make_drink(size, drink):
9      # 輸入飲料規格與種類,然後輸出飲料
10     print("所點飲料如下")
11     print("--- ", size.title())
12     print("--- ", drink.title())
13
14 def main():
15     make_icecream('草莓醬')
16     make_icecream('草莓醬', '葡萄乾', '巧克力碎片')
17     make_drink('large', 'coke')
18
19 if __name__ == '__main__':
20     main()
```

執行結果 與 ch11_1.py 相同。

上述程式我們將原先主程式內容放在第 14 ~ 17 列的 main( ) 內，然後在第 19 ~ 20 列筆者增加下列敘述：

```
if __name__ == '__main__':
    main( )
```

上述表示，如果自己獨立執行 new_makefood.py，會去調用 main( )，執行 main( ) 的內容。如果這個程式被當作模組引用 import new_makefood，則不執行 main( )。

程式實例 new_ch11_2_1.py：重新設計 ch11_2.py，導入 ch11_1.py 模組，並觀察執行結果。

```
1    # new_ch11_2_1.py
2    import ch11_1              # 導入模組ch11_1.py
3
4    ch11_1.make_icecream('草莓醬')
5    ch11_1.make_icecream('草莓醬', '葡萄乾', '巧克力碎片')
6    ch11_1.make_drink('large', 'coke')
```

執行結果

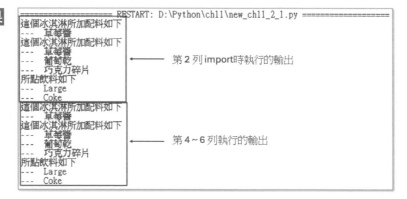

從上述可以發現第 2 列「import ch11_1」時已經執行了一次原先 ch11_1.py 的內容，第 4～6 列呼叫方法時再執行一次，所以可以得到上述結果。

程式實例 new_ch11_2_2.py：重新設計 ch11_2.py，導入 new_makefood.py 模組，並觀察執行結果。

```
1    # new_ch11_2_2.py
2    import new_makefood              # 導入模組new_makefood.py
3
4    new_makefood.make_icecream('草莓醬')
5    new_makefood.make_icecream('草莓醬', '葡萄乾', '巧克力碎片')
6    new_makefood.make_drink('large', 'coke')
```

執行結果
```
================ RESTART: D:\Python\ch11\new_ch11_2_2.py =================
這個冰淇淋所加配料如下
---    草莓醬
這個冰淇淋所加配料如下
---    草莓醬
---    葡萄乾
---    巧克力碎片
所點飲料如下
---    Large
---    Coke
```

上述由於 new_makefood.py 被當模組導入時，不執行 main( )，所以我們獲得了正確結果。

11-3 教你如何將自建類別儲存在模組中

第 10 章筆者介紹了類別，當程式設計越來越複雜時，可能我們也會建立許多類別，Python 也允許我們將所建立的類別儲存在模組內。筆者將使用第 10 章的程式實例，說明將類別儲存在模組方式。

程式實例 library.py：筆者修改使用 ch10_7.py，用 Library 類別建立 library.py 模組。

```
1  # library.py
2  class Library:
3      def __init__(self):
4          self.books = {}   # 用字典來儲存書籍標題和其可用狀態
5      def add_book(self, title):
6          """新增書籍到圖書館中"""
7          self.books[title] = True   # True 表示該書是可用的
8          print(f"已新增書籍 : '{title}'")
9      def borrow_book(self, title):
10         """借出一本書"""
11         if self.books.get(title, False):   # 檢查書籍是否可用
12             self.books[title] = False
13             print(f"書籍 '{title}' 已借出")
14         else:
15             print(f"抱歉，書籍 '{title}' 目前不可借閱或不存在")
16     def return_book(self, title):
17         """歸還一本書"""
18         if title in self.books:
19             self.books[title] = True
20             print(f"書籍 '{title}' 已歸還")
21         else:
22             print(f"書籍 '{title}' 不存在於系統")
```

11-4 如何應用自己建立的類別模組

11-4-1 導入模組的單一類別

其實導入模組內的類別與導入模組內的函數觀念是一致的，它的語法如下：

from 模組名稱 import 類別名稱

程式實例 ch11_5.py：使用導入模組方式，重新設計 ch10_7.py 圖書館管理系統模組。

```
1  # ch11_5.py
2  from library import Library
3
4  my_library = Library()                    # 建立一個圖書館物件
5  # 新增幾本書
6  my_library.add_book("Python 王者歸來")
7  my_library.add_book("機器學習入門")
```

```
8
9   my_library.borrow_book("Python 王者歸來")      # 借閱一本書
10  my_library.borrow_book("Python 王者歸來")      # 嘗試借閱已被借出的書
11  my_library.return_book("Python 王者歸來")      # 歸還書籍
12  my_library.borrow_book("Python 王者歸來")      # 再次嘗試借閱相同的書
```

執行結果 　與 ch10_7.py 相同。

11-4-2　import 模組名稱

也可以使用下列語法導入所建的模組：

import 模組名稱

程式中要引用模組的類別，語法如下：

模組名稱 . 類別名稱　　　　　# 模組名稱與類別名稱間有小數點 "."

程式實例 ch11_6.py：使用 import 模組名稱方式，重新設計 ch11_5.py，讀者應該留意第 2 和 4 列的設計方式。

```
1   # ch11_6.py
2   import library
3
4   my_library = library.Library()                # 建立一個圖書館物件
5   # 新增幾本書
6   my_library.add_book("Python 王者歸來")
7   my_library.add_book("機器學習入門")
8
9   my_library.borrow_book("Python 王者歸來")      # 借閱一本書
10  my_library.borrow_book("Python 王者歸來")      # 嘗試借閱已被借出的書
11  my_library.return_book("Python 王者歸來")      # 歸還書籍
12  my_library.borrow_book("Python 王者歸來")      # 再次嘗試借閱相同的書
```

執行結果 　與 ch11_5.py 相同。

11-5　掌握 time 模組 - 時間處理的必學技巧

　　程式設計時常需要時間資訊，例如：計算某段程式執行所需時間或是獲得目前系統時間，6-4-3 節有介紹 sleep( ) 方法，這一節將介紹幾個常用的方法。使用時間模組時，需要先導入此模組。

import time

11-5-1 asctime( ) – 設計時鐘程式

這個方法會以可以閱讀方式輸出目前系統時間，回傳的字串是用英文表達，星期與月份是英文縮寫。

實例 1：列出目前系統時間。

```
>>> import time
>>> time.asctime()
'Thu Jul  7 21:44:00 2022'
```

程式實例 ch11_7.py：更改 ch6_18.py，設計時鐘程式。

```
1  # ch11_7.py
2  import time
3
4  try:
5      while True:
6          # 使用ANSI轉義序列來移動游標到螢幕的開頭
7          print(f"\r{time.asctime()}", end='')
8  except KeyboardInterrupt:
9      print("\n時鐘停止")
```

執行結果

```
C:\Users\User>Python D:/Python/ch11/ch11_7.py
Tue Apr 16 05:51:40 2024
```
Ctrl + C →
```
C:\Users\User>Python D:/Python/ch11/ch11_7.py
Tue Apr 16 05:52:02 2024
時鐘停止

C:\Users\User>
```

11-5-2 time( )

time( ) 方法可以傳回自 1970 年 1 月 1 日 00:00:00AM 以來的秒數，初看好像用處不大，其實如果你想要掌握某段工作所花時間則是很有用，例如，你可以用它計算猜數字所花時間。

實例 1：計算自 1970 年 1 月 1 日 00:00:00AM 以來的秒數。

```
>>> import time
>>> int(time.time())
1657200593
```

讀者的執行結果將和筆者不同，因為我們是在不同的時間點執行這個程式。

程式實例 ch11_8.py：猜數字遊戲，同時計算花多少時間猜對數字。

```
1  # ch11_8.py
2  import random          # 導入模組random
3  import time            # 導入模組time
4
5  min, max = 1, 10
6  ans = random.randint(min, max)    # 隨機數產生答案
```

```
 7  yourNum = int(input("請猜1-10之間數字: "))
 8  starttime = time.time()               # 起始秒數
 9  while True:
10      if yourNum == ans:
11          print("恭喜!答對了")
12          endtime = time.time()          # 結束秒數
13          duration = endtime - starttime # 猜數字時間
14          print(f"所花時間 {duration:.2f} 秒")
15          break
16      elif yourNum < ans:
17          print("請猜大一些")
18      else:
19          print("請猜小一些")
20      yourNum = int(input("請猜1-10之間數字: "))
```

執行結果
```
====================== RESTART: D:\Python\ch11\ch11_8.py ======================
請猜1-10之間數字: 5
請猜小一些
請猜1-10之間數字: 3
恭喜!答對了
所花時間 2.16 秒
```

11-5-3　time 模組的潛在應用

❑　**定時提醒休息程式**

　　定時提醒系統將會每隔一定時間提醒用戶休息一次,例如:每 60 分鐘提醒用戶休息 5 分鐘。這可以幫助減少長時間工作對健康的不利影響。註:這個程式與 ch11_7.py 一樣需在 DOS 命令提示字元環境執行,否則 Ctrl + C 也無法終止程式。

```
 1  # test11_1.py
 2  import time
 3
 4  def start_reminder(interval_hours, break_time_minutes):
 5      interval_seconds = interval_hours * 3600    # 將小時轉換為秒
 6      break_seconds = break_time_minutes * 60     # 將分鐘轉換為秒
 7
 8      try:
 9          while True:
10              print(f"開始工作,將於 {interval_hours} 小時後提醒您休息")
11              time.sleep(interval_seconds)         # 等待指定的工作時間
12              print(f"請休息 {break_time_minutes} 分鐘!")
13              time.sleep(break_seconds)            # 休息時間
14              print("休息結束,回到工作吧!")
15      except KeyboardInterrupt:
16          print("程式已被手動終止,希望您有一個愉快的工作體驗!")
17
18  start_reminder(1, 5)                             # 每1小時提醒用戶休息5分鐘
```

❑　**效能測試工具**

　　這個程式將使用 time 模組來測量一段 Python 程式碼的執行時間。

```
1   # test11_2.py
2   import time
3
4   def performance_test():
5       start_time = time.time()
6       # 假設這是需要測試的程式碼區塊
7       sum = 0
8       for i in range(1000000):
9           sum += i
10      end_time = time.time()
11      print(f"測試所花時間 {end_time - start_time:.4f} 秒")
12
13  performance_test()
```

11-6　認識 datetime 模組 - 日期處理入門

　　datetime 模組提供了許多功能強人的工具，用來操作日期和時間。這個模組是 Python 標準庫的一部分，所以不需要額外安裝就可以使用。模組內包含幾個重要的類別，主要是：

- date：代表日期，包含年、月、日。限於篇幅，本節只介紹此方法。
- time：代表時間，可包含小時、分鐘、秒和微秒。
- datetime：結合了 date 和 time，是最常用的類別之一。
- timedelta：表示兩個日期或時間之間的差異。

11-6-1　today( ) 方法

　　date.today( ) 是 date 類別中的一個方法，它返回目前的本地日期。這個方法非常有用，因為它可以快速獲取當前的年、月、日訊息。

程式實例 ch11_9.py：輸出現在日期。

```
1   # ch11_9.py
2   import datetime
3
4   today = datetime.date.today()        # 獲取今天的日期
5   print("今天日期 :", today)            # 輸出今天的日期
6   print("    年 :", today.year)
7   print("    月 :", today.month)
8   print("    日 :", today.day)
```

執行結果

```
==================== RESTART: D:/Python/ch11/ch11_9.py ====================
今天日期 : 2024-04-16
    年 : 2024
    月 : 4
    日 : 16
```

上述 today 的 year 屬性可以輸出年、month 屬性可以輸出月、day 屬性可以輸出日。

11-6-2　datetime 模組的潛在應用

❑　生日倒數計時器

此程式允許用戶輸入他們的生日，然後計算出距離下一次生日還有多少天。

```
1  # test11_3.py
2  import datetime
3
4  def birthday_countdown(birthday):
5      today = datetime.date.today()
6      next_birthday = datetime.date(today.year, birthday.month, birthday.day)
7      if today > next_birthday:
8          next_birthday = datetime.date(today.year + 1, birthday.month, birthday.day)
9      return (next_birthday - today).days
10
11 user_birthday = datetime.date(1981, 8, 1)
12 print(f"距離你的生日還有 {birthday_countdown(user_birthday)} 天")
```

❑　年齡計算器

計算用戶的確切年齡，包括年、月和天。

```
1  # test11_4.py                           如果True回傳 1
2  import datetime                         如果False回傳 0
3
4  def calculate_age(birthdate):
5      today = datetime.date.today()
6      age = today.year - birthdate.year - \
7          ((today.month, today.day) < (birthdate.month, birthdate.day))
8      months = (today.month - birthdate.month - (today.day < birthdate.day)) % 12
9      days = (today - datetime.date(today.year, today.month, 1)).days + 1 - \
10         (birthdate.day if today.day < birthdate.day else 0)
11     return f"你現在 {age} 歲, {months} 月, {days} 天"
12
13 user_birthdate = datetime.date(1981, 8, 1)
14 print(calculate_age(user_birthdate))
```

11-7 AI 介紹 Python 的內建模組

下列是用 ChatGPT 4 測試的結果。

 請說明Python內建的模組

Python 內建了許多常用的模組，以下是其中一些常見的模組：

1. `os` 模組：提供了與操作系統相關的功能，如文件操作、環境變量、進程管理等。
2. `sys` 模組：提供了與 Python 解析器相關的功能，如程序結束、命令行參數、標準輸出、標準錯誤輸出等。
3. `re` 模組：提供了正則表達式相關的功能，如搜索、匹配、替換等。
4. `datetime` 模組：提供了日期和時間相關的功能，如日期和時間的加減、格式化、比較等。
5. `math` 模組：提供了數學相關的功能，如數學常數、數學函數、幾何運算等。
6. `random` 模組：提供了生成隨機數的功能，如生成隨機整數、浮點數、隨機選擇等。

7. `json` 模組：提供了 JSON（JavaScript Object Notation）相關的功能，如序列化和反序列化 JSON 對象、讀取和寫入 JSON 文件等。
8. `csv` 模組：提供了 CSV（Comma-Separated Values）相關的功能，如讀取和寫入 CSV 文件等。

以上只是其中一些常見的內建模組，Python 還提供了許多其他有用的內建模組，如 `collections`、`itertools`、`functools`、`socket`、`pickle` 等。這些內建模組大大簡化了 Python 開發的過程，使得開發者能夠更加高效地開發出高質量的程式。

註 ChatGPT 3.5 版對這個問題的回答比較簡陋。

習題實作題

ex11_1.py：請擴充 11-1-2 節的 makefood 模組，增加 make_noodle( ) 函數，這個函數的第 1 個參數是麵的種類，例如：牛肉麵、肉絲麵，… 等。第 2 到多個參數則是自選配料，然後參考 ch11_2.py 呼叫方式，產生結果。

```
===================== RESTART: D:\Python\ex11\ex11_1.py =====================
牛肉麵 的配料如下：
---   酸菜
---   辣醬
---   蔥花
肉絲麵 的配料如下：
---   辣醬
---   蔥花
```

ex11_2.py：請建立一個模組，這個模組含 4 個運算的類別，分別是加法、減法、乘法和除法，運算完成後需回傳結果。基本上每個方法皆是含 2 個參數，運算原則是：

參數 1 op 參數 2

請分別用 2 組數字測試這個模組。

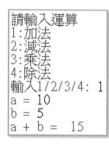
```
請輸入運算
1:加法
2:減法
3:乘法
4:除法
輸入1/2/3/4: 1
a = 10
b = 5
a + b =  15
```
```
請輸入運算
1:加法
2:減法
3:乘法
4:除法
輸入1/2/3/4: 2
a = 9
b = 3
a - b =  6
```
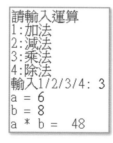
```
請輸入運算
1:加法
2:減法
3:乘法
4:除法
輸入1/2/3/4: 3
a = 6
b = 8
a * b =  48
```
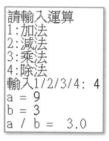
```
請輸入運算
1:加法
2:減法
3:乘法
4:除法
輸入1/2/3/4: 4
a = 9
b = 3
a / b =  3.0
```

ex11_3.py：設計倒數計時器，時間到時會產生聲音，聲音可以參考 ch6_14.py。

```
C:\Users\User>Python D:\Python\ex11\ex11_3.py
請輸入倒數秒數: 10
00:08
```
```
C:\Users\User>Python D:\Python\ex11\ex11_3.py
請輸入倒數秒數: 10
時間到！
```

第 12 章

檔案的讀取與寫入

創意程式：詩歌生成器、互動式故事書
潛在應用：數據探勘、資料保存、日誌文件寫入、自動備份系統日誌

讀取檔案

Python 處理讀取或寫入檔案首先需將檔案開啟，然後可以接受一次讀取所有檔案內容或是逐列讀取檔案內容，常用讀取檔案相關方法可以參考下表。

方法	說明
open( )	開啟檔案，可以參考 12-1-1 節。
read( )	讀取檔案可以參考 12-1-2 和 12-1-6 節。
readline( )	讀取一列資料，可以參考 12-1-4 節。
readlines( )	讀取多列資料，用串列回傳，可以參考 12-1-5 節。

12-1-1　開啟一個檔案 open( )

open( ) 函數可以開啟一個檔案供讀取或寫入，如果這個函數執行成功，會傳回檔案匯流物件，這個函數的基本使用格式如下：

　　　　file_Obj = open(file, mode="r", encoding)　　　　　　　# 左邊是最常用的 3 個參數

❑　file

用字串列出欲開啟的檔案，如果不指名路徑則開啟目前工作資料夾。

❑　mode

開啟檔案的模式，如果省略代表是 mode="r"，使用時如果 mode="w" 或其它，也可以省略 mode=，直接寫 "w"。也可以同時具有多項模式，第一項 (字母) 代表讀或寫的模式，第二項 (字母) 代表檔案類型，例如："wb" 代表以二進位檔案開啟供寫入，可以是下列基本模式。下列是第一個字母的操作意義。

● "r"：這是預設，開啟檔案供讀取 (read)。

● "w"：開啟檔案供寫入，如果原先檔案有內容將被覆蓋。

● "a"：開啟檔案供寫入，如果原先檔案有內容，新寫入資料將附加在後面。

● "x"：開啟一個新的檔案供寫入，如果所開啟的檔案已經存在會產生錯誤。

下列是第二個字母的意義，代表檔案類型。

● "b"：開啟二進位檔案模式。

● "t"：開啟文字檔案模式，這是預設。

❑ encoding

在中文 Windows 作業系統下，檔案常用的編碼方式有 cp950 和 utf-8 編碼兩種。encoding 是設定編碼方式，如果沒有中文字預設是使用 utf-8 編碼，如果有中文字預設是使用 cp950 編碼 (ANSI)。我們可以使用這個參數，設定檔案物件的編碼格式。

❑ file_Obj

這是檔案物件，讀者可以自行給予名稱，未來 print( ) 函數可以將輸出導向此物件，不使用時要關閉 "file_Obj.close( )"，才可以返回作業系統的檔案管理員觀察執行結果。

程式實例 ch12_1.py：將資料輸出到檔案的實例，其中輸出到 out12_1w.txt 採用 "w" 模式，輸出到 out12_1a.txt 採用 "a" 模式。

```
1  # ch12_1.py
2  fobj1 = open("out12_1w.txt", mode="w")    # 取代先前資料
3  print("測試 mode=a 參數，預設 ANSI 編碼", file=fobj1)
4  fobj1.close()
5  fobj2 = open("out12_1a.txt", mode="a")    # 附加資料後面
6  print("Testing mode=w, using utf-8 format", file=fobj2)
7  fobj2.close()
```

執行結果 這個程式執行後需至 ch12 資料夾查看執行結果內容，在新版的記事本，可以在視窗下方的狀態欄位看到目前視窗內容的檔案格式，從執行結果，可以看到一樣是使用預設，含中文字內容的檔案格式是 ANSI，在中文 Windows 環境相當於 cp950 編碼。不含中文字內容的檔案格式是 utf-8，在中文 Windows 環境相當於 utf-8 編碼。

這個程式如果執行程式一次，可以得到 out12_1a.txt 和 out12_1w.txt 內容相同。但是如果持續執行，out12_1a.txt 內容會持續增加，out12_1w.txt 內容則保持不變，下列是執行第 2 次此程式的結果。

程式實例 ch12_2.py：開啟檔案供輸出時，直接設定輸出編碼格式。

```
1  # ch12_2.py
2  fobj1 = open("out12_2w.txt", mode="w", encoding="cp950")
3  print("測試 mode=a 參數，預設 ANSI 編碼", file=fobj1)
4  fobj1.close( )
5  fobj2 = open("out12_2a.txt", mode="a", encoding="utf-8")
6  print("Testing mode=w, using utf-8 format", file=fobj2)
7  fobj2.close( )
```

執行結果　其他細節與 ch12_1.py 相同。

從上方左圖可以看到使用 "cp950" 編碼時，可以得到 ANSI 的編碼檔案。

12-1-2　讀取整個檔案 read(n)

檔案開啟後，可以使用 read(n) 讀取所開啟的檔案，n 是代表要讀取的文字數量，若是省略 n，可以讀取整個檔案，使用 read( ) 讀取時，所有的檔案內容將以一個字串方式被讀取然後存入字串變數內，未來只要印此字串變數相當於可以列印整個檔案內容。

12-1-3　with 關鍵字

Python 提供一個關鍵字 with，在開啟檔案與建立檔案物件時使用方式如下：

with open( ) as 檔案物件 :
　　　相關系列指令

with 指令會在區塊指令結束後自動將檔案關閉，檔案經「with open( ) as 檔案物件」開啟後會有一個檔案物件，就可以使用前一節的 read( ) 讀取此檔案物件的內容。

程式實例 ch14_11.py：在 ch12 資料夾內有 data12_3.txt，請讀取此檔案與輸出。

```
1  # ch12_3.py
2  fn = 'data12_3.txt'          # 設定欲開啟的檔案
3  with open(fn, 'r', encoding='cp950') as fObj:
4      data - fObj.read()       # 讀取檔案到變數data
5  print(data)                  # 輸出變數data
```

執行結果

```
==================== RESTART: D:\Python\ch12\ch12_3.py ====================
深智數位
Deepwisdom Co
Deepen your wisdom.

>>>
```

12-1-4 逐列讀取檔案內容

在 Python 若想逐列讀取檔案內容，可以使用下列迴圈：

for line in fObj: # line 和 fObj 可以自行取名，fObj 是檔案物件
　　迴圈相關系列指令

程式實例 ch12_4.py：逐列讀取和輸出檔案。

```
1  # ch12_4.py
2  fn = 'data12_3.txt'          # 設定欲開啟的檔案
3  with open(fn, 'r', encoding='cp950') as fObj:
4      for line in fObj:        # 相當於逐列讀取
5          print(line)          # 輸出line
```

執行結果

```
==================== RESTART: D:\Python\ch12\ch12_4.py ====================
深智數位

Deepwisdom Co.

Deepen your wisdom.

>>>
```

因為以記事本編輯的 data12_3.txt 文字檔每列末端有換列符號，同時 print( ) 在輸出時也有一個換列輸出的符號，所以會得到上述每列輸出後有空一列的結果。

程式實例 ch12_5.py：重新設計 ch12_4.py，但是刪除每列末端的換列符號。

```
1  # ch12_5.py
2  fn = 'data12_3.txt'              # 設定欲開啟的檔案
3  with open(fn, 'r', encoding='cp950') as fObj:
4      for line in fObj:             # 相當於逐列讀取
5          print(line.rstrip())      # 輸出line
```

執行結果

```
==================== RESTART: D:\Python\ch12\ch12_5.py ====================
深智數位
Deepwisdom Co.
Deepen your wisdom.
>>>
```

讀取整列也可以使用 readline( )，可以參考下列實例。

程式實例 ch12_6.py：使用 readline( ) 讀取整列資料。

```
1  # ch12_6.py
2  fn = 'data12_3.txt'              # 設定欲開啟的檔案
3  with open(fn, 'r', encoding='cp950') as fObj:
4      txt1 = fObj.readline()
5      print(txt1)                   # 輸出txt1
6      txt2 = fObj.readline()
7      print(txt2)                   # 輸出txt2
```

執行結果

```
==================== RESTART: D:\Python\ch12\ch12_6.py ====================
深智數位

Deepwisdom Co.

>>>
```

12-1-5　逐列讀取使用 readlines( )

　　使用 with 關鍵字配合 open( ) 時，所開啟的檔案物件目前只在 with 區塊內使用，適用在特別是想要遍歷此檔案物件時。Python 另外有一個方法 readlines( ) 可以採用逐列讀取方式，一次讀取全部 txt 的內容，同時以串列方式儲存，另一個特色是讀取時每列的換列字元皆會儲存在串列內，同時一列資料是一個串列元素。當然更重要的是我們可以在 with 區塊外遍歷原先檔案物件內容。

　　在本書所附資料夾的 ch12 資料夾有下列 data12_7.txt 檔案。

程式實例 ch12_7.py：使用 readlines( ) 逐列讀取 data12_7.txt，存入串列，然後列印此串列的結果。

```
1  # ch12_7.py
2  fn = 'data12_7.txt'           # 設定欲開啟的檔案
3  with open(fn, 'r', encoding='cp950') as fObj:
4      mylist = fObj.readlines()
5  print(mylist)
```

執行結果
```
==================== RESTART: D:\Python\ch12\ch12_7.py ====================
['明志科技大學\n', '台塑關係企業\n', '我愛明志工專\n']
```

由上述執行結果可以看到在 txt 檔案的換列字元也出現在串列元素內。

12-2 寫入檔案

程式設計時一定會碰上要求將執行結果保存起來，此時就可以將執行結果存入檔案內，寫入檔案常用的方法可以參考下表。

方法	說明
write(str)	將字串 str 資料寫入檔案，可以參考 12-2-1 節。
writelines([s1, s2, … sn])	將串列資料寫入檔案，可以參考 12-2-3 節。

12-2-1 將執行結果寫入空的文件內

開啟檔案 open( ) 函數使用時預設是 mode='r' 讀取檔案模式，因此如果開啟檔案是供讀取可以省略 mode='r'。若是要供寫入，那麼就要設定寫入模式 mode='w'，程式設計時可以省略 mode，直接在 open( ) 函數內輸入 'w'。如果所開啟的檔案可以讀取或寫入可以使用 'r+'。如果所開啟的檔案不存在 open( ) 會建立該檔案物件，如果所開啟的檔案已經存在，原檔案內容將被清空。

至於輸出到檔案可以使用 write( ) 方法，語法格式如下：

len = 檔案物件 .write(欲輸出資料)   # 可將資料輸出到檔案物件

上述方法會傳回輸出資料的資料長度。

程式實例 ch12_8.py：輸出資料到檔案的應用，同時輸出寫入的檔案長度。

```
1   # ch12_8.py
2   fn = 'out12_8.txt'
3   string = 'I love Python.'
4
5   with open(fn, 'w', encoding='cp950') as fObj:
6       print(fObj.write(string))
```

執行結果

```
==================== RESTART: D:\Python\ch12\ch12_8.py ====================
14
```

在 ch12 資料夾可以看到 out12_8.txt 檔案，開啟可以得到 I love Python.。註：write( ) 輸出時無法寫入數值資料，必需使用 str( ) 將數值資料轉成字串資料。

12-2-2　輸出多列資料的實例

如果多列資料輸出到檔案，設計程式時需留意各列間的換列符號問題，write( ) 不會主動在列的末端加上換列符號，如果有需要需自己處理。

程式實例 ch12_9.py：使用 write( ) 輸出多列資料的實例。

```
1   # ch12_9.py
2   fn = 'out12_9.txt'
3   str1 = 'I love Python.'
4   str2 = '洪錦魁著'
5
6   with open(fn, 'w', encoding='cp950') as fObj:
7       fObj.write(str1)
8       fObj.write(str2)
```

執行結果

12-2-3　writelines( )

這個方法可以將串列內的元素寫入檔案。

程式實例 ch12_10.py：writelines( ) 使用實例。

```
1   # ch12_10.py
2   fn = 'out12_10.txt'
3   mystr = ['相見時難別亦難\n', '東風無力百花殘\n', '春蠶到死絲方盡']
4
5   with open(fn, 'w', encoding='cp950') as fObj:
6       fObj.writelines(mystr)
```

執行結果

12-3 實戰 – 數據探勘 / 詩歌生成器 / 互動式故事書 / 潛在應用

12-3-1 數據探勘 - 讀取與分析檔案

　　我們有學過字串、串列、字典、設計函數、檔案開啟與讀取檔案，這一節將舉一個實例可以應用上述觀念。

程式實例 ch12_11.py：有一首兩隻老虎的兒歌放在 data12_11.txt 檔案內，其實這首耳熟能詳的兒歌是法國歌曲，原歌詞如下：

　　這個程式主要是列出每個歌詞出現的次數，為了單純全部單字改成小寫顯示，這個程式將用字典保存執行結果，字典的鍵是單字、字典的值是單字出現次數。為了讓讀者了解本程式的每個步驟，筆者輸出每一個階段的變化。

```
1   # ch12_11.py
2   def modifySong(songStr):                    # 將歌曲的標點符號用空字元取代
3       for ch in songStr:
4           if ch in ".,?":
5               songStr = songStr.replace(ch,'')
6       return songStr                          # 傳回取代結果
7
8   def wordCount(songCount):
9       global mydict
10      songList = songCount.split()            # 將歌曲字串轉成串列
11      print("以下是歌曲串列")
12      print(songList)
13      mydict = {wd:songList.count(wd) for wd in set(songList)}
14
15  fn = "data12_11.txt"
16  with open(fn) as file_Obj:                  # 開啟歌曲檔案
17      data = file_Obj.read()                  # 讀取歌曲檔案
18      print("以下是所讀取的歌曲")
19      print(data)                             # 列印歌曲檔案
20
21  mydict = {}                                 # 空字典未來儲存單字計數結果
22  print("以下是將歌曲大寫字母全部改成小寫同時將標點符號用空字元取代")
23  song = modifySong(data.lower())
24  print(song)
25
26  wordCount(song)                             # 執行歌曲單字計數
27  print("以下是最後執行結果")
28  print(mydict)                               # 列印字典
```

執行結果

```
==================== RESTART: D:\Python\ch12\ch12_11.py ====================
以下是所讀取的歌曲
Are you sleeping, are you sleeping, Brother John, Brother John?
Morning bells are ringing, morning bells are ringing.
Ding dong, Ding ding dong.
以下是將歌曲大寫字母全部改成小寫同時將標點符號用空字元取代
are you sleeping are you sleeping brother john brother john
morning bells are ringing morning bells are ringing
ding ding dong ding ding dong
以下是歌曲串列
['are', 'you', 'sleeping', 'are', 'you', 'sleeping', 'brother', 'john', 'brother
', 'john', 'morning', 'bells', 'are', 'ringing', 'morning', 'bells', 'are', 'rin
ging', 'ding', 'ding', 'dong', 'ding', 'ding', 'dong']
以下是最後執行結果
{'john': 2, 'brother': 2, 'bells': 2, 'sleeping': 2, 'ding': 4, 'ringing': 2, 'd
ong': 2, 'you': 2, 'morning': 2, 'are': 4}
```

12-3-2　隨機詩歌生成器

程式實例 ch12_12.py：程式讀取一系列詩句儲存在 data12_12.txt 文件，此文件內容如下：

請隨機組合這些詩句來創建新的詩歌，然後將這些詩歌寫入新的文件。用戶可以指定詩歌的長度和風格，生成個性化的詩歌。

```
1   # ch12_12.py
2   import random
3
4   def load_poem_lines(filename):
5       """從文件讀取詩句."""
6       with open(filenamc, 'r', encoding='utf-8') as file:
7           lines = [line.strip() for line in file if line.strip()]
8       return lines
9
10  def generate_poem(lines, length=4):
11      """生成指定長度的詩."""
12      if length > len(lines):
13          print("所請求的詩歌長度超過了可用行數")
14          return ""
15
16      # 隨機選擇詩句
17      poem = '\n'.join(random.sample(lines, length))
18      return poem
19
20  # 指定詩句文件的路徑
21  filename = "data12_12.txt"
22
23  # 載入詩句
24  lines = load_poem_lines(filename)
```

```
25
26   # 生成詩歌
27   poem_length = 4                    # 可以自由調整詩的長度
28   poem = generate_poem(lines, poem_length)
29
30   # 顯示詩歌
31   print("這是你隨機生成的詩歌 : ")
32   print(poem)
```

執行結果

```
這是你隨機生成的詩歌 :
天涯共此時
海上生明月
情人怨遙夜
獨在異鄉為異客
```

```
這是你隨機生成的詩歌 :
窗含西嶺千秋雪
獨在異鄉為異客
每逢佳節倍思親
夕陽西下斷腸人在天涯
```

12-3-3　互動式故事書

程式實例 ch12_13.py：程式讀取包含故事情節選項的文本文件，用戶根據程式提供的選擇來決定故事的發展方向，程式根據用戶的選擇讀取並展示故事的相應部分。最終，用戶的選擇和故事結果可以被保存到新的文檔中，形成一個完整的故事。以下是我們將會採取的步驟來實現這個程式：

- 故事開始：提供故事的背景和初始情境。

- 用戶選擇：在故事的關鍵點，用戶可以選擇不同的行動，這將導致不同的故事結果。

- 結果回饋：根據用戶的選擇，展示相應的故事情節發展。

- 故事結束：故事根據用戶的選擇達到不同的結局。

```
1  # ch12_13.py
2  def main():
3      with open("out12_13.txt", "w", encoding="utf-8") as file:
4          file.write("歡迎來到交互式故事書！\n")
5          start_story(file)
6
7  def start_story(file):
8      file.write("你醒來發現自己在一座神秘的森林中。前面有兩條路，一條通往左邊的山脈，另一條通往右邊的河流。\n")
9      choice = input("你想要去哪裡？輸入 '山脈' 或 '河流' : ")
10
11     if choice == "山脈":
12         mountain_path(file)
13     elif choice == "河流":
14         river_path(file)
15     else:
16         file.write("不明的選擇，故事無法繼續。\n")
17
18  def mountain_path(file):
19      file.write("你選擇了前往山脈。爬了幾小時後，你遇到了一隻迷路的小狐狸。\n")
20      choice = input("你決定幫助它還是繼續你的旅程？輸入 '幫助' 或 '繼續' : ")
21
22      if choice == "幫助":
23          file.write("你幫助了小狐狸找到了回家的路，作為感謝，狐狸給了你一個神秘的寶石。\n")
24      elif choice == "繼續":
25          file.write("你繼續前進，但錯過了獲得神秘寶石的機會。\n")
```

```
26      else:
27          file.write("不明的選擇，故事在此結束。\n")
28
29  def river_path(file):
30      file.write("你選擇了前往河流。仕河邊，你發現了一條小船。\n")
31      choice = input("你決定划船過河還是在河邊設營？輸入 '划船' 或 '設營'：")
32
33      if choice == "划船":
34          file.write("你成功划船過河，發現了對岸的古老村莊。\n")
35      elif choice == "設營":
36          file.write("夜裡，你聽到了怪聲，但安全地度過了一夜。\n")
37      else:
38          file.writc("不明的選擇，故事在此結束。\n")
39
40  if __name__ == "__main__":
41      main()
```

執行結果　下列是不同選項產生 out12_13.txt 的輸出。

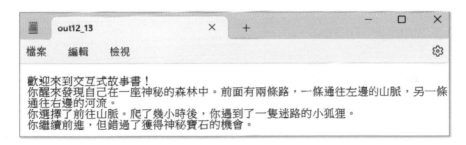

12-3-4　輸入與輸出的潛在應用

這一節所述重點是描述潛在應用，部分觀念尚未介紹或是無法執行，讀者可以參考即可。

❑　**資料保存 - 自動將重要資料保存到文件中**

```
1   # test12_1.py
2   with open('backup.csv', 'w') as file:
3       for data in database_data:
4           file.write(','.join(data) + '\n')
```

❑　**日誌文件寫入 – 記錄應用活動到日誌文件中**

```
1   # test12_2.py
2   with open('app.log', 'a') as log_file:
3       log_file.write(f'{time.strftime("%Y-%m-%d %H:%M:%S")} - 工作項目 1\n')
```

❑　**自動備份系統日誌 - 定期從系統目錄讀取日誌並將其備份到另一個位置**

```
1   # test12_3.py
2   import shutil
3   import glob
4   import time
5
6   log_files = glob.glob('/path/to/logs/*.log')
7   backup_path = '/path/to/backup/'
8
9   for log_file in log_files:
10      shutil.copy(log_file, backup_path + time.strftime("%Y%m%d_%H%M%S_") + log_file.split('/')[-1])
```

這是自動化流程的一部分，旨在提高效率和準確性。

12-4　AI 助攻複製圖片

圖片是一個二進制檔案，我們可以請 ChatGPT 設計讀取二進位檔案方式，達到複製圖片檔案。

> 你
> 請用讀取二進位檔案方式，設計複製圖片的 Python，原始圖片與目的圖片皆是從螢幕輸入
>
> ChatGPT
> 你可以使用 Python 的內建函數 `open` 來讀取和寫入二進位文件，然後逐字節地將原始圖片的數據複製到目標文件中。以下是一個實現這一目的的示例程式碼：

```
1   # ch12_14.py
2   # 輸入原始圖片和目標圖片的路徑
3   original_image_path = input("請輸入原始圖片的路徑：")
4   target_image_path = input("請輸入目標圖片的路徑：")
5
6   try:
7       # 以二進位模式打開原始圖片文件
8       with open(original_image_path, "rb") as original_file:
9           # 讀取原始圖片的數據
10          image_data = original_file.read()
11
12      # 以二進位模式打開目標圖片文件
13      with open(target_image_path, "wb") as target_file:
14          # 將原始圖片的數據寫入目標圖片文件
15          target_file.write(image_data)
16
17      print("圖片複製完成！")
18
19  except FileNotFoundError:
20      print("文件未找到！")
21  except IOError:
22      print("文件讀取或寫入時出錯！")
23  except Exception as e:
24      print(f"發生了一個錯誤：{e}")
```

執行結果

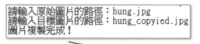

請輸入原始圖片的路徑：hung.jpg
請輸入目標圖片的路徑：hung_copyied.jpg
圖片複製完成！

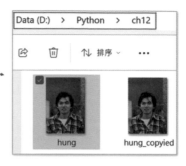

這個程式將指定的原始圖片文件以二進位模式打開，讀取其數據，然後再以二進位模式打開目標圖片文件，將原始圖片的數據寫入目標文件中，從而實現圖片的複製。

習題實作題

ex12_1.py：有 5 個字串列內容如下：

str1 = 'Python 入門到高手之路 '
str2 = ' 作者：洪錦魁 '
str3 = ' 深智數位科技 '
str4 = 'DeepMind Corporation'
str5 = 'Deep Learning'

請依上述字串執行下列工作：

A：分 5 列輸出，將執行結果存入 out12_1_1.txt。

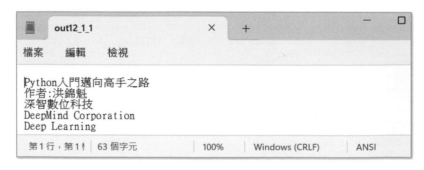

B：同一列輸出，彼此不空格，將執行結果存入 out12_1_2.txt。

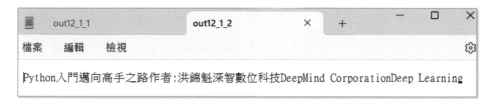

C：同一列輸出，彼此空 2 格，將執行結果存入 out12_1_3.txt。

ex12_2.py：請一次讀取 out12_1_1.txt，然後輸出到螢幕。

```
==================== RESTART: D:\Python\ex12\ex12_2.py ====================
Python入門邁向高手之路
作者:洪錦魁
深智數位科技
DeepMind Corporation
Deep Learning
```

ex12_3.py：請一次一列讀取 out12_1_1.txt，然後輸出到螢幕。

```
==================== RESTART: D:\Python\ex12\ex12_3.py ====================
Python入門邁向高手之路

作者:洪錦魁

深智數位科技

DeepMind Corporation

Deep Learning
```

ex12_4.py：一次一列讀取 out12_1_1.txt，處理成一列且不空格，最後輸出到螢幕。

```
==================== RESTART: D:\Python\ex12\ex12_4.py ====================
Python入門邁向高手之路作者:洪錦魁深智數位科技DeepMind CorporationDeep Learning
```

ex12_5.py：更改設計 ch12_11.py，將所有出現的單字，從多到少列印出來。

```
==================== RESTART: D:/Python/ex12/ex12_5.py ====================
ding : 4
are : 4
bells : 2
ringing : 2
morning : 2
sleeping : 2
brother : 2
john : 2
you : 2
dong : 2
```

第 13 章

影像處理與創作 —
Pillow + OpenCV

創意程式：影像濾鏡、二維條碼、藝術創作

在 2024 年代起，高畫質的手機已經成為個人標準配備，也許你可以使用許多影像軟體處理手機所拍攝的相片，本章筆者將教導您以 Python 處理這些相片。首先將使用 Pillow 模組，所以請先導入此模組。

> pip install pillow

注意在程式設計中需導入的是 PIL 模組，主要原因是要向舊版 Python Image Library 相容，如下所示：

> from PIL import Image 或是 from PIL import ImageColor

上述 Image 是 Pillow 模組的核心，可以操作和保存不同格式的影像。ImageColor 則是提供方法，處理影像的色彩。

13-1 Pillow 模組的盒子元組 (Box tuple)

13-1-1　基本觀念

下圖是 Pillow 模組的影像座標的觀念。

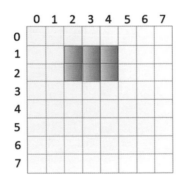

最左上角的像素座標 (x,y) 是 (0,0)，x 軸像素值往右遞增，y 軸像素值往下遞增。盒子元組的參數是，(left, top, right, bottom)，意義如下：

left：盒子左上角的 x 軸座標。

top：盒子左上角的 y 軸座標。

right：盒子右下角的 x 軸座標。

bottom：盒子右下角的 y 軸座標。

　　若是上圖藍底是一張圖片，則可以用 (2, 1, 4, 2) 表示它的盒子元組 (box tuple)，可想成它的影像座標。

13-1-2　計算機眼中的影像

　　上述影像座標格子的列數和行數稱解析度 (resolution)，例如：我們說某個影像是 1280x720，表示寬度的格子數有 1280，高度的格子數有 720。

　　影像座標的每一個像素可以用顏色值代表，如果是灰階色彩，可以用 0-255 的數字表示，0 是最暗的黑色，255 代表白色。也就是說我們可以用一個矩陣 (matirix) 代表一個灰階的圖。

　　如果是彩色的圖，每個像素是用 (R,G,B) 代表，R 是 Red、G 是 Green、B 是 Blue，每個顏色也是 0 ~ 255 之間，我們所看到的色彩其實就是由這 3 個原色所組成，讀者可以參考附錄 C。

　　在人工智慧的圖像識別中，很重要的是找出圖像特徵，所使用的卷積 (convolution) 運算就是使用這些圖像的矩陣數字，執行更進一步的運算。

13-2　影像的基本操作

　　本節使用的影像檔案是 rushmore.jpg，在 ch13 資料夾可以找到，此圖片內容如下。

　　可以使用 open( ) 方法開啟一個影像物件，參數是放置欲開啟的影像檔案。

13-2-1　影像大小屬性

　　可以使用 size 屬性獲得影像大小，這個屬性可傳回影像寬 (width) 和高 (height)。

程式實例 ch13_1.py：在 ch13 資料夾有 rushmore.jpg 檔案，這個程式會列出此影像檔案的寬和高。

```
1  # ch13_1.py
2  from PIL import Image
3
4  rushMore = Image.open("rushmore.jpg")      # 建立Pillow物件
5  width, height = rushMore.size              # 獲得影像寬度和高度
6  print(f"寬度 = {width}")
7  print(f"高度 = {height}")
```

執行結果
```
==================== RESTART: D:\Python\ch13\ch13_1.py ====================
寬度 = 270
高度 = 161
```

13-2-2　儲存檔案

可以使用 save( ) 方法儲存檔案，甚至我們也可以將 jpg 檔案轉存成不同影像格式，例如：tif、png … 等，相當於圖檔以不同格式儲存。

程式實例 ch13_2.py：將 rushmore.jpg 轉存成 out13_2.png。

```
1  # ch13_2.py
2  from PIL import Image
3
4  rushMore = Image.open("rushmore.jpg")      # 建立Pillow物件
5  rushMore.save("out13_2.png")
```

執行結果　在 ch13 資料夾將可以看到所建的 out13_2.png。

13-2-3　螢幕顯示影像

可以使用 show( ) 方法直接顯示影像，在 Windows 作業系統下可以使用此方法呼叫 Windows 相片檢視器顯示影像畫面。

程式實例 ch13_3.py：在螢幕顯示 rushmore.jpg 影像。

```
1  # ch13_3.py
2  from PIL import Image
3
4  rushMore = Image.open("rushmore.jpg")      # 建立Pillow物件
5  rushMore.show()
```

執行結果

13-3 影像的編輯

13-3-1 更改影像大小

Pillow 模組提供 resize( ) 方法可以調整影像大小,它的使用語法如下:

resize((width, heigh), Image.BILINEAR)　　　# 雙線取樣法,也可以省略

第一個參數是新影像的寬與高,以元組表示,這是整數。第二個參數主要是設定更改影像所使用的方法,常見的有上述方法外,也可以設定 Image.NEAREST 最低品質,Image.ANTIALIAS 最高品質,Image.BISCUBIC 三次方取樣法,一般可以省略。

程式實例 ch13_4.py:分別將圖片寬度與高度增加為原先的 2 倍,

```
1  # ch13_4.py
2  from PIL import Image
3
4  pict = Image.open("rushmore.jpg")        # 建立Pillow物件
5  width, height = pict.size
6  newPict1 = pict.resize((width*2, height))  # 寬度是2倍
7  newPict1.save("out13_4_1.jpg")
8  newPict2 = pict.resize((width, height*2))  # 高度是2倍
9  newPict2.save("out13_4_2.jpg")
```

執行結果 下列分別是 out13_4_1.jpg(左) 與 out13_4_2.jpg(右) 的執行結果。

13-3-2 影像的旋轉

Pillow 模組提供 rotate( ) 方法可以逆時針旋轉影像,如果旋轉是 90 度或 270 度,影像的寬度與高度會有變化,圖像本身比率不變,多的部分以黑色影像替代,如果是其他角度則影像維持不變。

程式實例 ch13_5.py：將影像分別旋轉 90 度和 180 度。

```
1  # ch13_5.py
2  from PIL import Image
3
4  pict = Image.open("rushmore.jpg")              # 建立Pillow物件
5  pict.rotate(90).save("out13_5_1.jpg")          # 旋轉90度
6  pict.rotate(180).save("out13_5_2.jpg")         # 旋轉180度
```

執行結果　下列分別是旋轉 90 和 180 度的結果。

13-3-3　影像的翻轉

可以使用 transpose( ) 讓影像翻轉，這個方法使用語法如下：

transpose(Image.FLIP_LEFT_RIGHT)　　# 影像左右翻轉
transpose(Image.FLIP_TOP_BOTTOM)　# 影像上下翻轉

程式實例 ch13_6.py：影像左右翻轉與上下翻轉的實例。

```
1  # ch13_6.py
2  from PIL import Image
3
4  pict = Image.open("rushmore.jpg")                          # 建立Pillow物件
5  pict.transpose(Image.FLIP_LEFT_RIGHT).save("out13_6_1.jpg")     # 左右
6  pict.transpose(Image.FLIP_TOP_BOTTOM).save("out13_6_2.jpg")     # 上下
```

執行結果　下列分別是左右翻轉與上下翻轉的結果。

13-4 裁切、複製與影像合成

13-4-1 裁切影像

Pillow 模組有提供 crop( ) 方法可以裁切影像,其中參數是一個元組,元組內容是 (左 , 上 , 右 , 下) 的區間座標。

程式實例 ch13_7.py:裁切 (80, 30, 150, 100) 區間。

```
1   # ch13_7.py
2   from PIL import Image
3
4   pict = Image.open("rushmore.jpg")           # 建立Pillow物件
5   cropPict = pict.crop((80, 30, 150, 100))    # 裁切區間
6   cropPict.save("out13_7.jpg")
```

執行結果 下列是 out13_7.jpg 的裁切結果。

13-4-2 複製影像

假設我們想要執行影像合成處理,為了不要破壞原影像內容,建議可以先保存影像,再執行合成動作。Pillow 模組有提供 copy( ) 方法可以複製影像。

程式實例 ch13_8.py:複製影像,再將所複製的影像儲存。

```
1   # ch13_8.py
2   from PIL import Image
3
4   pict = Image.open("rushmore.jpg")     # 建立Pillow物件
5   copyPict = pict.copy()                # 複製
6   copyPict.save("out13_8.jpg")
```

執行結果 可以在 ch13 資料夾看到複製的 out13_8.jpg。

13-4-3 影像合成

Pillow 模組有提供 paste( ) 方法可以影像合成,它的語法如下:

底圖影像 .paste(插入影像 , (x,y))　　　　# (x,y) 元組是插入位置

程式實例 ch13_9.py：使用 rushmore.jpg 影像，為這個影像複製一份 copyPict，裁切一份 cropPict，將 cropPict 合成至 copyPict 內 2 次，將結果存入 out13_9.jpg。

```
1  # ch13_9.py
2  from PIL import Image
3
4  pict = Image.open("rushmore.jpg")          # 建立Pillow物件
5  copyPict = pict.copy()                     # 複製
6  cropPict = copyPict.crop((80, 30, 150, 100)) # 裁切區間
7  copyPict.paste(cropPict, (20, 20))         # 第一次合成
8  copyPict.paste(cropPict, (20, 100))        # 第二次合成
9  copyPict.save("out13_9.jpg")               # 儲存
```

執行結果

13-5　影像濾鏡

　　Pillow 模組內有 ImageFilter 模組，使用此模組可以增加 filter( ) 方法為圖片加上濾鏡效果。此方法的參數意義如下：

- BLUR 模糊

- CONTOUR 輪廓

- DETAIL 細節增強

- EDGE_ENHANCE 邊緣增強

- EDGE_ENHANCE_MORE 深度邊緣增強

- EMBOSS 浮雕效果

- FIND_EDGES 邊緣訊息

- SMOOTH 平滑效果

- SMOOTH_MORE 深度平滑效果

- SHARPEN 銳利化效果

程式實例 ch13_10.py：使用濾鏡處理圖片。

```
1   # ch13_10.py
2   from PIL import Image
3   from PIL import ImageFilter
4   rushMore = Image.open("rushmore.jpg")        # 建立Pillow物件
5   filterPict = rushMore.filter(ImageFilter.BLUR)
6   filterPict.save("out13_10_BLUR.jpg")
7   filterPict = rushMore.filter(ImageFilter.CONTOUR)
8   filterPict.save("out13_10_CONTOUR.jpg")
9   filterPict = rushMore.filter(ImageFilter.EMBOSS)
10  filterPict.save("out13_10_EMBOSS.jpg")
11  filterPict = rushMore.filter(ImageFilter.FIND_EDGES)
12  filterPict.save("out13_10_FIND_EDGES.jpg")
```

執行結果

BLUR

CONTOUR

EMBOSS

FIND_EDGES

13-6 建立 QR code

　　QR code 是目前最流行的二維掃描碼，1994 年日本 Denso-Wave 公司發明的，英文字 QR 所代表的意義是 Quick Response 意義是快速反應。QR code 最早是應用在汽車製造商為了追蹤零件，目前已經應用在各行各業。它的最大特色是可以儲存比普通條碼更多資料，同時也不需對準掃描器。

13-6-1　QR code 的應用

　　下列是常見的 QR code 應用：

- 顯示網址資訊：使用掃描時可以進入此 QR code 的網址。
- 行動支付：消費者掃描店家的 QR code 即可完成支付。或是店家掃描消費者手機的 QR code 也可以完成支付。

- 電子票卷：參展票、高鐵票、電影票 ⋯ 等，將消費者所購買的票卷資訊使用 QR code 傳輸給消費者的手機，只要出示此 QR code，即可進場。

- 文字資訊：QR code 可以儲存的資訊很多，常看到有的人名片上有 QR code，當掃描後就可以獲得該名片主人的資訊，例如：姓名、電話號碼、地址、電子郵件地址 ⋯ 等。

13-6-2　QR code 的結構

QR code 是由邊框區和資料區所組成，資料區內有定位標記、校正圖塊、版本資訊、原始資訊、容錯資訊所組成，這些資訊經過編碼後產生二進位字串，白色格子代表 0，黑色格子代表 1，這些格子一般又稱作是模塊。其實經過編碼後，還會使用遮罩 (masking) 方法將原始二進位字串與遮罩圖案 (Mask Pattern) 做 XOR 運算，產生實際的編碼，經過處理後的 QR code 辨識率將更高。下列是 QR code 基本外觀如下：

- 邊框區：這也可以稱是非資料區，至少需有 4 個模塊，主要是避免 QR code 周遭的圖影響辨識。

- 定位標記：在上述外觀中，左上、左下、右上是定位標記，外型是 ' 回 '，在使用 QR code 掃描時我們可以發現不用完全對準也可以，主要是這 3 個定位標記幫助掃描定位。

- 校正圖塊：主要是校正辨識。

13-6-3　建立基本 QR code

使用前需安裝模組：

```
pip install qrcode
```

常用的幾個方法如下：

```
img = qrcode.make(" 網址資料 ")      # 產生網址資料的 QR code 物件 img
img.save("filename")              # filename 是儲存 QR code 的檔名
```

程式實例 ch13_11.py：建立 https://deepwidsom.com.tw/ 的 QR code，這個程式會先列出 img 物件的資料型態，同時將此物件存入 out13_11.jpg 檔案內。

```
1  # ch13_11.py
2  import qrcode
3
4  codeText = 'https://deepwisdom.com.tw/'
5  img = qrcode.make(codeText)            # 建立QR code 物件
6  img.save("out13_11.jpg")
```

執行結果 下列是 out13_11.jpg 的 QR code 結果。

13-6-4　QR code 內有圖案

　　有時候有些場合可以看到建立 QR code 時在中央位置有圖案，掃描時仍然可以獲得正確的結果，這是因為 QR code 有容錯能力。我們可以使用 13-4-3 節影像合成的觀念處理。要設計這類 QR code，需使用下列 3 個方法。

```
qr =qrcode. QRCode( )            # 設定條碼格式
qr.add_data(data)               # 設定條碼內容
img = qr.make_image( )          # 回傳條碼圖檔
```

程式實例 ch13_12.py：筆者將自己的圖像當做 QR code 的圖案，然後不影響掃描結果，此程式可以搜尋明志科技大學。在這個實例中，筆者使用藍色白底的 QR code，同時使用 version=5。

```
1  # ch13_12.py
2  import qrcode
3  from PIL import Image
4
5  qr = qrcode.QRCode(version=5)              # version 5
6  qr.add_data("明志科技大學")                 # 設定搜尋資料
7  img = qr.make_image(fill_color='blue')     # 用藍色
8  width, height = img.size                    # QR code的寬與高
9  with Image.open('hung.jpg') as obj:
10     obj_width, obj_height = obj.size
11     img.paste(obj, ((width-obj_width)//2, (height-obj_height)//2))
12 img.save("out13_12.jpg")
```

執行結果　讀者可以自行掃描然後得到正確的結果。

13-7 OpenCV - 邁向藝術創作

1999 年 Intel 公司主導開發了 OpenCV(Open Source Computer Vision Library) 計畫，這是一個跨平台的電腦視覺資料庫，可以將它應用在人臉辨識、人機互動、機器人視覺、動作識別，⋯ 等，本節的重點則是說明色彩空間轉換產生藝術創作的效果。OpenCV 的非營利組織成立 (OpenCV.org)，目前由這個組織協助支援與維護同時授權可以免費在教育研究和商業上使用。可以使用下列方式安裝 OpenCV：

pip install opencv-python

13-7-1　讀取和顯示影像

❑　**建立 OpenCV 影像視窗**

可以使用 namedWindow( ) 建立未來要顯示影像的視窗，它的語法如下：

cv2.namedWindow(視窗名稱 [,flag])

參數 flag 可能值如下：

● WINDOW_NORMAL：如果設定，使用者可以自行調整視窗大小。

● WINDOW_AUTOSIZE：這是預設，系統將依影像固定視窗大小。

❑　**讀取影像**

可以使用 cv2.imread( ) 讀取影像，讀完後將影像放在影像物件內，OpenCV 幾乎支援大部分影像格式，例如：*.jpg、*jpeg、*.png、*.bmp、*.tiff ⋯ 等。

image = cv2.imread(影像檔案 , 影像旗標)　　　　　# image 是影像物件

影像旗標參數的可能值如下：

cv2.IMREAD_COLOR：這是預設，以彩色影像讀取，值是 1。

cv2.IMREAD_GRAYSCALE：以灰色影像讀取，值是 0。

實例：下列分別以彩色和黑白讀取影像 picture.jpg。

```
img = cv2.imread('picture.jpg', 1)        # 彩色影像讀取
img = cv2.imread('picture.jpg', 0)        # 灰色影像讀取
```

❑ **使用 OpenCV 視窗顯示影像**

可以使用 cv2.imshow( ) 將前一節讀取的影像物件顯示在 OpenCV 視窗內，此方法的使用格式如下：

cv2.imshow(視窗名稱 , 影像物件)

❑ **關閉 OpenCV 視窗**

將影像顯示在 OpenCV 視窗後，若是想刪除視窗可以使用下列方法。

```
cv2.destroyWindow( 視窗名稱 )          # 刪除單一所指定的視窗
cv2.destroyAllWindows( )               # 刪除所有 OpenCV 的影像視窗
```

❑ **時間等待**

可以使用 cv2.waitKey(n) 執行時間等待，n 單位是毫秒，若是 n=0，代表無限期等待。若是設為 cv2.waitKey(1000) 相當於有 time.sleep(1) 等待 1 秒的效果，這是一個鍵盤綁定函數。

程式實例 ch13_13.py：彩色和黑白顯示 3 秒影像，其中彩色的 OpenCV 視窗無法調整視窗大小，黑白的 OpenCV 視窗則可以調整視窗大小。註：第 2 列是導入模組。

```
1   # ch13_13.py
2   import cv2
3   cv2.namedWindow("MyPicture1")                        # 使用預設
4   cv2.namedWindow("MyPicture2", cv2.WINDOW_NORMAL)     # 可以調整大小
5   img1 = cv2.imread("jk.jpg")                          # 彩色讀取
6   img2 = cv2.imread("jk.jpg", 0)                       # 灰色讀取
7   cv2.imshow("MyPicture1", img1)                       # 顯示影像img1
8   cv2.imshow("MyPicture2", img2)                       # 顯示影像img2
9   cv2.waitKey(3000)                                    # 等待3秒
10  cv2.destroyWindow("MyPicture1")                      # 刪除MyPicture1
11  cv2.waitKey(3000)                                    # 等待3秒
12  cv2.destroyAllWindows()                              # 刪除所有視窗
```

執行結果 下列右邊視窗可以調整大小。

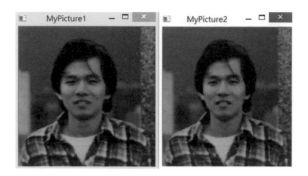

❏ 儲存影像

可以使用 cv2.imwrite( ) 儲存影像，它的使用格式如下：

cv2.imwrite(檔案路徑 , 影像物件)

程式實例 ch13_14.py：開啟影像，使用 OpenCV 視窗儲存，然後存入 out13_14.jpg。

```
1  # ch13_14.py
2  import cv2
3  cv2.namedWindow("MyPicture")        # 使用預設
4  img = cv2.imread("jk.jpg")          # 彩色讀取
5  cv2.imshow("MyPicture", img)        # 顯示影像img
6  cv2.imwrite("out13_14.jpg", img)    # 將檔案寫入out13_14.jpg
7  cv2.waitKey(3000)                   # 等待3秒
8  cv2.destroyAllWindows()             # 刪除所有視窗
```

執行結果 可以在 ch13 資料夾看到 out13_14.jpg 影像。

13-7-2　色彩空間與藝術效果

❏ **BGR 色彩空間**

在傳統顏色通道的觀念中，RGB 通道的順序是 R -> G ->B(簡稱 RGB)，但是在 OpenCV 的顏色通道順序是 B -> G -> R(簡稱 BGR)，相當於下列順序觀念：

第 1 個顏色通道資料是 B。

第 2 個顏色通道資料是 G。

第 3 個顏色通道資料是 R。

❑　**BGR 與 RGB 色彩空間的轉換**

這一節說明如何將 BGR 色彩空間的影像轉成 RGB 色彩空間，專業術語稱色彩空間類型轉換。前一節使用預設的 imread( ) 讀取影像檔案時，所獲得的是 BGR 色彩空間影像，OpenCV 提供下列轉換函數，可以將 BGR 影像轉換至其他影像。

　　image = cv2.cvtColor(src, code)

上述函數的回傳值 image 是一個轉換結果的影像物件，也可以稱目標影像，其他參數說明如下：

● src：要轉換的影像物件。

● code：色彩空間轉換具名參數，下列是常見的參數表。

具名參數	說明
COLOR_BGR2RGB	影像從 BGR 色彩轉為 RGB 色彩
COLOR_BGR2HSV	影像從 BGR 色彩轉為 HSV 色彩
COLOR_RGB2BGR	影像從 RGB 色彩轉為 BGR 色彩
COLOR_RGB2HSV	影像從 RGB 色彩轉為 HSV 色彩
COLOR_HSV2BGR	影像從 HSV 色彩轉為 BGR 色彩
COLOR_HSV2RGB	影像從 HSV 色彩轉為 RGB 色彩

程式實例 ch13_15.py：讀取彩色影像 mountain.jpg，然後將此影像轉成 RGB 影像。

```
1  # ch13_15.py
2  import cv2
3
4  img = cv2.imread("mountain.jpg")                  # BGR 讀取
5  cv2.imshow("mountain.jpg", img)
6  img_rgb = cv2.cvtColor(img, cv2.COLOR_BGR2RGB)   # BGR 轉 RBG
7  cv2.imshow("RGB Color Space", img_rgb)
8  cv2.waitKey(0)
9  cv2.destroyAllWindows()
```

執行結果

其實從色彩空間轉換，可以呈現圖像有藝術效果。

❑　**HSV 色彩空間**

HSV 色彩空間是由 Alvy Ray Smith(美國電腦科學家，1943 年 9 月 8 日 -) 於 1978 年所創，色彩由色相 H(Hue)、飽和度 S(Saturation) 和明度 V(Value) 所組成。基本觀念是使用圓柱座標描述顏色，相當於顏色就是圓柱座標上的一個點，可參考下方左圖。

上述圖片均取材自下列網站
https://psychology.wikia.org/wiki/HSV_color_space?file=HueScale.svg

繞著這個圓柱的角度就是色相 (H)，軸的距離是飽和度 (S)，高度則是明度 (V)。因為黑色點在圓心下面，白色點在圓心上面，所以又可以使用倒圓錐體表達這個 HSV 色彩空間，可參考上方右圖：

❑　色調 H(Hue)：是指色彩的基本屬性，也就是我們日常生活所謂的紅色、黃色、綠色、藍色、⋯ 等。此值的範圍是 0 ~ 360 度之間，不過 OpenCV 依公式處理成 0 ~ 180 之間。下圖也是取材自與上圖相同網址。

0　　60　　120　　180　　240　　300　　360

❑　飽和度 S(Saturation)：是指色彩的純度，數值越高彩純度越高，數值越低則逐漸變灰。此值範圍是 0 ~ 100%，不過 OpenCV 也是依公式處理成 0 ~ 255 之間。下列左邊是原影像與右邊色彩飽和度是 0% 的比較。

❑ 明度 V(Value)：其實就是顏色的亮度，此值範圍是 0 ~ 100%，不過 OpenCV 也是依公式處理成 0 ~ 255 之間，當明度是 0 時影像呈現黑色。

程式實例 ch13_16.py：將影像由 BGR 色彩空間轉為 HSV 色彩空間，然後分別顯示原影像與 HSV 色彩空間影像。

```
1  # ch13_16.py
2  import cv2
3
4  img = cv2.imread("street.jpg")                      # BGR讀取
5  cv2.imshow("BGR Color Space", img)
6  img_hsv = cv2.cvtColor(img, cv2.COLOR_BGR2HSV)  # BGR轉HSV
7  cv2.imshow("HSV Color Space", img_hsv)
8  cv2.waitKey(0)
9  cv2.destroyAllWindows()
```

執行結果

習題實作題

ex13_1.py：請參考護照照片規格，將自己的大頭貼方式佈局在影像檔案內，用高級相片紙在 7-11 或其它便利商店列印，這樣就可以省下護照照片的錢了，請交出所佈局的影像檔案。護照相片大小是 3.5(寬) x 4.5(高) 公分，若是影像解析度是 72 像素 / 英吋，則像素是 99(寬) x 127(高)。

ex13_2.py：請參考 ch13_10.py，但是所使用的相片是自行拍攝自己學校的風景，請參考 13-5 節的 10 種濾鏡特效處理，然後列出結果，下列圖片是參考。

fig13_2_BLUR

fig13_2_CONTO
UR

fig13_2_DETAIL

fig13_2_EDGE_E
NHANCE

fig13_2_EDGE_E
NHANCE_MOR
E

fig13_2_EMBOS
S

fig13_2_FIND_E
DGES

fig13_2_SHARPE
N

fig13_2_SMOOT
H

fig13_2_SMOOT
H_MORE

ex13_3.py：請建立自己母校網頁首頁的 QR code，同時將校徽嵌入 QR code，掃描後可以直接顯示學校首頁，下列是以明志科技大學為實例。

第 14 章

數據圖表的設計

創意程式：移動的球

進階的 Python 或數據科學的應用過程，許多時候需要將資料視覺化，方便可以直覺以圖表方式看目前的數據，本章將解說數據圖形的繪製，所使用的工具是 matplotlib 繪圖庫模組，使用前需先安裝：

  pip install matplotlib

matplotlib 是一個龐大的繪圖庫模組，本章我們只導入其中的 pyplot 子模組就可以完成許多圖表繪製。

  import matplotlib.pyplot as plt

當導入上述 matplotlib.pyplot 模組後，系統會建立一個畫布 (Figure)，同時預設會將畫布當作一個軸物件 (axes)，所謂的軸物件可以想像成一個座標軸空間，這個軸物件的預設名稱是 plt，我們可以使用 plt 呼叫相關的繪圖方法，就可以在畫布 (Figure) 內繪製圖表。

14-1　認識 matplotlib.pyplot 模組的主要函數

下列是繪製圖表常用函數：

函數名稱	說明
plot(系列資料)	繪製折線圖 (14-2 節)
scatter(系列資料)	繪製散點圖 (14-3 節)
bar(系列資料)	繪製長條圖 (14-5-1 節)
hist(系列資料)	繪製直方圖 (14-5-2 節)
pie(系列資料)	繪製圓餅圖 (14-6 節)

下列是座標軸設定的常用函數。

函數名稱	說明
axis( )	可以設定座標軸的最小和最大刻度範圍 (14-2-1 節)
xlim(x_Min, x_Max)	設定 x 軸的刻度範圍
ylim(y_Min, y_Max)	設定 y 軸的刻度範圍
title(標題)	設定座標軸的標題 (14-2-3 節)
xlabel(名稱)	設定 x 軸的名稱 (14-2-3 節)

函數名稱	說明
ylabel(名稱)	設定 y 軸的名稱 (14-2 3 節)
legend( )	設定座標的圖例 (14-2-6 節)
grid( )	圖表增加格線 (14-2-1 節)
show( )	顯示圖表，每個程式末端皆有此函數 (14-2-1 節)
cla( )	清除圖表

下列是圖片的讀取與儲存函數。

函數名稱	說明
imread(檔案名稱)	讀取圖片檔案 (14-2-7 節)
savefig(檔案名稱)	將圖片存入檔案 (14-2-7 節)

14-2　繪製簡單的折線圖 plot( )

這一節將從最簡單的折線圖開始解說，常用語法格式如下：

plot(x, y, lw=x, ls='x', label='xxx', color)

- x：x 軸系列值，如果省略系列自動標記 0, 1, …，可參考 14-2-1 節。
- y：y 軸系列值，可參考 14-2-1 節。
- lw：lw 是 linewidth 的縮寫，折線圖的線條寬度，可參考 14-2-2 節。
- ls：ls 是 linestyle 的縮寫，折線圖的線條樣式，可參考 14-2-5 節。
- label：圖表的標籤，可參考 14-2-3 節。
- color：縮寫是 c，可以設定色彩，可參考 14-2-5 節。

14-2-1　畫線基礎實作

我們可以將含數據的串列當參數傳給 plot( )，串列內的數據會被視為 y 軸的值，x 軸的值會依串列值的索引位置自動產生。

程式實例 ch14_1.py：繪製折線的應用，square[ ] 串列有 9 筆資料代表 y 軸值，這個實例使用串列生成式建立 x 軸數據。第 7 列 show( ) 方法，可以顯示圖表。

```
1  # ch14_1.py
2  import matplotlib.pyplot as plt
3
4  x = [x for x in range(9)]          # 產生0, 1, ... 8串列
5  squares = [0, 1, 4, 9, 16, 25, 36, 49, 64]
6  plt.plot(x, squares)               # 串列squares數據是y軸的值
7  plt.show()
```

執行結果

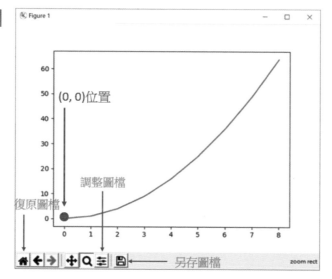

上圖中左上方可以看到 Figure 1，這就是畫布的預設名稱，1 代表目前的畫布編號，內部的圖表就是建立畫布後自動建立的軸物件 (axes)。第 6 列用畫布預設的軸物件 plt 呼叫 plot( ) 函數繪製線條，預設顏色是藍色。如果 x 軸的數據是 0, 1, … n 時，省略 x 軸數據 (第 4 列)，可以得到一樣的結果，讀者可以自己練習，可參考 ch14_1_1.py。

從上述執行結果可以看到左下角的軸刻度不是 (0,0)，我們可以使用 axis( ) 設定 x,y 軸的最小和最大刻度，這個函數的語法如下：

axis([xmin, xmax, ymin, ymax])

axis( ) 函數的參數是元組 [xmin, xmax, ymin, ymax]，分別代表 x 和 y 軸的最小和最大座標。

程式實例 ch14_2.py：將軸刻度 x 軸設為 0～8，y 軸刻度設為 0～70。

```
1  # ch14_2.py
2  import matplotlib.pyplot as plt
3
4  squares = [0, 1, 4, 9, 16, 25, 36, 49, 64]
5  plt.plot(squares)              # 串列squares數據是y軸的值
6  plt.axis([0, 8, 0, 70])        # x軸刻度0-8，y軸刻度0-70
7  plt.show()
```

執行結果 可以參考下方左圖。

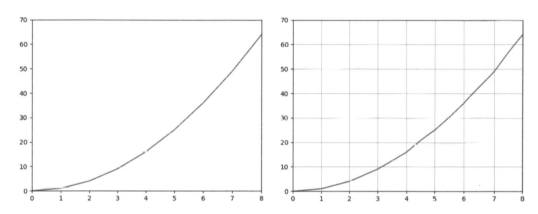

　　在做資料分析時，有時候會想要在圖表內增加格線，這可以讓整個圖表 x 軸對應的 y 軸值更加清楚，可以使用 grid( ) 函數。本書所附 ch14_2_1.py 是增加格線重新設計 ch14_2.py，此程式的重點是增加第 7 列，如下所示，執行結果可以參考上方右圖。

```
7  plt.grid()
```

14-2-2　線條寬度 linewidth

　　使用 plot( ) 時預設線條寬度是 1，可以多加一個 linewidth(縮寫是 lw) 參數設定線條的粗細，相關實例將在下一小節。

14-2-3　標題的顯示

　　目前 matplotlib 模組預設不支援中文顯示，下列是圖表標題有關的方法。

```
title( 標題名稱 , fontsize= 字型大小 )        # 圖表標題
xlabel( 標題名稱 , fontsize= 字型大小 )       # x 軸標題
ylabel( 標題名稱 , fontsize= 字型大小 )       # y 軸標題
```

　　預設標題字型大小是 12 點字，但是可以使用 fontsize 參數更改字型大小。如果想要在圖表顯示中文，需在程式內增加 rcParams( ) 方法配置中文字型參數，就可以顯示中文了。

```
plt.rcParams['font.family'] = ['Microsoft JhengHei']      # 設定中文字體
plt.rcParams['axes.unicode_minus'] = False                # 可以顯示負號
```

　　這時所有圖表文字皆會改成上述微軟正黑體 (Microsoft JhengHei)，讀者可以任選 C:\Windows\Fonts 內的字型名稱。

程式實例 ch14_3.py：將線條寬度設為 10(lw = 10)，標題字型大小是 24，x 軸標題字型大小是 16，y 軸字型大小是使用預設 12。

```
1   # ch4_3.py
2   import matplotlib.pyplot as plt
3
4   plt.rcParams["font.family"] = ["Microsoft JhengHei"]
5   squares = [0, 1, 4, 9, 16, 25, 36, 49, 64]
6   plt.plot(squares, lw=10)           # 線條寬度是10
7   plt.title('圖表測試', fontsize=24)
8   plt.xlabel('Value', fontsize=16)
9   plt.ylabel('Square')
10  plt.show()
```

執行結果　可以參考下方左圖。

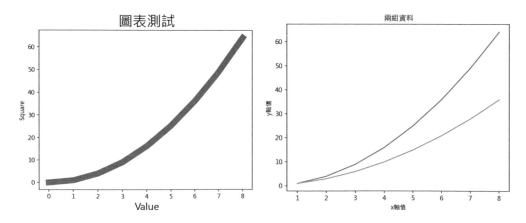

註　如果讀者是使用 Google Colab 執行此程式，此時 ch4_3.ipynb 第 2 ~ 8 列內容如下：

```
2   !wget -O TaipeiSansTCBeta-Regular.ttf https://drive.google.com/
3   import matplotlib as mpl
4   import matplotlib.pyplot as plt
5   from matplotlib.font_manager import fontManager
```

```
6
7  fontManager.addfont('TaipeiSansTCBeta-Regular.ttf')
8  mpl.rc('font', family='Taipei Sans TC Beta')
```

上述第 2 列是從網路上下載思源字型，Sans 表示黑體，TC 是 Tradition Chinese 的縮寫，也就是繁體中文，其他則是字型設定。

14-2-4　多組數據的應用

目前所有的圖表皆是只有一組數據，其實可以擴充多組數據，只要在 plot( ) 內增加數據串列參數即可，此時 plot( ) 的參數如下：

　　plot(seq, 第一組數據 , seq, 第二組數據 , …)　　　　　　# seq 是 x 軸串列值

程式實例 ch14_4.py：設計多組數據圖的應用。

```
1  # ch14_4.py
2  import matplotlib.pyplot as plt
3
4  plt.rcParams["font.family"] = ["Microsoft JhengHei"]
5  data1 = [1, 4, 9, 16, 25, 36, 49, 64]       # data1線條
6  data2 = [1, 3, 6, 10, 15, 21, 28, 36]       # data2線條
7  seq = [1,2,3,4,5,6,7,8]
8  plt.plot(seq, data1, seq, data2)            # data1&2線條
9  plt.title("兩組資料")                        # 字型大小是預設
10 plt.xlabel("x軸值")                          # 字型大小是預設
11 plt.ylabel("y軸值")                          # 字型大小是預設
12 plt.show()
```

執行結果　可以參考上方右圖。

上述以不同顏色顯示線條是系統預設，我們也可以自訂線條色彩。

14-2-5　線條色彩與樣式

如果想設定線條色彩，可以在 plot( ) 內增加下列 color 顏色參數設定，下列是常見的色彩表。

色彩字元	色彩說明	色彩字元	色彩說明
'b'	blue(藍色)	'm'	magenta(品紅)
'c'	cyan(青色)	'r'	red(紅色)
'g'	green(綠色)	'w'	white(白色)
'k'	black(黑色)	'y'	yellow(黃色)

下列是常見的樣式 (marker) 表，也可稱 linestyle(或 ls)，應用時可省略。

字元	說明	字元	說明
'-' 或 "solid"	這是預設實線	'>'	右三角形
'- -' 或 'dashed'	虛線	's'	方形標記
'-.' 或 'dashdot'	虛點線	'p'	五角標記
':' 或 'dotted'	點線	'*'	星星標記
'.'	點標記	'+'	加號標記
','	像素標記	'_'	減號標記
'o'	圓標記	'x'	X 標記
'v'	反三角標記	'H'	六邊形 1 標記
'^'	三角標記	'h'	六邊形 2 標記
'<'	左三角形		

色彩和樣式可以混合使用，例如：'r-.' 代表紅色虛點線。

程式實例 ch14_5.py：採用不同色彩與線條樣式繪製圖表。

```
1  # ch14_5.py
2  import matplotlib.pyplot as plt
3
4  data1 = [1, 2, 3, 4, 5, 6, 7, 8]          # data1線條
5  data2 = [1, 4, 9, 16, 25, 36, 49, 64]      # data2線條
6  data3 = [1, 3, 6, 10, 15, 21, 28, 36]      # data3線條
7  data4 = [1, 7, 15, 26, 40, 57, 77, 100]    # data4線條
8
9  seq = [1, 2, 3, 4, 5, 6, 7, 8]
10 plt.plot(seq,data1,'g--',seq,data2,'r-.',seq,data3,'y:',seq,data4,'k.')
11 plt.title("Test Chart", fontsize=24)
12 plt.xlabel("x-Value", fontsize=14)
13 plt.ylabel("y-Value", fontsize=14)
14 plt.show()
```

執行結果 可以參考下方左圖。

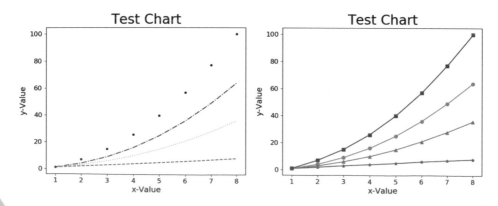

在上述第 10 列最右邊 'k.' 代表繪製黑點而不是繪製線條,由這個觀念讀者應該了解,可以使用不同顏色繪製散點圖 (14-3 節會介紹另一個方法 scatter( ) 繪製散點圖)。上述格式應用是很活的,如果我們使用 '-*' 可以繪製線條,同時在指定點加上星星標記。註:如果沒有設定顏色,系統會自行配置顏色。**程式實例 ch14_5_1.py** 是重新設計 ch14_5.py 繪製線條,同時為各個點加上標記,程式重點是第 10 列。執行結果:可以參考上方右圖。

```
10  plt.plot(seq,data1,'-*',seq,data2,'-o',seq,data3,'-^',seq,data4,'-s')
```

14-2-6　圖例 legend()

目前所有繪製圖表皆是 plot( ) 方法針對所輸入的參數採用預設值設定,沒有圖例,請先參考下列實例。

程式實例 ch14_6.py:假設 3 大品牌車輛 2021-2023 的銷售數據如下:

Benz	3367	4120	5539
BMW	4000	3590	4423
Lexus	5200	4930	5350

請使用上述方法將上述資料繪製成圖表。

```
1   # ch14_6.py
2   import matplotlib.pyplot as plt
3
4   Benz = [3367, 4120, 5539]              # Benz線條
5   BMW = [4000, 3590, 4423]               # BMW線條
6   Lexus = [5200, 4930, 5350]             # Lexus線條
7   seq = [2021, 2022, 2023]               # 年度
8   plt.xticks(seq)
9   plt.plot(seq, Benz, '-*', seq, BMW, '-o', seq, Lexus, '-^')
10  plt.title("Sales Report", fontsize=24)
11  plt.xlabel("Year", fontsize=14)
12  plt.ylabel("Number of Sales", fontsize=14)
13  plt.show()
```

執行結果

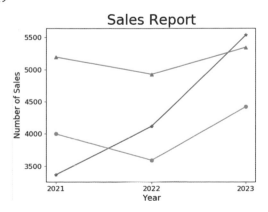

本章至今所建立的圖表，坦白說已經很好了，缺點是缺乏各種線條代表的意義，在 Excel 中稱圖例 (legend)，函數是 legend( )，下列將直接以實例說明。

程式實例 ch14_7.py：為 ch14_6.py 建立圖例。

```
1   # ch14_7.py
2   import matplotlib.pyplot as plt
3
4   Benz = [3367, 4120, 5539]              # Benz線條
5   BMW = [4000, 3590, 4423]               # BMW線條
6   Lexus = [5200, 4930, 5350]             # Lexus線條
7
8   seq = [2021, 2022, 2023]               # 年度
9   plt.xticks(seq)                        # 設定x軸刻度
10  plt.plot(seq, Benz, '-*', label='Benz')
11  plt.plot(seq, BMW, '-o', label='BMW')
12  plt.plot(seq, Lexus, '-^', label='Lexus')
13  plt.legend(loc='best')
14  plt.title("Sales Report", fontsize=24)
15  plt.xlabel("Year", fontsize=14)
16  plt.ylabel("Number of Sales", fontsize=14)
17  plt.show()
```

執行結果

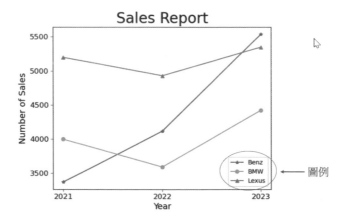

這個程式最大不同在第 10 ~ 12 列，下列是以第 10 列解說。

　　plt.plot(seq, Benz, '-*', label='Benz')

上述呼叫 plt.plot( ) 時需同時設定 label，如果省略 loc 設定，則使用預設 'best'。第 13 列內容如下，這是繪製圖例指令。

　　plt.legend(loc=best)

參數 loc 是設定圖例的位置，best 表示模組自行判斷最佳位置，如果參數設定「loc=0」與上述效果相同。

14-2-7 保存與開啟圖檔

圖表設計完成，可以使用 savefig( ) 保存圖檔，這個方法需放在 show( ) 的前方，表示先儲存再顯示圖表。

程式實例 ch14_8.py：擴充 ch14_7.py，在螢幕顯示圖表前，先將圖表存入目前資料夾的 out14_8.jpg，讀者可以在 ch14 資料夾看到 out14_8.jpg 檔案。

```
17  plt.savefig('out14_8.jpg')
18  plt.show()
```

要開啟圖檔可以使用 matplotlib.image 模組的 imread( )，可以參考下列實例。

程式實例 ch14_9.py：開啟 out14_8.jpg 檔案。

```
1  # ch14_9.py
2  import matplotlib.pyplot as plt
3  import matplotlib.image as img
4
5  fig = img.imread('out14_8.jpg')
6  plt.imshow(fig)
7  plt.show()
```

14-3 繪製散點圖 scatter( )

儘管我們可以使用 plot( ) 繪製散點圖，不過本節仍將介紹繪製散點圖常用的方法 scatter( )。

14-3-1 基本散點圖的繪製

繪製散點圖可以使用 scatter( )，最基本語法應用如下：

    scatter(x, y, s, marker, color)   # 更多參數應用未來幾小節會解說

x, y：上述相當於可以在 (x,y) 位置繪圖。

s：是繪圖點的大小，預設是 20。

marker：點的樣式，可以參考 14-2-5 節。

color(或 c)：是顏色，可以參考 14-2-5 節。

如果我們想繪製系列點，可以將系列點的 x 軸值放在一個串列，y 軸值放在另一個串列，然後將這 2 個串列當參數放在 scatter( ) 即可。

程式實例 ch14_10.py：繪製系列點的應用。

```
1   # ch14_10.py
2   import matplotlib.pyplot as plt
3
4   xpt = [1,2,3,4,5]
5   ypt = [1,4,9,16,25]
6   plt.scatter(xpt, ypt)
7   plt.show()
```

執行結果 可以參考下方左圖。

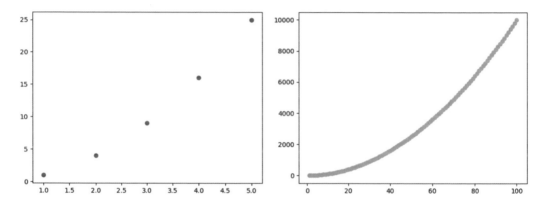

14-3-2　系列點的繪製

在程式設計時，有些系列點的座標可能是由程式產生，其實應用方式是一樣的。另外，可以在 scatter( ) 內增加 color(也可用 c) 參數，可以設定點的顏色。

程式實例 ch14_11.py：繪製黃色的系列點，這個系列點有 100 個點，x 軸的點由 range(1,101) 產生，相對應 y 軸的值則是 x 的平方值。

```
1   # ch14_11.py
2   import matplotlib.pyplot as plt
3
4   xpt = list(range(1,101))     # 建立1-100序列x座標點
5   ypt = [x**2 for x in xpt]    # 以x平方方式建立y座標點
6   plt.scatter(xpt, ypt, color='y')
7   plt.show()
```

執行結果 可以參考上方右圖，因為點密集存在，看起來像是線條。

14-4 Numpy 模組基礎知識

Numpy 是 Python 的一個擴充模組，主要是可以高速度的支援多維度空間的陣列與矩陣運算，以及一些數學運算，本節將使用其最簡單產生陣列功能做解說，這個功能可以擴充到加速生成數據圖表的設計。Numpy 模組的第一個字母模組名稱 n 是小寫，使用前我們需導入 numpy 模組，如下所示：

　　import numpy as np

14-4-1　建立一個簡單的陣列 linspace( ) 和 arange( )

在 Numpy 模組中最基本的就是 linspace( ) 方法，這個方法可以產生相同等距的陣列，它的語法如下：

　　linspace(start, end, num)　　　　　　# 這是最常用簡化的語法

start 是起始值，end 是結束值，num 是設定產生多少個等距點的陣列值，num 的預設值是 50。

另一個常看到產生陣列的方法是 arange( )，語法如下：

　　arange(start, stop, step)　　　　　　# start 和 step 是可以省略

arange( ) 函數的 arange 其實是 array range 的縮寫，意義是陣列範圍。start 是起始值如果省略預設值是 0，stop 是結束值但是所產生的陣列不包含此值，step 是陣列相鄰元素的間距如果省略預設值是 1。

程式實例 ch14_12.py：建立 0, 1, …, 9, 10 的陣列。

```
1  # ch14_12.py
2  import numpy as np
3
4  x1 = np.linspace(0, 10, num=11)      # 使用linspace()產生陣列
5  print(type(x1), x1)
6  x2 = np.arange(0,11,1)               # 使用arange()產生陣列
7  print(type(x2), x2)
8  x3 = np.arange(11)                   # 簡化語法產生陣列
9  print(type(x3), x3)
```

執行結果

```
==================== RESTART: D:\Python\ch14\ch14_12.py ====================
<class 'numpy.ndarray'> [ 0.  1.  2.  3.  4.  5.  6.  7.  8.  9. 10.]
<class 'numpy.ndarray'> [ 0  1  2  3  4  5  6  7  8  9 10]
<class 'numpy.ndarray'> [ 0  1  2  3  4  5  6  7  8  9 10]
```

14-4-2　繪製波形

　　在國中數學中我們有學過 sin( ) 和 cos( ) 觀念，其實有了陣列數據，我們可以很方便繪製 sin 和 cos 的波形變化。

程式實例 ch14_13.py：繪製 sin( ) 和 cos( ) 的波形，在這個實例中呼叫 plt.scatter( ) 方法 2 次，相當於也可以繪製 2 次波形圖表。

```
1   # ch14_13.py
2   import matplotlib.pyplot as plt
3   import numpy as np
4
5   xpt = np.linspace(0, 10, 500)       # 建立含500個元素的陣列
6   ypt1 = np.sin(xpt)                  # y陣列的變化
7   ypt2 = np.cos(xpt)
8   plt.scatter(xpt, ypt1)              # 用預設顏色
9   plt.scatter(xpt, ypt2)              # 用預設顏色
10  plt.show()
```

執行結果　可以參考下方左圖。

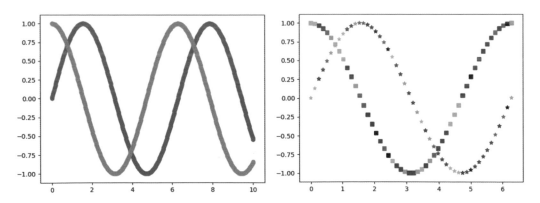

　　上述實例雖然是繪製點，但是 x 軸在 0～10 之間就有 500 個點 (可以參考第 5 列)，會產生好像繪製線條的效果。

14-4-3　點樣式與色彩的應用

程式實例 ch14_14.py：使用 scatter( ) 函數時可以用 marker 設定點的樣式，也可以建立色彩數列，相當於為每一個點建立一個色彩，可以參考第 6～9 列。這是在 0～2 π 之間建立 50 個點，所以可以看到虛線的效果。

```
1   # ch14_14.py
2   import matplotlib.pyplot as plt
3   import numpy as np
4
5   N = 50                                    # 色彩數列的點數
6   colorused = ['b','c','g','k','m','r','y'] # 定義顏色
7   colors = []                               # 建立色彩數列
8   for i in range(N):                        # 隨機設定顏色
9       colors.append(np.random.choice(colorused))
10  x = np.linspace(0.0, 2*np.pi, N)          # 建立 50 個點
11  y1 = np.sin(x)
12  plt.scatter(x, y1, c=colors, marker='*')  # 繪製 sine
13  y2 = np.cos(x)
14  plt.scatter(x, y2, c=colors, marker='s')  # 繪製 cos
15  plt.show()
```

執行結果　可以參考上方右圖。

14-5 長條圖的製作

14-5-1 bar( )

在長條圖的製作中，我們可以使用 bar( ) 方法，常用的語法如下：

bar(x, y, width)

x 是一個串列主要是長條圖 x 軸位置，y 是串列代表 y 軸的值。width 是長條圖的寬度，此寬度不是不是像素或任何固定的度量單位，而是相對於 x 軸坐標的單位，預設是 0.85。

程式實例 ch14_15.py：有一個選舉，James 得票 135、Peter 得票 412、Norton 得票 397，用長條圖表示。

```
1   # ch14_15.py
2   import numpy as np
3   import matplotlib.pyplot as plt
4
5   plt.rcParams["font.family"] = ["Microsoft JhengHei"]
6   votes = [135, 412, 397]          # 得票數
7   N = len(votes)                   # 計算長度
8   x = np.arange(N)                 # 長條圖x軸座標
9   width = 0.35                     # 長條圖寬度
10  plt.bar(x, votes, width)         # 繪製長條圖
11
12  plt.ylabel('得票數')
13  plt.title('選舉結果')
14  plt.xticks(x, ('James', 'Peter', 'Norton')) # x 軸刻度
15  plt.yticks(np.arange(0, 450, 30))           # y 軸刻度
16  plt.show()
```

執行結果

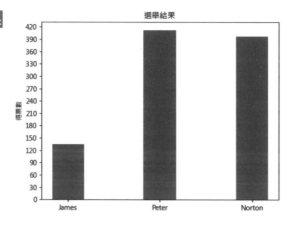

14-5-2　hist( )

這也是一個直方圖的製作，適合在統計分佈數據繪圖，它的基本語法如下：

　　h = hist(x, bins, color, rwidth)　　　　　　　　　　# 傳回值 h 可有可無

在此只介紹常用的參數，x 是一個串列或陣列是每個 bins 分佈的數據。bins 則是箱子 (可以想成長條) 的個數或是可想成組別個數。color 則是設定長條顏色，沒有設定則是使用預設。rwidth 是指每個 bins 之間的寬度比例。

程式實例 ch14_16.py：以 hist 長條圖列印擲骰子 10000 次的結果，需留意由於是隨機數產生骰子的 6 個面，所以每次執行結果皆會不相同，這個程式同時列出 hist( ) 的傳回值，也就是骰子出現的次數。

```
1   # ch14_16.py
2   import matplotlib.pyplot as plt
3   from random import randint
4
5   def dice_generator(times, sides):
6       ''' 處理隨機數 '''
7       for i in range(times):
8           ranNum = randint(1, sides)        # 產生1-6隨機數
9           dice.append(ranNum)
10
11  plt.rcParams["font.family"] = ["Microsoft JhengHei"]
12  times = 10000                             # 擲骰子次數
13  sides = 6                                 # 骰子有幾面
14  dice = []                                 # 建立擲骰子的串列
15  dice_generator(times, sides)              # 產生擲骰子的串列
16  plt.hist(dice,sides,rwidth=0.5)           # 繪製hist圖
17  plt.ylabel('次數')
18  plt.title('測試 10000 次')
19  plt.show()
```

執行結果 可以參考下方左圖。

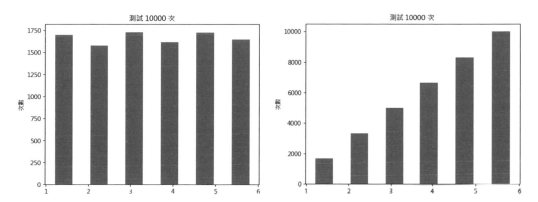

如果在 hist( ) 函數內設定 cumulative=True，可以讓直方長條貝有累加效果，細節讀者可以參考 ch14_16_1.py，執行結果可以參考上方右圖。

14-6 圓餅圖的製作 pie( )

在圓餅圖的製作中，我們可以使用 pie( ) 方法，常用的語法如下：

　　pie(x, options, …)

x 是一個串列，主要是圓餅圖 x 軸的資料，options 代表系列選擇性參數，可以是下列參數內容。

- labels：圓餅圖項目所組成的串列。

- explode：可設定是否從圓餅圖分離的串列，0 表示不分離，一般可用 0.1 分離，數值越大分離越遠 <，預設是 0。

- autopct：表示項目的百分比格式，基本語法是 "% 格式 %%"，例如："%d%%" 表示整數百分比，"%1.2f%%" 表示整數 1 位數，小數 2 位數，當整數部分不足時會自動擴充。

- labeldistance：項目標題與圓餅圖中心的距離是半徑的多少倍，預設是 1.1 倍。

14-6-1　國外旅遊調查表設計

程式實例 ch14_17.py：國外旅遊調查表。

```
1  # ch14_17.py
2  import matplotlib.pyplot as plt
3
4  plt.rcParams["font.family"] = ["Microsoft JhengHei"]
5  area = ['大陸','東南亞','東北亞','美國','歐洲','澳紐']
6  people = [10000,12600,9600,7500,5100,4800]
7  plt.pie(people,labels=area)
8  plt.title('五月份國外旅遊調查表',fontsize=16,color='b')
9  plt.show()
```

執行結果

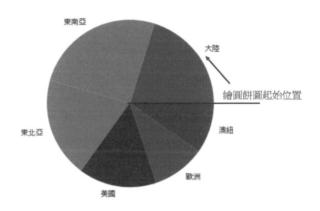

上述讀者可以看到旅遊地點標籤在圓餅圖外，這是因為預設 labeldistance 是 1.1，如果要將旅遊地點標籤放在圓餅圖內需設定此值是小於 1.0。

14-6-2　增加百分比的國外旅遊調查表

參數 autopct 可以增加百分比，一般百分比是設定到小數 2 位。

程式實例 ch14_18.py：使用含 2 位小數的百分比，重新設計 ch14_17.py。

```
1  # ch14_18.py
2  import matplotlib.pyplot as plt
3
4  plt.rcParams["font.family"] = ["Microsoft JhengHei"]
5  area = ['大陸','東南亞','東北亞','美國','歐洲','澳紐']
6  people = [10000,12600,9600,7500,5100,4800]
7  plt.pie(people,labels=area,autopct="%1.2f%%")
8  plt.title('五月份國外旅遊調查表',fontsize=16,color='b')
9  plt.show()
```

執行結果　可以參考下方左圖。

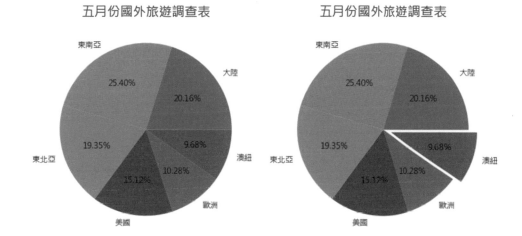

14-6-3　突出圓餅區塊的數據分離

設計圓餅圖時可以將需要特別關注的圓餅區塊分離，這時可以使用 explode 參數，不分離的區塊設為 0.0，要分離的區塊可以設定小數值，例如：可以設定 0.1，數值越大分離越大。

程式實例 ch14_19.py：設定澳紐圓餅區塊分離 0.1。

```
1   # ch14_19.py
2   import matplotlib.pyplot as plt
3
4   plt.rcParams["font.family"] = ["Microsoft JhengHei"]
5   area = ['大陸','東南亞','東北亞','美國','歐洲','澳紐']
6   people = [10000,12600,9600,7500,5100,4800]
7   exp = [0.0,0.0,0.0,0.0,0.0,0.1]
8   plt.pie(people,labels=area,explode=exp,autopct="%1.2f%%")
9   plt.title('五月份國外旅遊調查表',fontsize=16,color='b')
10  plt.show()
```

執行結果　可以參考上方右圖。

14-7　互動式 AI 輔助學習－設計沿 sin 波形移動的球

在使用 AI 輔助學習過程，有時候 AI 生成的程式是無法使用，需互相溝通才可以獲得結果，可以參考下列實例。

你

請使用Python程式和matplotlib模組，設計一顆紅色的球，重複沿著sin波形移動，x
軸移動距離是2個Pi。請用繁體中文回答。

 ChatGPT

以下是使用 Python 程式和 Matplotlib 模組設計的程式，可以產生一顆紅色的球，並沿著
sin 波形重複移動，每次移動距離是 2 個 Pi：

結果生成的程式使用簡體中文，同時紅色的球沒有沿著 sin 波形移動，筆者省略輸
出此程式，下列是筆者提醒 ChatGPT 的過程。

你

你的程式紅色球沒有移動,程式需用繁體中文作註解

 ChatGPT

抱歉，讓我來修改程式碼並加上繁體中文註解：

結果紅色的球沒有沿著 sin 波形移動，筆者再度提醒 ChatGPT。

你

你設計的程式,紅色球還是一樣不會移動

 ChatGPT

抱歉讓你失望了，讓我嘗試修改程式碼，確保紅色球能夠按照預期移動。請看以下修改後
的程式碼：

然後可以得到下列正確的程式碼。

```
1   # ch14_20.py
2   import numpy as np
3   import matplotlib.pyplot as plt
4   from matplotlib.patches import Circle
5   from matplotlib.animation import FuncAnimation
6
7   # 創建畫布和坐標軸
8   fig, ax = plt.subplots()
9
10  # 設定坐標軸範圍
11  ax.set_xlim(0, 2 * np.pi)
12  ax.set_ylim(-1.5, 1.5)
13
```

```
14  # 創建正弦波形
15  x = np.linspace(0, 2 * np.pi, 1000)
16  y = np.sin(x)
17
18  # 繪製正弦波形
19  ax.plot(x, y, color='blue')
20
21  # 創建紅色球
22  circle = Circle((0, 0), radius=0.1, color='red')
23
24  # 添加紅色球到圖形中
25  ax.add_patch(circle)
26
27  # 更新紅色球的位置
28  def update(frame):
29      # 以 2π 為單位重複移動紅色球，np.sin函數會自動將角度映射到 -1 到 1 的範圍
30      circle.center = (2 * np.pi * (frame / 100), np.sin(2 * np.pi * (frame / 100)))
31      return circle,
32
33  # 創建動畫
34  ani = FuncAnimation(fig, update, frames=100, blit=True)
35
36  # 顯示動畫
37  plt.show()
```

執行結果

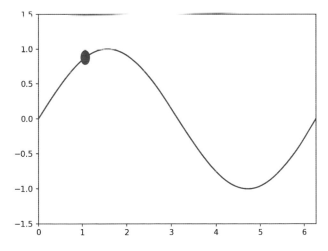

這次我們使用了 `FuncAnimation` 來創建動畫，這樣就能夠確保紅色球能夠按照預期移動了。希望這次修改能夠符合你的期待。

習題實作題

ex14_1.py：請參考 ch14_7.py，增加 2024-2025 年數據如下：

Benz	6020	6620
BMW	4900	4590
Lexus	6200	6930

然後繪製圖表，請參考下方左圖。

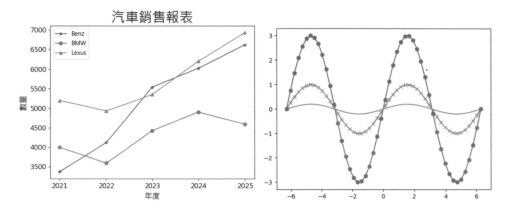

ex14_2.py：請繪製下列函數，左邊邊界是-2π，右邊邊界是2π。

```
f1 = 3 * np.sin(x)
f2 = np.sin(x)
f3 = 0.2.sin(x)
```

將線條點數改為 50，同時標註各點，細節請參考上方右圖。

ex14_3.py：這個程式會用隨機數計算 600 次，每個骰子數字出現的次數，同時用直條圖表示，請將圖表顏色用綠色。

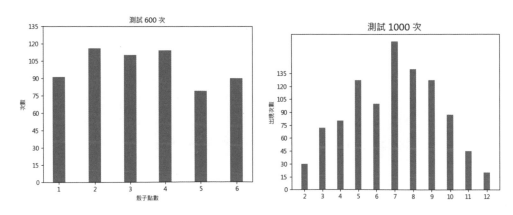

ex14_4.py：請參考上一個習題，處理成有 2 個骰子，所以可以計算 2-12 間每個數字的出現次數，請測試 1000 次，以長條圖表示，請參考上方右圖。

ex14_5.py：下表是留學國外學生的統計表，請繪製圓餅圖並將日本區塊分離。

美國	澳洲	日本	歐洲	英國
10543	2105	1190	3346	980

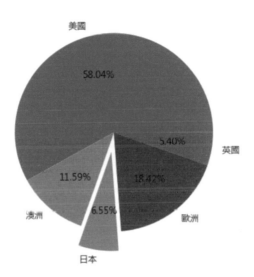

第 15 章

網路爬蟲

創意程式：上網不用瀏覽器、地址查詢地圖、十二星座圖片下載
潛在應用：市場研究、社交媒體監控、新聞彙總和監控、產品評
論和消費者意見挖掘、徵人訊息收集

　　網路爬蟲 (Web Crawler) 是一種自動化的程式，主要目的是從網站上系統性地瀏覽和下載數據，可以用於各種不同的應用。過去我們瀏覽網頁是使用瀏覽器，例如：Microsoft 公司的 Edge、Google 公司的 Chrome、Apple 公司的 Safari … 等。現在學了 Python，我們也可以不再需要透過瀏覽器檢視網頁內容，此外，本章也將講解從網站下載有用的資訊。

註　一些著名的搜尋引擎公司就是不斷地送出網路爬蟲搜尋網路最新訊息，以保持搜尋引擎的熱度。

15-1 上網不再需要瀏覽器了

　　這一節將介紹 webbrowser 模組瀏覽網頁，在程式前方需導入此模組。

　　　import webbrowser

15-1-1　webbrowser 模組

　　Python 有提供 webbrowser 模組，可以呼叫這個模組的 open( ) 方法，就可以開啟指定的網頁了。

程式實例 ch15_1.py：開啟明志科大 (http://www.mcut.edu.tw) 網頁。

```
1  # ch15_1.py
2  import webbrowser
3  webbrowser.open('http://www.mcut.edu.tw')
```

執行結果　下列網頁也有網址區，可以在此輸入網址瀏覽其它網頁。

15-1-2　認識 Google 地圖

筆者約 8 年前一個人到南極，登船往南極的港口是阿根廷的烏斯懷亞，當時使用 Google 地圖搜尋這個港口，得到下列結果。

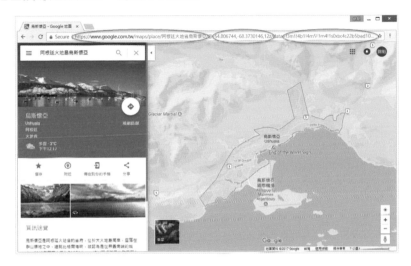

上述筆者將網址區分成 3 大塊：

1： https://www.google.com.tw/maps/place/ 阿根廷火地省烏斯懷亞

2： -54.806843,-68.3728428

3： 12z/data=!3m1!4b1!4m5!3m4!1s0xbc4c22b5bad109bf:0x5498473dba43ebfc! 8m2!3d-54.8019121!4d-68.3029511

其中第 2 區塊是地圖位置的地理經緯度資訊，第 3 塊是則是 Google 公司追縱紀錄瀏覽者的一些資訊，基本上我們可以先忽略這 2-3 區塊。下列是筆者使用 Google 地圖列出「台北市南京東路二段 98 號」地址的資訊的結果。

比對了烏斯懷亞與台北市南京東路地點的網頁，在第一塊中前半部分我們發現下列是 Google 地圖固定的內容。

https://www.google.com.tw/maps/place/

上述內容後面 (第一塊的後半部分) 是我們輸入的地址，由上述分析我們獲得了結論是如果我們將上述網址與地址相連接成一個字串，然後將此字串當 webbrowser. open( ) 方法的參數，這樣就可以利用 Python 程式，使用 Google 地圖瀏覽我們想要查詢的地點了。

15-1-3　用地址查詢地圖的程式設計

其實設計這個程式也非常簡單，只要讀取地址資訊，然後放在 open( ) 參數內與上一節獲得的網址連接就可以了。

程式實例 ch15_2.py：設計由螢幕輸入地址，然後可以開啟 Google 地圖服務，最後列出地圖內容。

```
1  # ch15_2.py
2  import webbrowser
3
4  address = input("請輸入地址 : ")
5  webbrowser.open('http://www.google.com.tw/maps/place/' + address)
```

執行結果　下列是筆者輸入地址畫面，按 Enter 鍵後的結果。

```
=================== RESTART: D:\Python\ch15\ch15_2.py ===================
請輸入地址 : 台北市南京東路二段98號
```

15-2 下載網頁資訊使用 requests 模組

requests 是第三方模組,請使用下列指令安裝此模組。

pip install requests

requests.get( ) 方法內需放置欲下載網頁資訊的網址當參數,這個方法可以傳回網頁的 HTML 原始檔案物件,資料型態是稱 Response 物件,Response 物件內有下列幾個重要屬性:

status_code:如果值是 requests.codes.ok,表示獲得的網頁內容成功。

text:網頁內容。

程式實例 ch15_3.py:列出是否取得網頁成功,如果成功則輸出網頁內容大小。

```
1   # ch15_3.py
2   import requests
3
4   url = 'http://www.mcut.edu.tw'
5   htmlfile = requests.get(url)
6   print(f"回傳資料型態 : {type(htmlfile)}")
7   if htmlfile.status_code == requests.codes.ok:
8       print("取得網頁內容成功")
9       print("網頁內容大小 = ", len(htmlfile.text))
10      print(htmlfile.text)              # 列印網頁內容
11  else:
12      print("取得網頁內容失敗")
```

執行結果 請連按兩下 Squeezed text 字串 (如果資料太多時會出現此字串)。

```
==================== RESTART: D:\Python\ch15\ch15_3.py ====================
回傳資料型態 : <class 'requests.models.Response'>
取得網頁內容成功
網頁內容大小 =  67120
Squeezed text (3079 lines).
```

```
======================= RESTART: D:\Python\ch15\ch15_3.py =======================
回傳資料型態：<class 'requests.models.Response'>
取得網頁內容成功
網頁內容大小 = 67120
<!DOCTYPE html>
<html lang="zh-tw">
<head>


<meta http-equiv="Content-Type" content="text/html; charset=utf-8">
<meta http-equiv="X-UA-Compatible" content="IE=edge,chrome=1" />
<meta name="viewport" content="initial-scale=1.0, user-scalable=1, minimum-scale
=1.0, maximum-scale=3.0">
<meta name="apple-mobile-web-app-capable" content="yes">
<meta name="apple-mobile-web-app-status-bar-style" content="black">
<meta name="keywords" content="請填寫網站關鍵記事,用半角逗號(,)隔開" />
<meta name="description" content="明志科技大學,是一所位於臺灣北部的技職院校,地
點在新北市泰山區。 前身為「明志工業專科學校」,由台塑企業創辦人王永慶先生於1963
年11月11日設立。入學生均需住宿。明志科技大學設有工程、環資及管設等三個學院,其下
共有十個系及十一個研究所,另設有七個研究中心、一個通識教育中心以及一個語言中心。
" />
```

15-3　檢視網頁原始檔

前一節筆者講解使用 requests.get( ) 取得網頁內容的原始 HTML 檔,也可以使用瀏覽器取得網頁內容的原始檔。檢視網頁的原始檔目的不是要模仿設計相同的網頁,主要是掌握幾個關鍵重點,然後擷取我們想要的資料。

15-3-1　以 Chrome 瀏覽器為實例

此例是使用 Chrome 開啟深智數位公司網頁,在網頁內按一下滑鼠右鍵,出現快顯功能表時,執行檢視網頁原始碼 (View page source) 指令。

就可以看到此網頁的原始 HTML 檔案。

15-3-2　檢視原始檔案的重點

如果我們現在要下載某個網頁的所有圖片檔案，可以進入該網頁，例如：如果想要下載深智公司網頁 (http://deepwisdom.com.tw) 的圖檔，可以開啟該網頁的 HTML 檔案，請點選右上方的 ⋮ 圖示，然後執行 Find(尋找)，再輸入 '<img'，就可以了解該網頁圖檔的狀況。

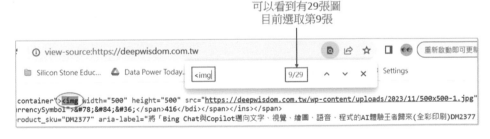

由上圖可以看到圖檔是在 "~wp-content/uploads/2023/11/" 資料夾內，其實我們也可以使用 " 網址 + 檔案路徑 "，列出圖檔的內容。

15-3-3　列出重點網頁內容

假設讀者進入 "http://www.xzw.com/fortune/" 網頁，可以針對要了解的網頁內容按一下滑鼠右鍵，再執行檢查，可以在視窗右邊看到 HTML 格式的網頁的內容，如下所示：

　　從上述右邊小視窗可以看到一些網頁設計的訊息，這些訊息可以讓我們設計相關爬蟲程式。

15-4 解析網頁使用 BeautifulSoup 模組

　　從前面章節讀者應該已經瞭解了如何下載網頁 HTML 原始檔案，也應該對網頁的基本架構有基本認識，本節要介紹的是使用 BeautifulSoup 模組解析 HTML 文件。目前這個模組是第 4 版，模組名稱是 beautifulsoup4，可以用下列方式安裝：

> pip install beautifulsoup4

　　雖然安裝是 beautifulsoup4，但是導入模組時是用下列方式：

> import bs4

15-4-1 建立 BeautifulSoup 物件

　　可以使用下列語法建立下載十二星座網站的 BeautifulSoup 物件。

```
htmlFile = requests.get('http://www.xzw.com/fortune/')        # 十二星座網站
objSoup = bs4.BeautifulSoup(htmlFile.text, 'lxml')
```

　　傳遞給 BeautifulSoup( ) 的第一個參數是網頁內容的 HTML 文件，第 2 個參數 "lxml" 是註明解析 HTML 內容的方法，回傳的就是 BeautifulSoup 物件。

程式實例 ch15_4.py：解析網頁 http://www.xzw.com/fortunc/，列出資料型態。

```
1  # ch15_4.py
2  import requests, bs4
3
4  htmlFile = requests.get('http://www.xzw.com/fortune/')
5  objSoup = bs4.BeautifulSoup(htmlFile.text, 'lxml')
6  print(f"列印BeautifulSoup物件資料型態 {type(objSoup)}")
```

執行結果

```
==================== RESTART: D:\Python\ch15\ch15_4.py ====================
列印BeautifulSoup物件資料型態 <class 'bs4.BeautifulSoup'>
```

　　從上述我們獲得了 BeautifulSoup 的資料類型了，表示我們獲得初步成果了。

15-4-2　基本 HTML 文件解析 - 從簡單開始

真實世界的網頁是很複雜的，所以筆者想先從一簡單的 HTML 文件開始解析網頁。在 ch15_4.py 程式第 5 列第一個參數 htmlFile.text 是網頁內容，在 ch15 資料夾有一個簡單的 HTML 文件，這一節筆者會教讀者解析此 HTML 文件。

程式實例 myhtml.html：在 ch15 資料夾有 myhtml.html 文件，這個文件內容如下：

```
1  <!doctype html>
2  <html>
3  <head>
4      <meta charset="utf-8">
5      <title>洪錦魁著作</title>
6      <style>
7          h1#author { width:400px; height:50px; text-align:center;
8              background:linear-gradient(to right,yellow,green);
9          }
10         h1#content { width:400px; height:50px;
11             background:linear-gradient(to right,yellow,red);
12         }
13         section { background:linear-gradient(to right bottom,yellow,gray); }
14     </style>
15 </head>
16 <body>
17 <h1 id="author">洪錦魁</h1>
18 <img src="hung.jpg" width="100">
19 <section>
20     <h1 id="content">一個人的極境旅行 - 南極大陸北極海</h1>
21     <p>2015/2016年<strong>洪錦魁</strong>一個人到南極</p>
22     <img src="travel.jpg" width="300">
23 </section>
24 <section>
25     <h1 id="content">HTML5+CSS3王者歸來</h1>
26     <p>本書講解網頁設計使用HTML5+CSS3</p>
27     <img src="html5.jpg" width="300">
28 </section>
29 </body>
30 </html>
```

執行結果

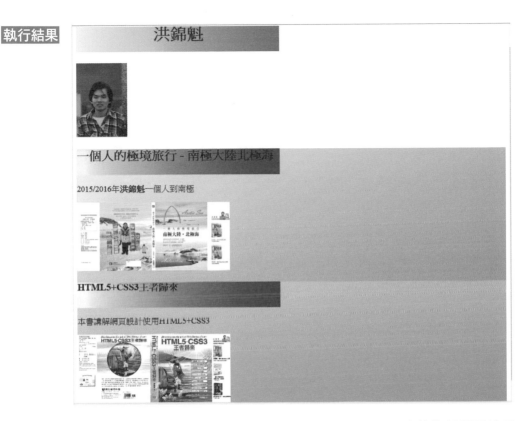

下列幾個小節將會解析此份 HTML 文件,如果將 myhtml.html 文件的相關屬性用節點表示,上述 HTML 文件可以用下圖顯示:

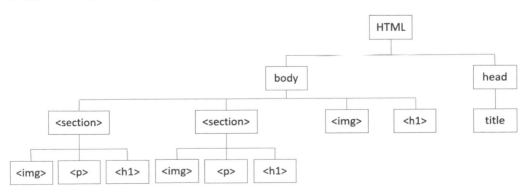

15-4-3　網頁標題 title 屬性

BeautifulSoup 物件的 title 屬性可以傳回網頁標題的 <title> 標籤內容。

程式實例 ch15_5.py：使用 title 屬性解析 myhtml.html 檔案的網頁標題，本程式會列出物件類型與內容。

```
1  # ch15_5.py
2  import bs4
3
4  htmlFile = open('myhtml.html', encoding='utf-8')
5  objSoup = bs4.BeautifulSoup(htmlFile, 'lxml')
6  print(f"物件類型   = {type(objSoup.title)}")
7  print(f"列印title = {objSoup.title}")
```

執行結果
```
==================== RESTART: D:\Python\ch15\ch15_5.py ====================
物件類型   = <class 'bs4.element.Tag'>
列印title = <title>洪錦魁著作</title>
```

從上述執行結果可以看到所解析的 objSoup.title 是一個 HTML 標籤物件，若是用 HTML 節點圖顯示，可以知道 objSoup.title 所獲得的節點如下：

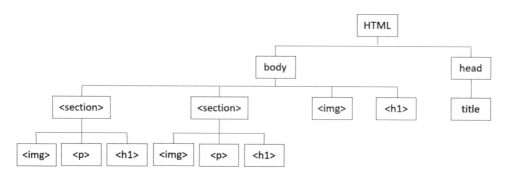

15-4-4　去除標籤傳回文字 text 屬性

前一節實例的確解析了 myhtml.html 文件，傳回解析的結果是一個 HTML 的標籤，不過我們可以使用 text 屬性獲得此標籤的內容。

程式實例 ch15_6.py：擴充 ch15_5.py，列出解析的標籤內容。

```
1  # ch15_6.py
2  import bs4
3
4  htmlFile = open('myhtml.html', encoding='utf-8')
5  objSoup = bs4.BeautifulSoup(htmlFile, 'lxml')
6  print(f"列印title = {objSoup.title}")
7  print(f"title內容 = {objSoup.title.text}")
```

執行結果
```
==================== RESTART: D:\Python\ch15\ch15_6.py ====================
列印title = <title>洪錦魁著作</title>
title內容 = 洪錦魁著作
```

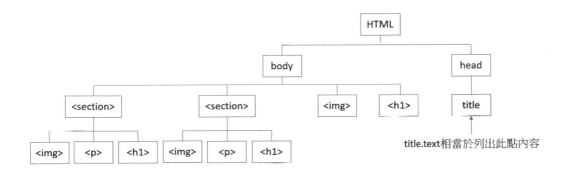

title.text相當於列出此點內容

15-4-5 傳回所找尋第一個符合的標籤 find( )

這個函數可以找尋 HTML 文件內第一個符合的標籤內容,例如,find('h1') 是要找第一個 h1 的標籤。如果找到了就傳回該標籤字串我們可以使用 text 屬性獲得內容,如果沒找到就傳回 None。

程式實例 ch15_7.py:傳回第一個 <h1> 標籤。

```
1  # ch15_7.py
2  import bs4
3
4  htmlFile = open('myhtml.html', encoding='utf-8')
5  objSoup = bs4.BeautifulSoup(htmlFile, 'lxml')
6  objTag = objSoup.find('h1')
7  print(f"資料型態      = {type(objTag)}")
8  print(f"列印Tag       = {objTag}")
9  print(f"Text屬性內容   = {objTag.text}")
10 print(f"String屬性內容 = {objTag.string}")
```

執行結果

```
==================== RESTART: D:\Python\ch15\ch15_7.py ====================
資料型態       = <class 'bs4.element.Tag'>
列印Tag        = <h1 id="author">洪錦魁</h1>
Text屬性內容    = 洪錦魁
String屬性內容  = 洪錦魁
```

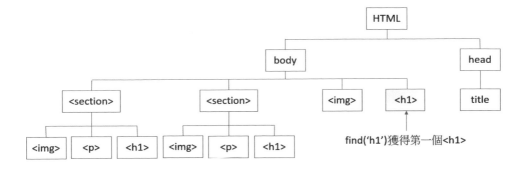

find('h1')獲得第一個<h1>

15-4-6　傳回所找尋所有符合的標籤 find_all( )

這個函數可以找尋 HTML 文件內所有符合的標籤內容，例如：find_all('h1') 是要找所有 h1 的標籤。如果找到了就傳回該標籤串列，如果沒找到就傳回空串列。

程式實例 ch15_8.py：傳回所有的 <h1> 標籤。

```
1  # ch15_8.py
2  import bs4
3
4  htmlFile = open('myhtml.html', encoding='utf-8')
5  objSoup = bs4.BeautifulSoup(htmlFile, 'lxml')
6  objTag = objSoup.find_all('h1')
7  print(f"資料型態     = {type(objTag)}")        # 列印資料型態
8  print(f"列印Tag串列 = {objTag}")              # 列印串列
9  print(f"以下是列印串列元素 : ")
10 for data in objTag:                          # 列印串列元素內容
11     print(data.text)
```

執行結果

```
===================== RESTART: D:\Python\ch15\ch15_8.py =====================
資料型態      = <class 'bs4.element.ResultSet'>
列印Tag串列 = [<h1 id="author">洪錦魁</h1>, <h1 id="content">一個人的極境旅行 -
南極大陸北極海</h1>, <h1 id="content">HTML5+CSS3王者歸來</h1>]
以下是列印串列元素 :
洪錦魁
一個人的極境旅行 - 南極大陸北極海
HTML5+CSS3王者歸來
```

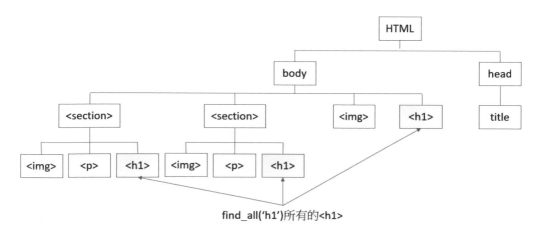

find_all('h1')所有的<h1>

15-4-7　HTML 屬性的搜尋

我們可以根據 HTML 標籤屬性執行搜尋，可以參考下列實例。

程式實例 ch15_9.py：搜尋第一個含 id='author' 的節點。

```
1  # ch15_9.py
2  import bs4
3
4  htmlFile = open('myhtml.html', encoding='utf-8')
5  objSoup = bs4.BeautifulSoup(htmlFile, 'lxml')
6  objTag = objSoup.find(id='author')
7  print(objTag)
8  print(objTag.text)
```

執行結果

```
==================== RESTART: D:\Python\ch15\ch15_9.py ====================
<h1 id="author">洪錦魁</h1>
洪錦魁
```

程式實例 ch15_10.py：搜尋含所有 id='content' 的節點。

```
1  # ch15_10.py
2  import bs4
3
4  htmlFile = open('myhtml.html', encoding='utf-8')
5  objSoup = bs4.BeautifulSoup(htmlFile, 'lxml')
6  objTag = objSoup.find_all(id='content')
7  for tag in objTag:
8      print(tag)
9      print(tag.text)
```

執行結果

```
==================== RESTART: D:\Python\ch15\ch15_10.py ====================
<h1 id="content">一個人的極境旅行 - 南極大陸北極海</h1>
一個人的極境旅行 - 南極大陸北極海
<h1 id="content">HTML5+CSS3王者歸來</h1>
HTML5+CSS3王者歸來
```

15-4-8　select( ) 和 get( )

select( ) 主要是以 CSS 選擇器 (selector) 的觀念尋找元素，如果找到回傳的是串列 (list)，如果找不到則傳回空串列。下列是使用實例：

objSoup.select('p')：找尋所有 <p> 標籤的元素。

objSoup.select ('img')：找尋所有 <img> 標籤的元素。

程式實例 ch15_11.py：搜尋 <img> 標籤，同時列出結果。

```
1  # ch15_11.py
2  import bs4
3
4  htmlFile = open('myhtml.html', encoding='utf-8')
5  objSoup = bs4.BeautifulSoup(htmlFile, 'lxml')
6  imgTag = objSoup.select('img')
7  print(f"含<img>標籤的串列長度 = {len(imgTag)}")
8  for img in imgTag:
9      print(img)
```

執行結果

```
===================== RESTART: D:\Python\ch15\ch15_11.py =====================
含<img>標籤的串列長度 = 3
<img src="hung.jpg" width="100"/>
<img src="travel.jpg" width="300"/>
<img src="html5.jpg" width="300"/>
```

　　<img> 是一個插入圖片的標籤，沒有結束標籤，所以沒有內文，如果讀者嘗試使用 text 屬性列印內容 "print(imgTag[0].text)" 將看不到任何結果。<img> 對網路爬蟲設計是很重要，因為可以由此獲得網頁的圖檔資訊。從上述執行結果可以看到對我們而言很重要的是 <img> 標籤內的屬性 src，這個屬性設定了圖片路徑。這個時候我們可以使用標籤字串的 img.get( ) 取得或是 img['src'] 方式取得。

程式實例 ch15_12.py：擴充 ch15_11.py，取得 myhtml.html 的所有圖檔。

```
1   # ch15_12.py
2   import bs4
3
4   htmlFile = open('myhtml.html', encoding='utf-8')
5   objSoup = bs4.BeautifulSoup(htmlFile, 'lxml')
6   imgTag = objSoup.select('img')
7   print(f"含<img>標籤的串列長度 = {len(imgTag)}")
8   for img in imgTag:
9       print(f"列印標籤串列 = {img}")
10      print(f"列印圖檔    = {img.get('src')}")
11      print(f"列印圖檔    = {img['src']}")
```

執行結果

```
===================== RESTART: D:\Python\ch15\ch15_12.py =====================
含<img>標籤的串列長度 = 3
列印標籤串列 = <img src="hung.jpg" width="100"/>
列印圖檔    = hung.jpg
列印圖檔    = hung.jpg
列印標籤串列 = <img src="travel.jpg" width="300"/>
列印圖檔    = travel.jpg
列印圖檔    = travel.jpg
列印標籤串列 = <img src="html5.jpg" width="300"/>
列印圖檔    = html5.jpg
列印圖檔    = html5.jpg
```

　　上述程式最重要是第 10 列的 img.get('src') 或是第 11 列的 img['src']，這個方法可以取得標籤字串的 src 屬性內容。

15-5　網路爬蟲實戰 – 12 星座圖片下載

　　其實筆者已經用 HTML 文件解說網路爬蟲的基本原理了，在真實的網路世界一切比上述實例複雜與困難。

　　延續 15-3-3 節，若是放大網頁內容，在每個星座描述的 <div> 內有 <dt> 標籤，這個 <dt> 標籤內有星座圖片的網址，我們可以經由取得網址，再將此圖片下載至我們指定的目錄內。

```
▼<div id="list">
  ▶<h1>…</h1>
  ▼<div class="alb">
    ▼<div class="al al1">
        <i style="display: none;"></i>
      ▼<dl>
        ▼<dt>
          ▼<a href="/fortune/aries/">
              <img src="/static/public/images/fortune/image/
              s_1.gif" alt="'.$v[2].'">
            </a>
        </dt>
```

圖片網址是由 2 個部分組成：

　　http://www.xzw.com

和

　　/static/public/images/fortune/image/s_1.gif

　　上述是以白羊座為例，有了上述觀念，就可以設計下載十二星座的圖片了。

程式實例 ch15_13.py：下載十二星座所有圖片，所下載的圖片將放置在 out15_13 資料夾內。

```
1  # ch15_13.py
2  import requests
3  import bs4
4  import os
5
6  # 目標網址
7  url = 'http://www.xzw.com/fortune/'
8  # 發送 HTTP 請求並獲得網頁內容
9  htmlfile = requests.get(url)
10 # 使用 BeautifulSoup 解析網頁，'lxml' 是解析器的類型
11 objSoup = bs4.BeautifulSoup(htmlfile.text, 'lxml')
12
13 # 尋找包含星座串列的 div 標籤
14 constellation = objSoup.find('div', id='list')
15 # 在找到的 div 內進一步搜尋符合條件的子 div，並獲取所有子 div
16 cons = constellation.find('div', 'alb').find_all('div')
17
18 # 圖片的基本 URL
```

```
19  pict_url = 'http://www.xzw.com'
20  # 用於儲存圖片 URL 的串列
21  photos = []
22  # 遍歷每個 div 元素，獲取圖片的相對路徑並組成完整的圖片 URL
23  for con in cons:
24      pict = con.a.img['src']
25      photos.append(pict_url + pict)
26
27  # 定義儲存圖片的目錄
28  destDir = 'out15_13'
29  # 檢查目錄是否存在，不存在則創建
30  if not os.path.exists(destDir):
31      os.mkdir(destDir)
32
33  # 輸出搜尋到的圖片數量
34  print("搜尋到的圖片數量 = ", len(photos))
35
36  # 遍歷圖片 URL 串列，下載並保存每張圖片
37  for photo in photos:
38      # 透過 HTTP GET 請求下載圖片
39      picture = requests.get(photo)
40      # 確認 HTTP 請求成功，否則拋出異常
41      picture.raise_for_status()
42      print("%s 圖片下載成功" % photo)
43
44      # 打開文件用於二進制寫入
45      pictFile = open(os.path.join(destDir, os.path.basename(photo)), 'wb')
46      # 循環讀取圖片內容並寫入文件
47      for diskStorage in picture.iter_content(10240):
48          pictFile.write(diskStorage)
49      # 下載完成後關閉文件
50      pictFile.close()
```

執行結果　讀者可以在 out15_13 子資料夾看到所下載的圖片。

```
==================== RESTART: D:/Python/ch15/ch15_13.py ====================
搜尋到的圖片數量 =  12
http://www.xzw.com/static/public/images/fortune/image/s_1.gif 圖片下載成功
http://www.xzw.com/static/public/images/fortune/image/s_2.gif 圖片下載成功
http://www.xzw.com/static/public/images/fortune/image/s_3.gif 圖片下載成功
                                     ...
```

這個程式第 30 列和 31 列使用了 os 模組的方法：

● os.path.exists(destDir)：如果 destDir 存在就會傳 True。

● os.mkdir(destDir)：建立 destDir 資料夾。

第 45 列也使用了 os 模組的方法：

● os.path.basename(photo)：從完整檔案路徑中取出 photo 的檔案名稱。

● os.path.join(destDir, os.path.basename(photo))：相當於將資料夾和檔案名稱，組成一個檔案路徑。

上述程式第 47 ~ 48 列說明如下：

　　iter_content(chunk_size=10240)：

● iter_content( ) 是 requests 模組中的一個方法，用於逐塊讀取響應內容。

● chunk_size 參數是可選的，它指定了每個塊的大小（以 Byte 為單位）。在這個例子中，chunk_size 被設置為 10240 Byte，即每次從響應中讀取 10KB 的數據。

for 迴圈遍歷每個塊：

● for 迴圈用來遍歷 iter_content( ) 方法返回的所有內容區塊。

● 在每次迭代中，變數 diskStorage 包含從網絡響應中讀取的一塊數據。

寫入檔案：

● pictFile.write(diskStorage)：這列程式碼將當前塊 diskStorage 寫入到已開啟的檔案物件 pictFile。

這樣，整個文件最終會被分多次寫入，從而避免了一次性將大檔案加載到記憶體中的需求。

15-6　網路爬蟲的潛在應用

這一節會提供一些片段的程式碼，讀者可以參考了解網路爬蟲的潛在應用。

❑　市場研究

企業可以使用網路爬蟲來收集關於特定市場的訊息，例如：競爭對手的價格、產品評價或市場趨勢，這些訊息對於制定市場策略和產品定價非常有用。

```
def fetch_competitor_pricing(url):
    response = requests.get(url)                          # 發送 HTTP 請求
    soup = BeautifulSoup(response.content, 'html.parser') # 解析網頁內容
    prices = soup.find_all('span', class_='product-price') # 尋找所有包含價格的標籤
    return [price.get_text() for price in prices]         # 獲得價格資料並回傳
```

❑　社交媒體監控

通過對社交媒體網站的爬取，企業可以監控品牌聲譽、客戶反饋和市場趨勢，這有助於及時回應客戶意見和市場變化。

```python
import tweepy

def fetch_tweets(api, brand_name):
    tweets = api.search(q=brand_name, count=100)     # 使用推特 API 搜索推文
    return [tweet.text for tweet in tweets]          # 提取並回傳推文內容
```

❑　新聞彙總和監控

企業可以使用網路爬蟲來自動收集和彙總行業相關的新聞，從而保持對最新市場動態和行業趨勢的了解。

```python
def fetch_news_headlines(url):
    response = requests.get(url)                              # 發送 HTTP 請求
    soup = BeautifulSoup(response.content, 'html.parser')     # 解析網頁內容
    headlines = soup.find_all('h2', class_='news-headline')   # 尋找所有新聞標題
    return [headline.get_text() for headline in headlines]    # 提取新聞標題並返回
```

❑　產品評論和消費者意見挖掘

爬取電商網站上的用戶評論，可以幫助企業理解消費者對產品的看法和需求。

```python
def fetch_product_info(url):
    response = requests.get(url)                              # 發送 HTTP 請求
    soup = BeautifulSoup(response.content, 'html.parser')     # 解析網頁內容
    product_info = soup.find('div', class_='product-info')    # 尋找產品資訊區塊
    return product_info.get_text()                            # 獲得產品資訊並回傳
```

❑　徵人訊息收集

企業可以通過爬取人力銀行網站來分析行業就業趨勢和職位要求，從而優化自身的徵人策略。

```python
def fetch_job_listings(url):
    response = requests.get(url)                               # 發送 HTTP 請求
    soup = BeautifulSoup(response.content, 'html.parser')      # 解析網頁內容
    job_listings = soup.find_all('div', class_='job-listing')  # 尋找所有職位列表
    return [job.get_text() for job in job_listings]            # 獲得職位資訊並回傳
```

習題實作題

ex15_1.py：請使用 webbrowser( ) 開啟自己學校的網頁，筆者以密西西比大學為實例，可以參考下方左圖。

ex15_2.py：請參考 ch15_2.py，輸入自己家的地址，然後輸出 Google 地圖，可以參考上方右圖，以及下列輸入。

```
================== RESTART: D:\Python\ex15\ex15_2.py ==================
請輸入地址 : 台北市重慶南路20號
```

ex15_3.py：請擷取自己學校的網頁，下列是以美國密西西比大學為例。

```
================== RESTART: D:\Python\ex15\ex15_3.py ==================
<!DOCTYPE html>
<html xmlns="http://www.w3.org/1999/xhtml" class="no-js" lang="en">
        <head>

                <title>
                        University of  Mississippi | Ole Miss
                </title>
                <meta charset="utf-8"/>
                <meta content="IE=edge" http-equiv="X-UA-Compatible"/>
                <meta content="width=device-width, initial-scale=1, shrink-to-fi
t=no" name="viewport"/>
                          ...
```

ex15_4.py：請擷取自己學校網頁的所有圖片，下列是以明志科技大學為例，所有產生的圖片將儲存在 ex15_4 資料夾內，下列是下載畫面。

```
================== RESTART: D:\Python\ex15\ex15_4.py ==================
網頁下載中 ...
網頁下載完成
搜尋到的圖片數量 =  45
http://www.mcut.edu.tw//var/file/0/1000/img/2046/mlogo.png 圖片下載中 ...
http://www.mcut.edu.tw//var/file/0/1000/img/2046/mlogo.png 圖片下載成功
http://www.mcut.edu.tw//var/file/0/1000/plugin/mobile/title/hln_4274_5327569_831
70.png 圖片下載中 ...
http://www.mcut.edu.tw//var/file/0/1000/plugin/mobile/title/hln_4274_5327569_831
70.png 圖片下載成功
                          ...
```

第 16 章

人工智慧破冰之旅

創意程式：新人職務分類、足球賽射門、選舉造勢要準備多少香腸

本章將用淺顯的觀念，用最白話方式講解將畢氏定理應用在人工智慧基礎。然後會介紹機器學習常見的統計方法「迴歸模型」，同時做預測分析。

16-1 將畢氏定理應用在性向測試

16-1-1　問題核心分析

有一家公司的人力部門錄取了一位新進員工，同時為新進員工做了英文和社會的性向測驗，這位新進員工的得分，分別是英文 60 分、社會 55 分。

公司的編輯部門有人力需求，參考過去編輯部門員工的性向測驗，英文是 80 分，社會是 60 分。

行銷部門也有人力需求，參考過去行銷部門員工的性向測驗，英文是 40 分，社會是 80 分。

如果你是主管，應該將新進員工先轉給哪一個部門？

這類問題可以使用座標軸做在分析，我們可以將 x 軸定義為英文，y 軸定義為社會，整個座標說明如下：

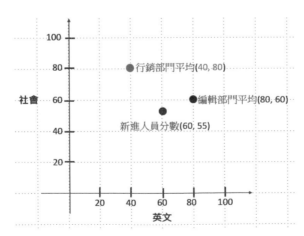

這時可以使用新進人員的分數點比較靠近哪一個部門平均分數點，然後將此新進人員安插至性向比較接近的部門。

16-1-2　數據運算

❑　計算新進人員分數和編輯部門平均分數的距離

可以使用畢氏定理執行新進人員分數與編輯部門平均分數的距離分析：

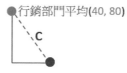

計算方式如下：

$$c^2 = (80 - 60)^2 + (60 - 55)^2 = 425$$

開根號可以得到下列距離結果。

$$c = 20.6155$$

❑　計算新進人員分數和行銷部門平均分數的距離

可以使用畢氏定理執行新進人員分數與行銷部門平均分數的距離分析：

計算方式如下：

$$c^2 = (40 - 60)^2 + (80 - 55)^2 = 1025$$

開根號可以得到下列距離結果。

$$c = 32.0156$$

❑　結論

因為新進人員的性向測驗分數與編輯部門比較接近，所以新進人員比較適合進入編輯部門。註：距離也可以稱「相似度」，距離越短相似度越近。

16-1-3　將畢氏定理應用在三維空間

假設一家公司新進人員的性向測驗除了英文、社會，另外還有數學，這時可以使用三度空間的座標表示：

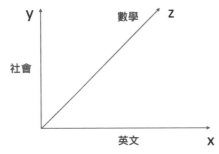

這個時候畢氏定理仍可以應用，此時距離公式如下：

$$\sqrt{(dist\_x)^2 + (dist\_y)^2 + (dist\_z)^2}$$

在此例，可以用下列方式表達：

$$\sqrt{(英文差距)^2 + (社會差距)^2 + (數學差距)^2}$$

上述觀念主要是說明在三維空間下，要計算 2 點的距離，可以計算 x、y、z 軸的差距的平方，先相加，最後開根號即可以獲得兩點的距離。

16-2 數據預測 - 建立線性迴歸模型

16-2-1　一次迴歸模型

Numpy 模組的 polyfit( ) 函數可以建立迴歸直線，此函數的基本語法如下：

polyfit(x, y, deg)

上述 deg 是多項式的最高次方，如果是一次多項式此值是 1。現在我們可以使用此函數建立前一小節的迴歸模型函數。這時我們還需要使用 Numpy 的 poly1d( ) 函數，這兩個函數用法如下：

```
coef = np.polyfit(temperature, rev, 1)        # 建立迴歸模型係數
reg = np.poly1d(coef)                          # 建立迴歸直線函數
```

程式實例 ch16_1.py：第 4 和 5 列分別定義不同天氣溫度與冰品銷售數據，這個程式會建立迴歸直線方程式。

```
1   # ch16_1.py
2   import numpy as np
3
4   temperature = [25,31,28,22,27,30,29,33,32,26]          # 天氣溫度
5   rev = [900,1200,950,600,720,1000,1020,1500,1420,1100]  # 營業額
6
7   coef = np.polyfit(temperature, rev, 1)                 # 迴歸直線係數
8   reg = np.poly1d(coef)                                  # 線性迴歸方程式
9   print(coef.round(2))
10  print(reg)
```

執行結果

```
===================== RESTART: D:\Python\ch16\ch16_1.py =====================
[   71.63 -986.22]

71.63 x - 986.2
```

從上述我們可以得到下列迴歸直線：

$$y = 71.63x - 986.2$$

有了迴歸方程式，就可以做數據預測。直覺上我們也可以說迴歸直線，適用於數據呈線性分布時，是我們建立機器學習預測的模型之一，它描述了自變數 (溫度) 和因變數 (營業額) 之間的線性關係，這種模型是機器學習中用於預測的眾多模型之一。

程式實例 ch16_2.py：擴充前一個程式，預測當溫度是 35 度時，冰品銷售的業績，同時繪製此圖表的散點圖。

```
1   # ch16_2.py
2   import numpy as np
3   import matplotlib.pyplot as plt
4   temperature = [25,31,28,22,27,30,29,33,32,26]          # 天氣溫度
5   rev = [900,1200,950,600,720,1000,1020,1500,1420,1100]  # 營業額
6
7   coef = np.polyfit(temperature, rev, 1)                 # 迴歸直線係數
8   reg = np.poly1d(coef)                                  # 線性迴歸方程式
9   print(f"當溫度是 35 度時冰品銷售金額 = {reg(35).round(0)}")
10
11  plt.rcParams["font.family"] = ["Microsoft JhengHei"]   # 微軟正黑體
12  plt.scatter(temperature, rev)
13  plt.plot(temperature,reg(temperature),color='red')
14  plt.title('天氣溫度與冰品銷售')
15  plt.xlabel("溫度", fontsize=14)
16  plt.ylabel("營業額", fontsize=14)
17  plt.show()
```

執行結果

```
===================== RESTART: D:\Python\ch16\ch16_2.py =====================
當溫度是 35 度時冰品銷售金額 = 1521.0
```

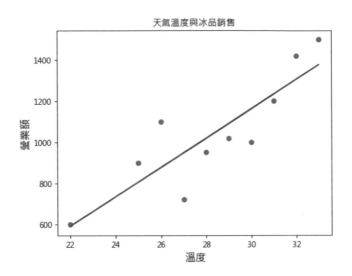

16-2-2　二次函數的迴歸模型

　　當然二次函數的觀念也可以應用在天氣溫度與冰品的銷售,不過在繪製二次函數圖形時,必須先將數據依溫度重新排序,否則所繪製的迴歸線條將有錯亂,同時第 7 列需設定 deg 參數為 2)。註:如果設定 deg 為 3,就是三次函數。

程式實例 ch16_3.py:建立天氣溫度與冰品銷售的二次函數與迴歸線條,註:下列數據有依溫度重新排序。

```
1   # ch16_3.py
2   import numpy as np
3   import matplotlib.pyplot as plt
4   temperature = [22,25,26,27,28,29,30,31,32,33]        # 天氣溫度
5   rev = [600,900,1100,720,950,1020,1000,1200,1420,1500] # 營業額
6
7   coef = np.polyfit(temperature, rev, 2)                # 迴歸直線係數
8   reg = np.poly1d(coef)                                 # 線性迴歸方程式
9   print(reg)
10  plt.rcParams["font.family"] = ["Microsoft JhengHei"]  # 微軟正黑體
11  plt.scatter(temperature, rev)
12  plt.plot(temperature,reg(temperature),color='red')
13  plt.title('天氣溫度與冰品銷售')
14  plt.xlabel("溫度", fontsize=14)
15  plt.ylabel("營業額", fontsize=14)
16  plt.show()
```

執行結果

```
================== RESTART: D:\Python\ch16\ch16_3.py ==================
            2
4.642 x - 185.7 x + 2531
```

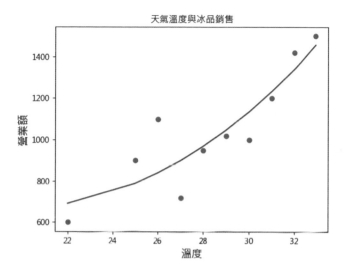

從上述執行結果可以得到天氣溫度與冰品銷售的二次函數如下：

$$y = 4.64x^2 - 187x + 2531$$

16-3 人工智慧、機器學習、深度學習

　　人工智慧時代，最先出現的觀念是人工智慧，然後是機器學習，機器學習成為人工智慧的重要領域後，在機器學習的概念中又出現了一個重要分支：深度學習 (Deep Learning)，其實深度學習也驅動機器學習與人工智慧研究領域的發展，成為當今資訊科學界最熱門的學科。

上述是這 3 個名詞彼此的關係。

16-3-1　認識機器學習

機器學習的原始理論主要是設計和分析一些可以讓電腦自動學習的演算法，進而產生可以預測未來趨勢或是尋找數據間的規律然後獲得我們想要的結果。若是用演算法看待，可以將機器學習視為是滿足下列的系統。

1：機器學習是一個函數，函數模型是由真實數據訓練產生。

2：機器學習函數模型產生後，可以接收輸入數據，映射結果數據。

16-3-2　機器學習的種類

機器學習的種類有下列 3 種。

1：監督學習 (supervised learning)

2：無監督學習 (unsupervised learning)

3：強化學習 (reinforcement learning)

16-3-3　監督學習

對於監督學習而言，可以將原始數據的 80%(或是 70%) 切割成訓練數據 (training data)，省下的 20%(或是 30%) 則是測試數據 (testing data)。這些訓練數據 (也可想成數據的特徵) 輸入時，會產生相對應的輸出數據 (也可想成目標)，然後使用這些訓練數據可以建立機器學習的模型。

```
x1 -> y1
x2 -> y2
x3 -> y3
...
...
xn -> yn
```

建立機器學習模型　　　　　y = ax + b

訓練數據　　　　　　　　　　　　　機器學習模型

接下來可以用測試數據，將測試數據輸入機器學習的模型，然後可以產生結果數據。

```
x1
x2
x3
```
　　　y = ax + b　　　　1
　　　　　　　　　　　　5
　　　　　　　　　　　　10

測試數據　　　　　機器學習模型　　　　　假設結果值

測試數據輸入機器學習模型的「結果值可以稱 y_pred」與原先測試數據的「真實值可以稱 y_test」做比較，由比較結果判斷此模型的優劣。

16-3-4　無監督學習

無監督學習是機器學習的一種類型，主要處理未標記的數據。這種學習方法不依賴預先定義的標籤或輸出，而是透過分析數據集中的結構和模式來獲得新見解。常見的無監督學習技術包括聚類分析，用於將數據分成相似的群組，以及主成分分析（PCA），用於降低數據維度和提取關鍵特徵。無監督學習在數據探索、異常檢測和市場細分等領域非常有用。

16-3-5　強化學習

強化學習是一種機器學習方法，主要關注如何與環境的互動來優化決策過程。在這種學習模式中，代理（學習者）通過嘗試錯誤來學習行為策略，目的是最大化某種獎勵信號。每當代理採取行動，它會從環境中接收回饋，這可以是正面的（獎勵）或負面的（懲罰）。這種學習過程使得代理在一系列決策中逐步改進其策略，最終學會如何在特定環境中達到其目標。強化學習廣泛應用於遊戲、機器人技術和自動駕駛車等領域。

16-4　scikit-learn 產生數據

監督學習重要的功能是生成數據，這一節將說明 scikit-learn 模組，講解生成數據的方法。使用前須安裝此模組，下列是安裝到 Python 3.12 版的實例：

```
py-3.12-m pip install scikit-learn
```

16-4-1　使用 make_blobs( ) 函數準備群集數據

在 scikit-learn 模組，可以使用 make_blobs( ) 函數建立群集的數據，所生成的數據非常適合我們測試機器學習的演算法，這個函數語法與常用參數如下：

```
from sklearn.datasets import make_bolbs
    …
make_bolbs(n_samples, n_features, centers, cluste_std,random_state)
```

上述參數意義如下：

- n_samples：預設是 100 個樣本數。

- n_features：預設是 2 變數特徵數量。

- cluster_std：預設是 1.0，群集的標準差。

- centers：群集中心數量，預設是 3。

- random_state　：隨機數的種子，可保持結果一致。

程式實例 ch16_4.py：建立 5 筆測試數據，特徵數量是 2，標籤數量是 2 類，為了保持未來數據相同，所以設定 random_state=0。

```
1  # ch16_4.py
2  from sklearn.datasets import make_blobs
3
4  data, label = make_blobs(n_samples=5,n_features=2,
5                           centers=2,random_state=0)
6  print(data)
7  print(f"分類 : {label}")
```

執行結果

```
==================== RESTART: D:\Python\ch16\ch16_4.py ====================
[[0.87305123 4.71438583]
 [2.19931109 2.35193717]
 [2.81630525 1.01933868]
 [1.9263585  4.15243012]
 [2.84382807 3.32650945]]
分類 : [0 1 1 0 0]
```

每一筆數據有 2 個特徵

centers 設為 2, 所以分成 2 個群集

當讀者瞭解上述 make_bolbs( ) 函數所建立的資料結構後，現在我們可以建立 200 個點，同時繪製散點圖。

程式實例 ch16_5.py：延續前面實例的觀念，繪製 200 個點的散點圖。

```
1  # ch16_5.py
2  import matplotlib.pyplot as plt
3  from sklearn.datasets import make_blobs
4
5  data, label = make_blobs(n_samples=200,n_features=2,
6                           centers=2,random_state=0)
7  plt.scatter(data[:,0], data[:,1], c=label, cmap='bwr')
8  plt.grid(True)
9  plt.show()
```

執行結果 可以參考下方左圖。

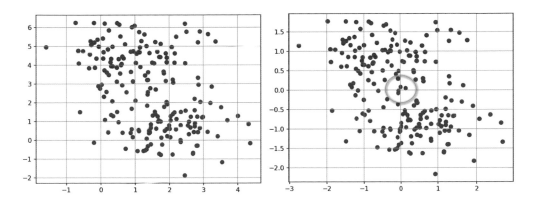

上述第 7 列說明如下：

- data[:,0] 和 data[:,1]：data[:,0] 是 x 軸的數據點，而 data[:,1] 是 y 軸的數據點。

- c=label：c 是一個參數，用於指定每個點的顏色。label 是一個與 data 數組中點的數量相同的陣列，其中每個元素對應於一個數據點的顏色。label 中的值通常用於表示數據點的某種分類或度量，這些值將被映射到顏色映射（cmap）所指定的顏色上。

- cmap='bwr'：cmap 指定了一個顏色映射，這在散點圖中用來根據 label 的值將顏色應用於數據點。'bwr' 是一種內建的顏色映射，代表「藍 - 白 - 紅」，其中低值對應藍色，高值對應紅色，中間值對應白色。

16-4-2 標準化資料

有時候使用上述產生的數據，特徵資料的差異會很大，這時可以使用下列標準化函數，將資料標準化。

```
from sklearn.preprocessing import StandardScaler
    ...
StandardScalar( ).fit_transform(data)
```

上述函數可以將 data 資料標準化為平均數是 0，變異數是 1。

程式實例 ch16_6.py：延續前一個實例，將 data 標準化。

```
1  # ch16_6.py
2  import matplotlib.pyplot as plt
3  from sklearn.datasets import make_blobs
4  from sklearn.preprocessing import StandardScaler
5
6  data, label = make_blobs(n_samples=200,n_features=2,
7                           centers=2,random_state=0)
8  d_sta = StandardScaler().fit_transform(data)    # 標準化
9  plt.scatter(d_sta[:,0], d_sta[:,1], c=label, cmap='bwr')
10 plt.grid(True)
11 plt.show()
```

執行結果　可以參考上方右圖，同時可以看到中心點已經改為 (0,0)。

16-4-3　分割訓練資料與測試資料

這一節要敘述的 train_test_split( ) 函數主要是將數據分割成訓練資料 (train data) 和測試資料 (test data)，整個語法如下：

x_train,x_test,label_train,label_test=train_test_split(data, label, test_size, random_state)

上述各參數意義如下：

- data：完整的特徵數據。
- label：完整的標籤數據。
- test_size：測試資料的比例。
- random_state：增加此參數，隨機數的種子，可保持結果一致。

程式實例 ch16_7.py：分割數據 80% 為訓練數據，20% 為測試數據。

```
1  # ch16_7.py
2  from sklearn.datasets import make_blobs
3  from sklearn.preprocessing import StandardScaler
4  from sklearn.model_selection import train_test_split
5
6  data, label = make_blobs(n_samples=200,n_features=2,
7                           centers=2,random_state=0)
8  d_sta = StandardScaler().fit_transform(data)    # 標準化
```

```
 9   # 分割數據為訓練數據和測試數據
10   x_train, x_test, label_train, label_test = train_test_split(d_sta,
11                   label,test_size=0.2,random_state=0)
12
13   print(f"特徵數據外形 : {d_sta.shape}")
14   print(f"訓練數據外形 : {x_train.shape}")
15   print(f"測試數據外形 : {x_test.shape}")
16   print(f"標籤數據外形 : {label.shape}")
17   print(f"訓練數據外形 : {label_train.shape}")
18   print(f"測試數據外形 : {label_test.shape}")
```

執行結果

```
================== RESTART: D:\Python\ch16\ch16_7.py ==================
特徵數據外形 : (200, 2)
訓練數據外形 : (160, 2)
測試數據外形 : (40, 2)
標籤數據外形 : (200,)
訓練數據外形 : (160,)
測試數據外形 : (40,)
```

上述第 13 ~ 18 列的 shape 屬性可以回傳數據外形,因為我們設定了 test_size=0.2,相當於 20% 是測試數據,80% 是訓練數據,所以可以得到上述結果。

16-5 監督學習 – KNN 演算法

機器學習有 2 大重點,分別是處理分類任務和迴歸任務。限於篇幅,本書將講解,非常直觀且易於理解,同時可以處理分類與迴歸任務的 KNN 演算法。KNN 全名為 K-Nearest Neighbors(K- 最近鄰) 算法,是一種以實例為基礎的學習方法。

16-5-1 演算法原理

KNN 演算法是一個簡單好用的機器學習的模型,在做數據分類預測時步驟如下:

1 : 計算訓練數據和新數據的距離。

2 : 取出 K 個數據最接近的數據和新數據做比較。

3 : 決策規則 :

● 分類任務:演算法會根據最近的 K 個鄰居中最頻繁出現的類別來預測未知數據點的類別。

● 迴歸任務:則通常會取這些鄰居的目標值的平均 (或加權平均) 作為預測值。。

假設是使用 5 – Nearest Neighbor 方法,相當於 K=5,請參考下圖:

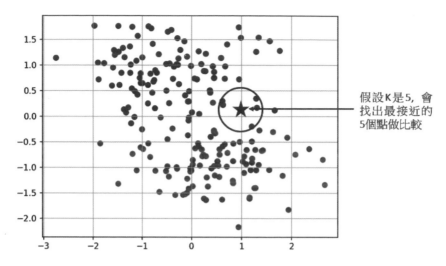

假設 K 是 5, 會
找出最接近的
5個點做比較

KNN 演算法可以應用在分類和迴歸問題，觀念如下：

● 分類問題：當應用於分類問題時，預測的類別取決於新點最近的 K 個點的多數
類別，此時所使用的方法是 KNeighborsClassifier( )。若是以上圖為例，可以看
到最接近星星外形的 5 個點，其中有 4 個藍點、1 個紅點，所以依據 KNN 方法
這個星星是歸類於藍色點。

● 迴歸問題：在迴歸問題中，預測的值是新點最近的 K 個點的平均值，此時所使
用的方法是 KNeighborsRegression( )。

KNN 是一個容易理解的演算法，不過在使用 KNN 演算法時需留意，K 值越大可以
獲得越精確的分類，但是所花的計算成本會比較高。

16-5-2　KNN 演算法處理分類任務

讀者必需導入模組如下：

```
from sklearn.neighbors import KNeighborsClassifier
    …
k_model = KNeighborsClassifier(n_neighbors)
```

上述筆者是將 KNN 的模型物件設為 k_model，參數 n_neighbors 就是 K 值。有了
k_model 物件後就可以呼叫 fit( ) 方法為訓練數據做訓練，程式碼如下：

```
k_model.fit(x_train, label_train)                    # 建立訓練模型
```

上述 x_train 是訓練數據的特徵，label_train 是對應的標籤。數據經過上述訓練後，就可以對測試數據使用 predict( ) 做預測，可以參考下列語法。

```
predictions = k_model.predict(x_test)          # 對測試數據做預測
```

上述參數 x_test 是測試數據的特徵，x_test 經過 k_model.predict( ) 預測後會回傳標籤預測 predictions，有了上述預測後，就可以對測試資料作準確性的計算。

❑　測試數據準確性預估

```
test_accuracy = k_model.score(x_test, label_test)
print(f" 測試數據準確率：{test_accuracy}")
```

除了對測試數據做準確性預估外，也可以對訓練數據做準確性預估。

❑　訓練數據準確性預估

```
training_accuracy = k_model.score(x_train, label_train)
print(f" 訓練數據準確率：{training_accuracy}")
```

使用上述方法，我們必須注意下列事項：

● 過度擬合檢查：通常使用訓練數據來計算的準確性會比測試數據高，因為模型是在訓練數據上訓練的。如果訓練準確性顯著高於測試準確性，可能表示模型過度擬合了訓練數據。

● 泛化能力：測試數據上的準確性是評估模型泛化能力的更好指標，泛化能力是指模型對新未見數據的適應能力。

程式實例 ch16_8.py：第 7 ~ 8 列使用 make_blobs( ) 方法產生 200 個數據點，然後用 KNN 演算法實作與準確性輸出。

```
1  # ch16_8.py
2  from sklearn.datasets import make_blobs
3  from sklearn.preprocessing import StandardScaler
4  from sklearn.model_selection import train_test_split
5  from sklearn.neighbors import KNeighborsClassifier
6
7  data, label = make_blobs(n_samples=200,n_features=2,
8                           centers=2,random_state=0)
9  d_sta = StandardScaler().fit_transform(data)      # 標準化
```

```
10  # 分割數據為訓練數據和測試數據
11  x_train, x_test, label_train, label_test = train_test_split(d_sta,
12                      label,test_size=0.2,random_state=0)
13  # 建立分類模型
14  k_model = KNeighborsClassifier(n_neighbors=5)        # k = 5
15  # 建立訓練數據模型
16  k_model.fit(x_train, label_train)
17  # 對測試數據做預測
18  predictions = k_model.predict(x_test)
19  # 輸出測試數據的 label
20  print(label_test)
21  # 輸出預測數據的 label
22  print(predictions)
23  # 輸出準確性
24  print(f"訓練資料的準確性 = {k_model.score(x_train, label_train)}")
25  print(f"測試資料的準確性 = {k_model.score(x_test, label_test)}")
```

執行結果
```
==================== RESTART: D:\Python\ch16\ch16_8.py ====================
[1 1 0 0 0 1 0 0 0 0 1 1 1 1 0 0 1 1 1 1 0 0 1 1 1 1 0 0 0 1 0 1 0 0 0 0
 0 0]
[1 1 0 0 0 1 0 0 0 0 1 1 1 1 0 0 1 1 1 1 0 1 1 1 1 1 0 0 0 1 0 1 0 0 0 0
 0 0]
訓練資料的準確性 = 0.975
測試資料的準確性 = 0.975
```

　　訓練和測試資料的準確性達到了 0.975，這是一個很高的分數，表明模型在這個特定數據集上表現良好。此外，數據被標準化，這有助於提高 KNN 模型的性能，因為 KNN 依賴於數據點之間的距離度量。

　　我們也可以靈活應用 KNN 演算法在運動場上。

程式實例 ch16_9.py：有一個球員過去比賽射門距離是記錄在 distance; 射門角度則是記錄在 angle;goal 則紀錄是否踢進，0 表示沒有踢進，1 表示踢進。現在由螢幕輸入踢球距離和角度，然後程式使用 KNN 演算法預測是否踢進，同時輸出踢進機率和沒有踢進的機率。

```
1   # ch16_9.py
2   from sklearn.neighbors import KNeighborsClassifier
3   import numpy as np
4
5   # distance是射門距離, angle是射門角度, goal是否進球
6   distance = [10, 20, 10, 30, 20, 30, 15, 25, 20, 15]
7   angle = [30, 45, 60, 30, 60, 75, 45, 60, 75, 90]
8   goal = [1, 1, 0, 1, 0, 0, 1, 0, 0, 1]    # 0 是沒進, 1 是進球
9
10  # 將數據整理成適合的格式
11  X = np.column_stack((distance, angle))
12  y = np.array(goal)
13
14  # 建立和訓練模型
15  neigh = KNeighborsClassifier(n_neighbors=3)
```

```
16  neigh.fit(X, y)
17
18  # 獲取使用者輸入的新球員數據
19  new_distance = float(input("請輸入射門距離（單位是公尺）: "))
20  new_angle = float(input("請輸入射門角度 : "))
21  new_player = np.array([[new_distance, new_angle]])
22
23  # 預測球員是否能進球
24  prediction = neigh.predict(new_player)
25  prediction_proba = neigh.predict_proba(new_player)
26
27  # 輸出結果
28  print(f"是否進球(0是沒進，1是進球) : {prediction}")
29  print(f"不進球機率                  : {prediction_proba[0][0]:.3f}")
30  print(f"進球機率                    : {prediction_proba[0][1]:.3f}")
```

執行結果

```
請輸入射門距離（單位是公尺）: 36        請輸入射門距離（單位是公尺）: 30
請輸入射門角度 : 63                     請輸入射門角度 : 48
是否進球(0是沒進，1是進球) : [0]        是否進球(0是沒進，1是進球) : [1]
不進球機率                  : 1.000     不進球機率                  : 0.333
進球機率                    : 0.000     進球機率                    : 0.667
```

上述程式第 11 列 np.column_stack( ) 是 NumPy 函數，用於將多個一維陣列或串列堆疊成一個二維陣列，相當於組合不同的數據特徵到一個單一數據結構中。

這個程式第 16 列建立了球員的歷史數據的模型 neigh 後，然後用第 19 ~ 20 列輸入的數據判斷是否可以進球。這是一個基礎的機器學習教材，數據量比較小，主要是讓讀者了解 KNN 演算法的觀念，在現實世界應用中，增加數據點和更多的特徵（如球員疲勞程度、風向等）可能會提高模型的準確性和泛化能力。

16-5-3 KNN 演算法處理迴歸任務

使用 KNN 演算法應用在迴歸問題，首先讀者需要導入模組，然後使用 KNeighborsRegression( ) 建立 KNN 迴歸物件，應用在迴歸的模型語法如下：

```
from sklearn.neighbors import KNeighborsRegressor
    …
knn = KNeighborsRegressor(n_neighbors)
```

上述回傳的 KNN 迴歸模型物件設為 knn，參數 n_neighbors 就是 K 值，此參數預設值是 5。有了 knn 迴歸模型物件後就可以呼叫 fit( ) 方法，為數據做訓練，X_train 是特徵數據集，y_train 是對應的目標變量（連續值），程式碼如下：

```
knn.fit(X_train, y_train)
```

使用訓練好的模型進行預測，X_test 是用來進行預測的新特徵數據集，整個語法如下：

```
predictions = knn.predict(X_test)
```

台灣選舉在造勢的場合也是流動攤商最喜歡的聚集地，攤商最希望的是準備充足的食物，活動結束可以完售，賺一筆錢。熱門的食物是烤香腸，到底需準備多少香腸常是攤商老闆要思考的問題。

其實我們可以將這一個問題也使用 KNN 演算法處理，下列是筆者針對此設計的特徵值表，其中幾個特徵值觀念如下，假日指數指的是平日或週末，週一至週五評分為 0，週六為 2(第 2 天仍是休假日，所以參加的人更多)，週日或放假的節日為 1。造勢力度是指媒體報導此活動或活動行銷力度可以分為 0 – 5 分，數值越大造勢力度更強。氣候指數是指天候狀況，如果下雨或天氣太熱可能參加的人會少，適溫則參加的人會多，筆者一樣分成 0 – 5 分，數值越大表示氣候佳參加活動的人會更多。最後我們也列出過往銷售紀錄，由過去銷售紀錄再計算可能的銷售，然後依此準備香腸。

假日指數	造勢力度	氣候指數	過往紀錄
0-2	0-5	0-5	實際銷量

如果過往紀錄是週六，造勢力度是 3，氣候指數是 3，可以銷售 200 條香腸，此時可以用下列函數表示：

f(1, 3, 3) = 200

下列是一些過往的紀錄：

f(0, 3, 3) = 100　　　　f(2, 4, 3) = 250　　　　f(2, 5, 5) = 350
f(1, 4, 2) = 180　　　　f(2, 3, 1) = 170　　　　f(1, 5, 4) = 300
f(0, 1, 1) = 50　　　　 f(2, 4, 3) = 275　　　　f(2, 2, 4) = 230
f(1, 3, 5) = 165　　　　f(1, 5, 5) = 320　　　　f(2, 5, 1) = 210

在程式設計中，我們使用新的陣列紀錄銷售數字。

程式實例 ch16_10.py：明天 12 月 29 日星期天，天氣預報氣溫指數是 2，有一個強力的造勢場所評分是 5，這時函數是 f(1, 5, 2)，現在攤商碰上的問題需要準備多少香腸。這類問題我們可以用 KNN 演算法，此例取 K=5。

```
1   # ch16_10.py
2   from sklearn.neighbors import KNeighborsRegressor
3   import numpy as np
4
5   # 訓練數據,
6   X_train = np.array([[0, 3, 3], [2, 4, 3], [2, 5, 6], [1, 4, 2],
7                       [2, 3, 1], [1, 5, 4], [0, 1, 1], [2, 4, 3],
8                       [2, 2, 4], [1, 3, 5], [1, 5, 5], [2, 5, 1]])
9
10  # 目標數值, 銷售香腸數
11  y_train = np.array([100, 250, 350, 180, 170, 300, 50,
12                      275, 230, 165, 320, 210])
13
14  # 創建KNN回歸模型, 選擇 5 個最近鄰居
15  knn_reg = KNeighborsRegressor(n_neighbors=5)
16
17  # 擬合模型
18  knn_reg.fit(X_train, y_train)
19
20  # 預測應該準備的香腸數
21  X_new = np.array([[1, 5, 2]])
22  y_pred = knn_reg.predict(X_new)
23
24  # 印出結果
25  print(f"應該準備 {int(y_pred[0])} 條香腸")
```

執行結果
```
==================== RESTART: D:\Python\ch16\ch16_10.py ====================
應該準備 243 條香腸
```

總體而言，這是一個功能完整的實例，展示了如何使用 KNN 迴歸模型進行預測。然而，為了提高模型的實用性和準確性，其實可以增加更多的數據特徵和數據數量。

習題實作題

ex16_1.py：影片玩命關頭的分數特徵表如下

影片名稱	愛情、親情	跨國拍攝	出現刀、槍	飛車追逐	動畫
玩命關頭	5	7	8	10	2

下列是其他影片的特徵表，請計算那一部電影和玩命關頭最相似，同時列出所有影片與玩命關頭的相似度。

影片名稱	愛情、親情	跨國拍攝	出現刀、槍	飛車追逐	動畫
復仇者聯盟	2	8	8	5	6
決戰中途島	5	6	9	2	5
冰雪奇緣	8	2	0	0	10
雙子殺手	5	8	8	8	3

```
===================== RESTART: D:\Python\ex16\ex16_1.py =====================
與玩命關頭最相似的電影 ： 雙子殺手
相似度值 ： 2.449489742783178
影片 ： 復仇者聯盟，相似度 ：　　7.14
影片 ： 決戰中途島，相似度 ：　　8.66
影片 ： 冰雪奇緣　，相似度 ：　16.19
影片 ： 雙子殺手　，相似度 ：　　2.45
```

ex16_2.py：24 小時網路購物調查，下列是時間與購物人數表，請建立網購數據的三次函數，繪製此函數的迴歸曲線，同時預測 18 和 20 點的購物人數。

點鐘	人數	點鐘	人數	點鐘	人數	點鐘	人數
1	100	7	55	13	68	19	88
2	88	8	56	14	71		
3	75	9	58	15	71	21	93
4	60	10	58	16	75	22	97
5	50	11	61	17	76	23	97
6	55	12	63			24	100

```
===================== RESTART: D:\Python\ex16\ex16_2.py =====================
18點購物人數預測 = 85.63
20點購物人數預測 = 92.62
```

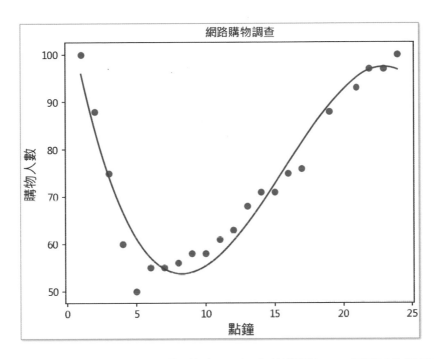

ex16_3.py：有一系列房子面積和房價數據，用這些數據預估 110 坪房子的價格。

面積 (單位：坪)：50, 80, 120, 150, 200, 250, 300

房價 (單位：萬)：180, 280, 360, 420, 580, 720, 850

```
==================== RESTART: D:\Python\ex16\ex16_3.py ====================
110 坪的房子預估價格為 : 353.33 萬元
```

ex16_4.py：繼續 ex16_3.py，增加屋齡，計算 180 坪，屋齡 7 年的房價。

屋齡 (單位：年)：15, 10, 5, 3, 2, 1, 0.5

第 17 章

使用 ChatGPT 設計
線上 AI 客服中心

創意程式：AI 客服機器人、Emoji 機器人、AI 聊天圖片生成

這一章將簡單介紹使用 ChatGPT 的 API 設計線上 AI 聊天室。

17-1 ChatGPT 的 API 類別

ChatGPT 的 API(應用程式介面) 主要用於開發者將 ChatGPT 整合到他們的應用程式、服務或者網站中，以下是使用 OpenAI 提供的 ChatGPT API 的類別：

- 文字生成：透過 API，您可以使用 ChatGPT 生成自然語言文字。用於自動回答問題、撰寫文章、生成摘要等。
- 對話應用：將 ChatGPT 整合到聊天機器人、智慧助理或客服機器人中，可以實現人性化的對話互動。
- 自然語言理解：利用 ChatGPT 的語言理解能力，可以將用戶輸入的自然語言轉換為結構化的數據，以便進一步處理。
- 語言翻譯：ChatGPT 可以實現多種語言之間的翻譯功能，如從英語翻譯為中文等。
- 文字編輯與審核：使用 ChatGPT 進行文字校對、語法檢查和風格建議等功能。

通常，您需要註冊一個帳戶並獲得 API 密鑰，以便在您的應用中使用 API，這一章筆者將設計一個 ChatGPT 的線上 AI 聊天室。

17-2 取得 API 密鑰

首先讀者需要註冊，註冊後可以未來可以輸入下列網址，進入開發者環境。

https://platform.openai.com/overview

進入自己的帳號後，請點選 API keys，可以看到 View API keys，如下所示：

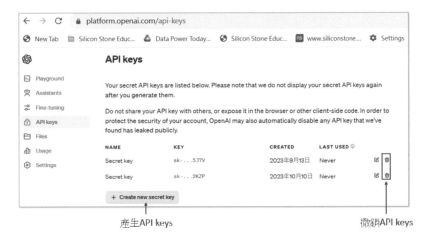

產生 API keys　　　　　　撤銷 API keys

上述畫面幾個重點如下：

● OpenAI 公司說明產生 API keys 後，未來不會再顯示你的 keys 內容，建議讀者可以使用複製方式保留所產生的 keys。

● 點選右邊的 Revoke 圖示 🗑 ，可以撤銷該列的 keys。

● 是顯示 API keys 產生的時間與最後使用時間，如果點選 Create new secret key 鈕，可以產生新的 API keys。

註　使用 API keys 會依據資料傳輸數量收費，因為申請 ChatGPT plus 時已經綁定信用卡，此傳輸費用會記在信用卡上，所以請不要外洩此 API keys。

17-3　安裝 openai 模組

安裝 openai 模組指令步驟如下，請進入命令提示字元環境，然後輸入下列指令：

```
pip install openai
```

常用 ChatGPT 語言模型的選擇可參考下表：

模型	流量限制	輸入訊息	輸出訊息
gpt-3.5-turbo	4K 文字	0.0015/1K tokens	0.002/1K tokens
gpt-3.5-turbo	16K 文字	0.003/1K token	0.004/1K tokenss
gpt-4	8K 文字	0.03/1K tokens	0.06/1K tokens
gpt-4	32K 文字	0.06/1K tokens	0.12/1K tokens

筆者經過測試，「GPT-4」模型功能比「GPT-3.5 Turbo」強很多，雖然傳輸費用比較貴，但是個人練習仍是在可以控制的範圍。

17-4　設計線上 AI 客服與 Emoji 機器人

因為 Colab 環境目前沒有安裝 openai 模組，所以我們必須在 Python Shell 環境建立這類的應用程式，這一節採用先輸出程式，再解說程式的方式。

程式實例 ch17_1.py：設計 ChatGPT 線上 AI 聊天室，程式第 5 列讀者需輸入自己申請的 API keys。

```
1   # ch17_1.py
2   import openai
3
4   # 設定API金鑰
5   openai.api_key = 'Your_API_Key'
6
7   # 定義對話函數
8   def chat(messages):
9       response = openai.ChatCompletion.create(
10          model = "gpt-4",
11          messages = messages,
12          max_tokens = 150            # 限制回應token數
13      )
14      return response.choices[0].message['content']
15
16  print("歡迎來到深智 Deepwisdom 客服中心")
17
18  # 初始化對話串列
19  messages = [{"role": "system", "content": "你是深智公司客服人員"}]
20
21  # 執行對話
22  while True:
23      user_input = input("    客戶 : ")
24      if user_input.lower() == "bye":
25          print("深智客服 : 感謝您的諮詢，祝您有美好的一天！")
26          break
27      messages.append({"role": "user", "content": user_input})
28      response = chat(messages)
29      print("深智客服 : " + response)
30      messages.append({"role": "assistant", "content": response})
```

執行結果

```
歡迎來到深智 Deepwisdom 客服中心
        客戶：早安
深智客服：早安！很高興為您服務，有什麼可以幫助您的呢？
        客戶：請問要如何購買洪錦魁先生的著作
深智客服：感謝您的詢問。您可以選擇在數位平台購買電子版，例如Amazon、博客來，它
們提供了洪錦魁廣受好評的多部著作。

另外，也可前往實體書店如誠品、金石堂或是大潤發文化等地購買洪錦魁先生的實體書籍。

如果您有特定的著作想要購買
        客戶：bye
深智客服：感謝您的諮詢，祝您有美好的一天！
```

第 7 列 create( ) 是建立與 ChatGPT 的會話物件，第 12 列有設定會應 150 個 Token 的限制，因此可以看到沒有完整的輸出回應的訊息。以下是程式 ch17_1.py 的解說：

1. 定義對話函數 chat：第 7 ~ 14 列，這個函數目的是向 OpenAI 的 API 發送對話內容並獲得回應。函數參數是 messages，該參數是一個包含對話歷史的串列。

2. 歡迎訊息：第 16 列是用 print( ) 函數向用戶輸出歡迎訊息。

3. 初始化對話串列：第 19 列是 messages 串列，用於存儲與客服機器人的對話歷史。"role" 是設定系統，"content" 是設定機器人的角色。未來只要調整這裡，就可以設計各類機器人

4. 執行對話：第 22 ~ 30 列是一個無限迴圈，功能如下：

    ● while 無限迴圈，用於持續與用戶進行交互。

    ● 用戶輸入訊息後，將其添加到 messages 串列。

    ● 然後調用 chat 函數獲得回應並顯示。

    ● 如果用戶輸入 "bye"，則結束對話。

5. 上述第 27 和 30 列是將用戶問話和系統回答附加到原先的 message，這是因為 ChatGPT 要保有全部的對話紀錄，未來才可以針對過去的對話回應，這也是為何我們以為 ChatGPT 有記憶的能力，其實每次對話，ChatGPT 皆可以將過去對話紀錄重新複習。

期待讀者能夠了解這個程式的結構和功能，以及如何使用 OpenAI 的 API 來建立一個基本的客服機器人。

程式實例 ch17_2.py：設計 Emoji 翻譯機器人。

```
16  print("歡迎使用Emoji Translation工具")
17
18  # 初始化對話串列
19  messages = [{"role": "system", "content": "你是emoji翻譯專家"}]
20
21  # 執行對話
22  while True:
23      user_input = input("請輸入要翻譯的文字 : ")
24      if user_input.lower() == "bye":
25          print("Emoji翻譯專家 : 感謝您的使用，再見！👋")
26          break
27      # 將用戶輸入的文字構建為帶有翻譯要求的問句
28      translation_request = f"翻譯下列文字為emojis: '{user_input}'"
29      messages.append({"role": "user", "content": translation_request})
30      response = chat(messages)
31      print("Emoji翻譯專家  : " + response)
32      messages.append({"role": "assistant", "content": response})
```

執行結果

```
歡迎使用Emoji Translation工具
請輸入要翻譯的文字 : 今天陽光普照心情好
Emoji翻譯專家　: '🏙️☀️ 🌍😊'
請輸入要翻譯的文字 : 很有趣
Emoji翻譯專家　: '😄😄'
請輸入要翻譯的文字 : 中華職棒輸日本有一點悶
Emoji翻譯專家　: '🇼 TW❌JP😩'
請輸入要翻譯的文字 : bye
Emoji翻譯專家　: 感謝您的使用，再見！👋
```

17-5 設計聊天生成圖片的機器人

當我們在 Python Shell 環境編輯與執行時，因為是文字模式，呼叫 Open API 生成圖片時，只能獲得圖片的網址，讀者的程式碼格式如下：

```
response = openai.images.generate(
    model="dall-e-3",                       # 呼叫最新的 DALL-E 3 模型
    prompt=" 圖片描述 ",
    size="1024x1024",                       # 圖片寬與高
    quality="standard",                     # 這是預設，也可以選高畫質 "hd"
    n=1,                                    # 設定圖片的數量，DALL-E3 只能設 1
)
image_url = response.data[0].url            # 回傳生成圖片的網址
```

目前「dall-e-3」是最新模型，只能生成一張圖片 (n = 1)，如果使用舊版的「dall-e-2」則可以最多生成 10 張圖片 (n = 10)。圖片寬與高預設是 1024 x 1024，也可以設為寬版的「1792 x 1024」。

程式實例 ch17_3.py：擴充設計 ch17_1.py，當輸入「生成圖片:」時，後面所接的文字就會被當作是「圖片描述」。

```
1  # ch17_3.py
2  import openai
3  # 設定API金鑰
4  openai.api_key = 'Your_API_Key'
5  # 定義對話函數
6  def chat(messages):
7      response = openai.ChatCompletion.create(
8          model="gpt-4",
9          messages=messages,
10         max_tokens=150  # 限制回應token數
11     )
```

```
12        return response.choices[0].message['content']
13  # 定義生成圖片的函數
14  def generate_image(prompt):
15      response = openai.Image.create(
16          model="dall-e-3",
17          prompt = prompt,
18          n = 1,
19          size = "1024x1024",
20          quality = "hd"
21      )
22      return response.data[0].url
23  print("歡迎來到深智 Deepwisdom 客服中心")
24  # 初始化對話串列
25  messages = [{"role": "system", "content": "你是深智公司客服人員"}]
26
27  # 執行對話
28  while True:
29      user_input = input("    客戶 : ")
30      if user_input.lower() == "bye":
31          print("深智客服 : 感謝您的諮詢，祝您有美好的一天！")
32          break
33      if user_input.lower().startswith("生成圖片:"):
34          prompt = user_input[5:]
35          image_url = generate_image(prompt)
36          print(f"深智客服 : 這是您要求的圖片:{image_url}")
37      else:
38          messages.append({"role": "user", "content": user_input})
39          response = chat(messages)
40          print("深智客服 : " + response)
41          messages.append({"role": "assistant", "content": response})
```

執行結果　ChatGPT 會生成圖片網址，將此網址複製到瀏覽器就可以看到圖片。

```
歡迎來到深智 Deepwisdom 客服中心
    客戶 : 早安
深智客服 : 早安！很高興為您服務，有什麼我可以幫您的呢？
    客戶 : 生成圖片:一個可愛的小女孩聖誕節，走在富士山的鄉間小路,色鉛筆風格,有極
光的晚上
深智客服 : 這是您要求的圖片:https://oaidalleapiprodscus.blob.core.windows.net/pr
ivate/org-f7nV4AD7VyKOXyAFc25LEhMH/user-PUJL15hGcAb9zJpDY18XI4IY/img-TH3RhG8s4aM
Ls0vK1JdLWUMk.png?st=2024-04-20T09%3A32%3A59Z&se=2024-04-20T11%3A32%3A59Z&sp=r&s
v=2021-08-06&sr=b&rscd=inline&rsct=image/png&skoid=6aaadede-4fb3-4698-a8f6-684d7
786b067&sktid=a48cca56-e6da-484e-a814-9c849652bcb3&skt=2024-04-19T21%3A52%3A20Z&
ske=2024-04-20T21%3A52%3A20Z&sks=b&skv=2021-08-06&sig=LOj1388N1eZqDJX6HxNDVt42yp
TsWvdU8oTkrw9Cnz4%3D
    客戶 : bye
深智客服 : 感謝您的諮詢，祝您有美好的一天！
```

17-6　查核 API keys 的費用

　　早期申請有 18 美金的免費試用，目前申請則是 5 美金免費試用，試用期是 3 個月，即使沒有用完，試用費用也會歸 0。點選左側欄的 Usage 可以看到目前用量狀況。

上述可以看到前面程式使用「gpt-4」語言模型只花費了 0.02 美金，含使用其他語言模型只花費 0.03 美金。

習題實作題

ex17_1.py：請更改 ch17_3.py，改為產生版面 1792 x 1024 的圖像。

```
歡迎來到深智 Deepwisdom 客服中心
    客戶　：生成圖片:一個可愛的小女孩聖誕節,走在富士山的鄉間小路,色鉛筆風格
深智客服 ：這是您要求的圖片:https://oaidalleapiprodscus.blob.core.windows.net/pr
ivate/org-f7nV4AD7VyKOXyAFc25LEhMH/user-PUJL15hGcAb9zJpDY18XI4IY/img-8huIdbHgqit
bg5xRLPnsW3Kc.png?st=2024-04-20T09%3A51%3A05Z&se=2024-04-20T11%3A51%3A05Z&sp=r&s
v=2021-08-06&sr=b&rscd=inline&rsct=image/png&skoid=6aaadede-4fb3-4698-a8f6-684d7
786b067&sktid=a48cca56 e6da 484e-a814-9c849652bcb3&skt-2024-04-19T14%3A17%3A12Z&
ske=2024-04-20T14%3A17%3A12Z&sks=b&skv=2021-08-06&sig=Azg24WecfZc%2BFRIaZ/rhx57d
2pBTcB9YuK/AqrdN%2BOY%3D
    客戶　：bye
深智客服 ：感謝您的諮詢，祝您有美好的一天！
```

附錄 A

安裝與執行 Python

Python 安裝程式在安裝前會先偵測你的電腦使用環境,然後自動協助選擇安裝程式。請先進入下列網頁:

www.python.org

在螢幕可以看到 Downloads,請按一下 Downloads。

可以看到下列畫面。

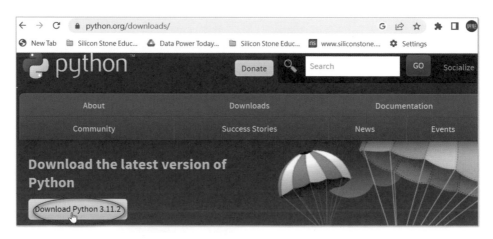

請按一下 Download Python 3.11.2 鈕。

上述是依照使用的電腦選擇 Python 版本，筆者選擇 Windows installer(64-bit)，讀者可依照自己的電腦做選擇，點選後就可以下載 Python 的安裝程式，成功後可以在瀏覽器視窗下方看到所下載的程式。

上述請點選開啟。

A-1　Windows 作業系統的安裝 Python 版

此時讀者可以選擇下載那一個版本，此例筆者選擇下載 3.11 版，筆者使用 Chrome 瀏覽器然後請按執行鈕，電腦將直接執行位於下載區的 python-3.11.exe 檔案，進行安裝，然後將看到下列安裝畫面：

註　如果點選 Add python.exe to PATH，不論是在那一個資料夾均可以執行 python 可執行檔，非常方便。預設畫面是未勾選狀態，建議勾選。

　　下列是筆者採用預設安裝路徑的畫面，上述如果點選 Install Now 選項可以進行安裝，下方可以看到，未來安裝 Python 的所在的資料夾。安裝完成後將看到下列畫面。

安裝完成後，可以按 Close 鈕。

A-2 啟動 Python 可執行檔案

點選 Windows 螢幕左下角的視窗鈕，然後選擇 Python 3.11，同時點選 IDLE，如下所示：

就可以啟動 Python，下列是啟動的畫面，此視窗又稱 Python Shell 視窗或是 IDLE 環境視窗。

```
IDLE Shell 3.11.2                                    —   □   ×
File  Edit  Shell  Debug  Options  Window  Help
    Python 3.11.2 (tags/v3.11.2:878ead1, Feb  7 2023, 16:38:35) [MSC v.1934 64 bit (
    AMD64)] on win32
    Type "help", "copyright", "credits" or "license()" for more information.
>>> |



                                                              Ln: 3 Col: 0
```

上述「>>>」是提示符號，可以輸入 Python 指令，即可獲得輸出。

A-3 找尋 Python 可執行檔的路徑

請在 Widows 搜尋框輸入「cmd」，可以開啟命令提示字元視窗，然後參考下列輸入，就可以找到 Python 3.11 版本程式所在的資料夾路徑。

```
命令提示字元 - py
>>> import sys
>>> sys.executable
'C:\\Users\\User\\AppData\\Local\\Programs\\Python\\Python311\\python.exe'
>>>
```

A-4 在 Python Shell 編輯環境

在 IDLE 的 Python Shell 視窗可以輸入指令，同時獲得執行結果。

```
IDLE Shell 3.11.2                                              —    □    ×
File  Edit  Shell  Debug  Options  Window  Help
Python 3.11.2 (tags/v3.11.2:878ead1, Feb  7 2023, 16:38:35) [MSC v.1934 64 bit (
AMD64)] on win32
Type "help", "copyright", "credits" or "license()" for more information.
>>> print("Hi! Python")
Hi! Python
>>>
                                                               Ln: 5  Col: 0
```

A-5 進入編輯 Python 程式環境

A-5-1 進入編輯環境

在 Python Shell 視窗執行 File/New File 指令，可以開啟視窗編輯程式，下列是示範。

```
*untitled*
File  Edit  Format  Run  Options  Window  Help
print("Hi Python")
|
```

A-5-2 儲存檔案

執行 File/Save As 指令可以儲存檔案，下列是將檔案儲存至 D:\Python\cha 資料夾的 a_1.py 的結果。註：視窗標題欄顯示 Python 版本編號。

```
a_1.py - D:\Python\cha\a_1.py (3.11.2)          —    □    ×
File  Edit  Format  Run  Options  Window  Help
print("Hi Python")
                                                Ln: 3  Col: 0
```

A-5-3 執行程式

執行 Run/Run Module 可以執行程式,如下所示:

執行後,可以在 Python Shell 視窗得到執行結果。

```
==================== RESTART: D:/Python/cha/a_1.py ====================
Hi Python
```

A-6 命令提示字元

A-6-1 基本觀念

安裝第 3 方模組需要進入 Windows 作業系統的命令提示字元視窗,這個環境就是早期電腦的 DOS 環境,如下所示:

```
命令提示字元                                    —    □    ×

C:\Users\User>




微軟注音 半 :
```

如果你的電腦只有一套 Python 版本,可以直接在上述輸入要安裝的外部模組,例如:如果想要安裝 send2trash 模組,只要在上述視窗輸入下列指令即可。

    pip install send2trash

如果你的電腦有多套 Python 版本,可以參考 A-7 節,指定模組要安裝的版本。

A-6-2　了解你目前電腦安裝多少個 Python 版本

可以使用「where python」了解目前電腦安裝多少版本。

```
C:\Users\User>where python
C:\Users\User\AppData\Local\Programs\Python\Python37-32\python.exe
C:\Users\User\AppData\Local\Programs\Python\Python312\python.exe
C:\Users\User\AppData\Local\Programs\Python\Python311\python.exe
C:\Users\User\AppData\Local\Programs\Python\Python310\python.exe
C:\Users\User\AppData\Local\Programs\Python\Python38-32\python.exe
C:\Users\User\AppData\Local\Microsoft\WindowsApps\python.exe
```

A-6-3　了解命令提示字元視窗的 Python 版本

可以使用「python --version」了解目前命令提示字元視窗執行 Python 的版本。

```
C:\Users\User>python --version
Python 3.7.1
```

從上述可以看到筆者電腦命令提示字元視窗執行 Python 的版本是 3.7 版，如果有一個程式使用了新版的 Python 模組，例如：是用 Python 3.11 版。這個模組如果在命令提示字元視窗執行，就會有錯誤，因為此程式所用的模組 Python 3.7 不支援，如果我們期待可以在命令提示字元視窗執行，必須指出 Python 的版本，這時可以使用完整路徑啟動 Python，此路徑可以參考前一小節。另一種方法是使用下列方式啟動 Python：

　　py-3.11

A-7　系統多重安裝使用 pip

筆者電腦先前安裝了 Python 3.7，後來安裝了 Python 3.8、Python 3.9 ⋯ 甚至 3.12，發現原先安裝在 Python 3.7 的模組無法在後來的新版 Python 環境執行，必須重新到命令提示字元視窗執行安裝模組，這時安裝的語法如下：

```
py -3.8 -m pip install send2trash
py -3.9 -m pip install send2trash
py -3.12 -m pip install send2trash
```

上述相當於是在 py 指令後方加上安裝版本，上述是假設所安裝的模組是 send2trash。

A-8　導入模組安裝更新版模組

模組安裝完成後，未來可以在程式前面執行 import 指令導入模組，同時可以測試是否安裝成功，如果沒有錯誤訊息就表示安裝成功了。

```
import 模組名稱
import send2trash                    # 導入 send2trash 為實例
```

A-9　列出所安裝的模組

可以使用 list 列出所安裝的模組，如果使用 '-o' 可列出有新版本的模組。

```
pip list                         # 列出安裝的模組
pip list –o                      # 列出有新版本的模組
```

A-10　安裝更新版模組

未來如果有更新版，可用下列方式更新至最新版模組。

```
pip install -U 模組名稱            # 更新至最新版模組
```

A-11　刪除模組

安裝了模組之後，若是想刪除可以使用 uninstall，例如：若是想刪除 basemap，可以使用下列指令。

```
pip uninstall basemap
```

A-12　找尋更多模組

可以進入 https://pypi.org。

A-13 安裝新版 pip

安裝好 Python 後，pip 會被自動安裝，如果不小心刪除可以到下列網址下載。

https://pypi.org/project/pip/

附錄 B

使用 Google Colab
雲端開發環境

Google Colab 的全名是 Google Colaboratory，是一個免費的雲端筆記本環境，使用者可以在上面創建和編輯 Python 程式碼並且執行機器學習、深度學習等各種任務。

Google Colab 是基於 Google 提供的 Jupyter 筆記本環境開發的，它在免費使用的同時還支援 Google 硬體資源，包括 CPU、GPU、TPU 等，在處理複雜的計算任務時可以提高效率。此外，Google Colab 也支援一些常用的 Python 函式庫，如 NumPy、Pandas、Matplotlib 等，讓使用者更輕鬆地進行數據分析和可視化。

使用 Google Colab 只需要一個 Google 帳號即可，而且可以和 Google Drive 連接，讓使用者方便地將筆記本和資料保存在雲端上，隨時存取和分享。另外，Google Colab 也支援協作編輯，多個使用者可以同時編輯同一個筆記本，方便團隊協作。

總之，Google Colab 是一個功能強大且免費的雲端筆記本環境，非常適合開發 Python 程式和處理機器學習任務。

B-1 進入 Google 雲端

請使用瀏覽器 (建議是 Google 的 Chrome 瀏覽器，然後輸入下列網址，就可以進入 Google 雲端。

https://drive.google.com/

註 Chrome 會記住你的帳號和密碼，所以只要曾經使用 Google 帳號登入，未來開啟 Chrome 會自動登入自己的雲端空間。

B-2　建立雲端資料夾

當使用 Google Colab 環境撰寫 Python 程式碼時，可能會編輯許多程式，建議可以將所撰寫的程式放在特定的資料夾，將滑鼠游標移至我的雲端硬碟，按一下滑鼠右鍵可以看到新資料夾。

假設要建立 Python 資料夾，上述點選新資料夾後，會出現新資料夾對話方塊，請輸入 Python，如下所示：

可以在我的雲端硬碟看到所建立的資料夾 python。

假設要在 Python 資料夾底下建立 chb 資料夾，可以先點選進入 Python 資料夾，進入 Python 資料夾。

請按一下滑鼠右鍵，再執行新資料夾。

出現新資料夾對話方塊，請輸入 chb，可參考下方左圖。

請按建立就可在 Python 資料夾內建立 chb 資料夾，可參考上方右圖。

B-3　進入 Google Colab 環境

　　假設現在想要在 chb 資料夾建立 Python 程式，請先點選 chb 資料夾，就可以進入 chb 資料夾環境。將滑鼠游標移 chb 資料夾內的環境，按滑鼠右鍵，再選擇更多 / Google Colaboratory，就可以進入 Google Colab 雲端環境。

瀏覽器會用新的標籤頁面進入 Google Colab 雲端環境，得到下列結果。

此方格稱儲存格

　　從上述可以看到，預設的檔案名稱是 Untitled0.ipynb，預設延伸檔案名稱是 ipynb(全名是 interactive python notebook)。

B-4 編寫程式

假設編寫輸出字串的 print( ) 函數內容如下：

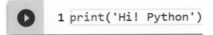

可以按 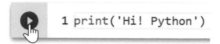 鈕，執行此程式，如下所示：

因為這是雲端作業，所以會需要一小段時間，約幾秒鐘，然後可以得到下列結果。

若是將滑鼠游標移到執行結果左邊，可以看到 ❌ 圖示。

點選此 ❌ 圖示可以刪除輸出區的執行結果，可以參考上方右圖。

B-5 更改檔案名稱

可以參考下圖。

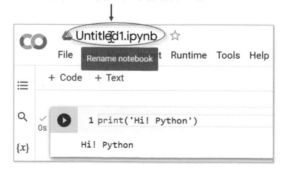

滑鼠游標移至此欄位可以更改檔案名稱

請輸入檔案名稱「b_1」，「ipynb」是預設的延伸檔名。請執行檔案 (File)/ 儲存 (Save)，就可以將上述檔案儲存。

B-6　認識編輯區

下列是整個 Colab 雲端 Python 的編輯環境。

可以更改文字大小和
編輯環境設定

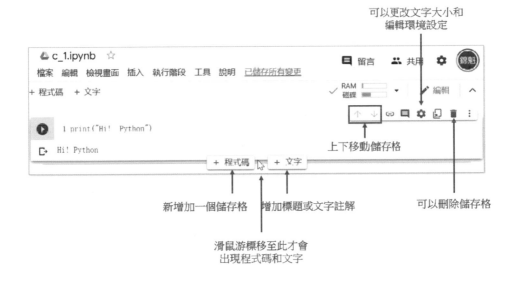

上下移動儲存格

新增加一個儲存格　　增加標題或文字註解　　　　　　可以刪除儲存格

滑鼠游標移至此才會
出現程式碼和文字

B-7　新增加程式碼儲存格

如果要新增加程式碼儲存格，可以將滑鼠游標移到程式碼，如下所示：

按一下可以得到下列新增加儲存格的結果。

B-8　更多編輯功能

在儲存格右上方有 ⋮ 圖示，點選可以看到更多編輯功能。

上述選取、複製與剪下儲存格，意義很明顯，新增表單功能是建立一個空的程式碼，如下所示：

上述相當於是建立一個新的 Python 程式。

附錄 C
RGB 色彩表

色彩名稱	16 進位	色彩樣式
AliceBlue	#F0F8FF	
AntiqueWhite	#FAEBD7	
Aqua	#00FFFF	
Aquamarine	#7FFFD4	
Azure	#F0FFFF	
Beige	#F5F5DC	
Bisque	#FFE4C4	
Black	#000000	
BlanchedAlmond	#FFEBCD	
Blue	#0000FF	
BlueViolet	#8A2BE2	
Brown	#A52A2A	
BurlyWood	#DEB887	
CadetBlue	#5F9EA0	
Chartreuse	#7FFF00	
Chocolate	#D2691E	
Coral	#FF7F50	
CornflowerBlue	#6495ED	
Cornsilk	#FFF8DC	
Crimson	#DC143C	
Cyan	#00FFFF	
DarkBlue	#00008B	
DarkCyan	#008B8B	
DarkGoldenRod	#B8860B	
DarkGray	#A9A9A9	

色彩名稱	16 進位	色彩樣式
DarkGrey	#A9A9A9	
DarkGreen	#006400	
DarkKhaki	#BDB76B	
DarkMagenta	#8B008B	
DarkOliveGreen	#556B2F	
DarkOrange	#FF8C00	
DarkOrchid	#9932CC	
DarkRed	#8B0000	
DarkSalmon	#E9967A	
DarkSeaGreen	#8FBC8F	
DarkSlateBlue	#483D8B	
DarkSlateGray	#2F4F4F	
DarkSlateGrey	#2F4F4F	
DarkTurquoise	#00CED1	
DarkViolet	#9400D3	
DeepPink	#FF1493	
DeepSkyBlue	#00BFFF	
DimGray	#696969	
DimGrey	#696969	
DodgerBlue	#1E90FF	
FireBrick	#B22222	
FloralWhite	#FFFAF0	
ForestGreen	#228B22	
Fuchsia	#FF00FF	
Gainsboro	#DCDCDC	

色彩名稱	16 進位	色彩樣式
GhostWhite	#F8F8FF	
Gold	#FFD700	
GoldenRod	#DAA520	
Gray	#808080	
Grey	#808080	
Green	#008000	
GreenYellow	#ADFF2F	
HoneyDew	#F0FFF0	
HotPink	#FF69B4	
IndianRed	#CD5C5C	
Indigo	#4B0082	
Ivory	#FFFFF0	
Khaki	#F0E68C	
Lavender	#E6E6FA	
LavenderBlush	#FFF0F5	
LawnGreen	#7CFC00	
LemonChiffon	#FFFACD	
LightBlue	#ADD8E6	
LightCoral	#F08080	
LightCyan	#E0FFFF	
LightGoldenRodYellow	#FAFAD2	
LightGray	#D3D3D3	
LightGrey	#D3D3D3	
LightGreen	#90EE90	
LightPink	#FFB6C1	

色彩名稱	16 進位	色彩樣式
LightSalmon	#FFA07A	
LightSeaGreen	#20B2AA	
LightSkyBlue	#87CEFA	
LightSlateGray	#778899	
LightSlateGrey	#778899	
LightSteelBlue	#B0C4DE	
LightYellow	#FFFFE0	
Lime	#00FF00	
LimeGreen	#32CD32	
Linen	#FAF0E6	
Magenta	#FF00FF	
Maroon	#800000	
MediumAquaMarine	#66CDAA	
MediumBlue	#0000CD	
MediumOrchid	#BA55D3	
MediumPurple	#9370DB	
MediumSeaGreen	#3CB371	
MediumSlateBlue	#7B68EE	
MediumSpringGreen	#00FA9A	
MediumTurquoise	#48D1CC	
MediumVioletRed	#C71585	
MidnightBlue	#191970	
MintCream	#F5FFFA	
MistyRose	#FFE4E1	
Moccasin	#FFE4B5	

色彩名稱	16 進位	色彩樣式
NavajoWhite	#FFDEAD	
Navy	#000080	
OldLace	#FDF5E6	
Olive	#808000	
OliveDrab	#6B8E23	
Orange	#FFA500	
OrangeRed	#FF4500	
Orchid	#DA70D6	
PaleGoldenRod	#EEE8AA	
PaleGreen	#98FB98	
PaleTurquoise	#AFEEEE	
PaleVioletRed	#DB7093	
PapayaWhip	#FFEFD5	
PeachPuff	#FFDAB9	
Peru	#CD853F	
Pink	#FFC0CB	
Plum	#DDA0DD	
PowderBlue	#B0E0E6	
Purple	#800080	
RebeccaPurple	#663399	
Red	#FF0000	
RosyBrown	#BC8F8F	
RoyalBlue	#4169E1	
SaddleBrown	#8B4513	
Salmon	#FA8072	

色彩名稱	16 進位	色彩樣式
SandyBrown	#F4A460	
SeaGreen	#2E8B57	
SeaShell	#FFF5EE	
Sienna	#A0522D	
Silver	#C0C0C0	
SkyBlue	#87CEEB	
SlateBlue	#6A5ACD	
SlateGray	#708090	
SlateGrey	#708090	
Snow	#FFFAFA	
SpringGreen	#00FF7F	
SteelBlue	#4682B4	
Tan	#D2B48C	
Teal	#008080	
Thistle	#D8BFD8	
Tomato	#FF6347	
Turquoise	#40E0D0	
Violet	#EE82EE	
Wheat	#F5DEB3	
White	#FFFFFF	
WhiteSmoke	#F5F5F5	
Yellow	#FFFF00	
YellowGreen	#9ACD32	

附錄 D

ASCII 碼值表

本碼值表取材至 www.lookup.com 網頁。

Dec	Hx	Oct	Char		Dec	Hx	Oct	Html	Chr	Dec	Hx	Oct	Html	Chr	Dec	Hx	Oct	Html	Chr
0	0	000	NUL	(null)	32	20	040	&#32;	Space	64	40	100	&#64;	@	96	60	140	&#96;	`
1	1	001	SOH	(start of heading)	33	21	041	&#33;	!	65	41	101	&#65;	A	97	61	141	&#97;	a
2	2	002	STX	(start of text)	34	22	042	&#34;	"	66	42	102	&#66;	B	98	62	142	&#98;	b
3	3	003	ETX	(end of text)	35	23	043	&#35;	#	67	43	103	&#67;	C	99	63	143	&#99;	c
4	4	004	EOT	(end of transmission)	36	24	044	&#36;	$	68	44	104	&#68;	D	100	64	144	&#100;	d
5	5	005	ENQ	(enquiry)	37	25	045	&#37;	%	69	45	105	&#69;	E	101	65	145	&#101;	e
6	6	006	ACK	(acknowledge)	38	26	046	&#38;	&	70	46	106	&#70;	F	102	66	146	&#102;	f
7	7	007	BEL	(bell)	39	27	047	&#39;	'	71	47	107	&#71;	`	103	67	147	&#103;	g
8	8	010	BS	(backspace)	40	28	050	&#40;	(	72	48	110	&#72;	i	104	68	150	&#104;	h
9	9	011	TAB	(horizontal tab)	41	29	051	&#41;	)	73	49	111	&#73;	1	105	69	151	&#105;	i
10	A	012	LF	(NL line feed, new line)	42	2A	052	&#42;	*	74	4A	112	&#74;	J	106	6A	152	&#106;	j
11	B	013	VT	(vertical tab)	43	2B	053	&#43;	+	75	4B	113	&#75;	:	107	6B	153	&#107;	k
12	C	014	FF	(NP form feed, new page)	44	2C	054	&#44;		76	4C	114	&#76;	L	108	6C	154	&#108;	l
13	D	015	CR	(carriage return)	45	2D	055	&#45;		77	4D	115	&#77;	M	109	6D	155	&#109;	m
14	E	016	SO	(shift out)	46	2E	056	&#46;	.	78	4E	116	&#78;	N	110	6E	156	&#110;	n
15	F	017	SI	(shift in)	47	2F	057	&#47;	/	79	4F	117	&#79;	O	111	6F	157	&#111;	o
16	10	020	DLE	(data link escape)	48	30	060	&#48;	0	80	50	120	&#80;	P	112	70	160	&#112;	p
17	11	021	DC1	(device control 1)	49	31	061	&#49;	1	81	51	121	&#81;	Q	113	71	161	&#113;	q
18	12	022	DC2	(device control 2)	50	32	062	&#50;	2	82	52	122	&#82;	R	114	72	162	&#114;	r
19	13	023	DC3	(device control 3)	51	33	063	&#51;	3	83	53	123	&#83;	S	115	73	163	&#115;	s
20	14	024	DC4	(device control 4)	52	34	064	&#52;	4	84	54	124	&#84;	T	116	74	164	&#116;	t
21	15	025	NAK	(negative acknowledge)	53	35	065	&#53;	5	85	55	125	&#85;	U	117	75	165	&#117;	u
22	16	026	SYN	(synchronous idle)	54	36	066	&#54;	6	86	56	126	&#86;	V	118	76	166	&#118;	v
23	17	027	ETB	(end of trans. block)	55	37	067	&#55;	7	87	57	127	&#87;	W	119	77	167	&#119;	w
24	18	030	CAN	(cancel)	56	38	070	&#56;	8	88	58	130	&#88;	X	120	78	170	&#120;	x
25	19	031	EM	(end of medium)	57	39	071	&#57;	9	89	59	131	&#89;	Y	121	79	171	&#121;	y
26	1A	032	SUB	(substitute)	58	3A	072	&#58;	:	90	5A	132	&#90;	Z	122	7A	172	&#122;	z
27	1B	033	ESC	(escape)	59	3B	073	&#59;	;	91	5B	133	&#91;	[	123	7B	173	&#123;	{
28	1C	034	FS	(file separator)	60	3C	074	&#60;	<	92	5C	134	&#92;	\	124	7C	174	&#124;		
29	1D	035	GS	(group separator)	61	3D	075	&#61;	=	93	5D	135	&#93;	]	125	7D	175	&#125;	}
30	1E	036	RS	(record separator)	62	3E	076	&#62;	>	94	5E	136	&#94;	^	126	7E	176	&#126;	~
31	1F	037	US	(unit separator)	63	3F	077	&#63;	?	95	5F	137	&#95;	_	127	7F	177	&#127;	DEL

Note

Note

Note

Note